科学版名师导读系列

物理化学——理解·释疑·思考

刘国杰　黑恩成　史济斌　编著

科学出版社

北　京

内 容 简 介

本书是作者十余年来对物理化学教学研究的成果。全书共42个专题，除物质结构(量子化学和结构化学)外，几乎涵盖了物理化学课程的全部教学内容。这些专题主要分为三方面：一是加深对教材中某些难懂内容的理解，或以不同的视角来观察和分析这些内容，以化解难点、扩大视野；二是针对国内近期出版的物理化学教材中某些争议之处，发表看法，以供大家进一步讨论；三是改进模型，使教材中的某些理论得到有效的修正。作者在书中还提出了某些新的概念，如新的溶解度参数、溶剂压、严格的反应活化能定义等；引入平均振动量子数；建立扩展的过渡状态理论以及附加压力与分散系统稳定性间的关系。

本书可作为高等学校物理化学相关专业本科生、研究生的教材，也可作为物理化学教师和相关科技工作者的专业参考书。

图书在版编目(CIP)数据

物理化学：理解·释疑·思考/刘国杰，黑恩成，史济斌编著．—北京：科学出版社，2015.1

ISBN 978-7-03-043176-9

Ⅰ.①物… Ⅱ.①刘… ②黑… ③史… Ⅲ.①物理化学-高等学校-教学参考资料 Ⅳ.①O64

中国版本图书馆CIP数据核字(2015)第018897号

责任编辑：赵晓霞 / 责任校对：赵桂芬

责任印制：徐晓晨 / 封面设计：陈 敬

科学出版社出版

北京东黄城根北街16号

邮政编码：100717

http://www.sciencep.com

北京厚诚则铭印刷科技有限公司 印刷

科学出版社发行 各地新华书店经销

*

2015年 1 月第 一 版 开本：787×1092 1/16

2015年11月第三次印刷 印张：15 1/4

字数：390 000

POD定价： 59.00元

前　言

为使我国经济持续高速发展，国家越来越注重创新型人才的培养。作为化学、化工和材料等专业主要理论基础的物理化学，不仅要为技术创新服务，而且自身也需要不断地研究和发展。近年来，我国为提升教育质量，推出教育质量工程，倡导教学与研究互动，用教学推动研究，以研究促进教学。这就要求教师和学生不仅要正确理解物理化学基本概念和原理，而且还要从创新的角度阅读和钻研教材，从而推动物理化学的发展。

本书是我们2008年编著的《物理化学导读》(科学出版社)一书的延续，但偏重于对重要内容的理解、释疑与思考，故取名《物理化学——理解・释疑・思考》。书中的内容是我们近年来教学研究的结果。全书包含42个专题，分属于热力学、统计力学、非电解质溶液理论、相平衡与化学平衡、化学动力学、电解质溶液与电化学、界面现象与胶体七个部分，几乎涉及除物质结构(量子化学和结构化学)外的所有教学内容。所谓理解，就是正确理会物理化学的基本概念和原理。鉴于平衡和速率是物理化学的两大基本内容，而它们的理论基础在于热力学和统计力学，故这方面内容主要集中在热力学、统计力学和化学动力学三个部分。所谓释疑，就是对教材中有争议的问题发表看法。近年来出版的物理化学教材和教学参考书中，有不少值得争议之处，有关这方面的专题占据了本书的主要篇幅，希望我们的看法会有助于对问题的深入认识。所谓思考，基于物理化学的概念、模型和理论在不断地发展，因此需要不断地研究。本书提出了一些新的概念，如修正的溶解度参数、溶剂压、严格的反应活化能定义、平均振动量子数等，还修正了某些物理模型和理论。所有这些旨在抛砖引玉，供大家思考和研究。

本书是以专题的形式叙述的，每个专题主题突出，基本上自成体系，且短小精悍，列有参考文献。读者可根据自己的需要和兴趣选读其中的内容，期望这些内容对读者有所启发或裨益。如果本书的出版能够促进物理化学教学研究和教材建设，那将是我们莫大的快慰。限于我们的水平，书中不当之处在所难免，敬请读者不吝赐教。

本书的出版承蒙上海雄成节能技术有限公司的资助，谨向黄国雄董事长表示衷心的感谢！

作　者

2014年8月于华东理工大学

目　　录

电解质溶液与电化学

界面现象与胶体

热　力　学

1 关于教材中热力学第二定律的若干逻辑问题

热力学是一门讲究逻辑的科学,它不仅要求概念明确,判断恰当,推理合乎逻辑,而且要求论证有说服力,为此它必须遵守四条逻辑规律,即同一律、不矛盾律、排中律和充足理由律(倪鼎夫等,1984;寿望斗,1979)。可是,目前国内出版的不少物理化学教材在叙述热力学第二定律时,常定义工作介质为理想气体,依次经历恒温(T_1)可逆膨胀、绝热可逆膨胀、恒温(T_2)可逆压缩、绝热可逆压缩的循环为 Carnot 循环,并认为这就是 1824 年 Carnot 在研究热机效率时提出的理想热机。于是,由热力学第一定律中的理想气体热力学过程就可导出 Carnot 机效率公式

$$\eta=\frac{T_1-T_2}{T_1} \tag{1-1}$$

暂不说这样定义的 Carnot 循环与历史事实并不相符,更重要的是,它会引起若干逻辑上的混乱。本专题将对教材中出现的这些问题展开讨论。

1.1 三个逻辑问题

1.1.1 问题一

在导得式(1-1)后,有些教材便进一步将它与热机效率的定义式

$$\eta \stackrel{\text{def}}{=} \frac{-W}{Q_1}=\frac{Q_1+Q_2}{Q_1}=1+\frac{Q_2}{Q_1} \tag{1-2}$$

相结合,从而得到

$$\frac{Q_1}{T_1}+\frac{Q_2}{T_2}=0 \tag{1-3}$$

式(1-2)和式(1-3)中,$-W$ 为热机所做的功;Q_1 和 Q_2 分别为热机与高温和低温热源交换的热量;T_1 和 T_2 分别为高温和低温热源的热力学温度。据此得出了这样的结论,认为式(1-3)中并不涉及工作介质的具体性质,因此它适用于任何一种工作介质,并认为此式是导出熵的依据,具有重要的意义。

显而易见,这一结论违反了逻辑学上的不矛盾律。因为这个规律指出"同一对象,在同一时间和同一关系下,不能具有两种互相矛盾的性质"(寿望斗,1979)。由上述可见,式(1-1)是以理想气体为工作介质的前提下导得的,它与定义式(1-2)结合所得的式(1-3)怎么会适用于任何工作介质?这显然是矛盾的。事实上,由此得到的式(1-3)也仅适用于理想气体,它对于期待的具有普遍意义的热力学函数熵的导出相去甚远。

1.1.2 问题二

个别教材在用上述方法导得 Carnot 机效率公式(1-1)后,得出结论:热机的效率仅与热源的温度有关,两个热源的温差越大,效率越高;温差为零,效率为零。因此,得出这样

的看法：热机不可能由单一热源获取热量来做功。这正是热力学第二定律的 Kelvin 说法。如果这种看法成立，则热力学第二定律可由热力学第一定律导出。显然，这是不可能的。

这个问题在于它违反了逻辑学中的充足理由律。这条规律可表述成："所以有 A，是因为有 B"，其中 B 是 A 成立的充足理由（寿望斗，1979）。上述看法就是将热机不可能由单一热源获取热量来做功的充足理由归结于它的效率可用式(1-1)来表示。现在的问题就在于式(1-1)是怎样得到的。

且不说式(1-1)仅适用于可逆热机，更重要的是，它是求助于理想气体热力学过程导得的，它的工作介质是理想气体。将这个特例推广到一般，其理由是不充足的，所得结论也难以令人信服。应该指出，如果要将式(1-1)推广到一切可逆热机，没有 Carnot 定理是行不通的。

1.1.3 问题三

许多教材在用上述方法导得式(1-1)后，便试图用它来证明 Carnot 定理——所有工作于两个一定的温度之间的热机，以可逆热机的效率为最大。证明的方法是传统的反证法：设在同一高温与低温热源之间，有 A 和 B 两台热机，若 A 机为可逆机，且 A 和 B 两机向高温热源吸收相同的热量，则将 A 机逆转，且与 B 机相连，便构成一台联合机。于是不难证明，B 机的效率不可能大于 A 机的效率，因为如果 $\eta_B > \eta_A$，联合机的运行便违背了热力学第二定律的 Kelvin 说法，因此只能是 $\eta_B \leqslant \eta_A$。同理，若 B 机是可逆机，则 $\eta_A \leqslant \eta_B$。故当 A 机和 B 机都是可逆机时，应得 $\eta_A = \eta_B$。

应该指出，这里所指的可逆机就是 Carnot 机，并且是与工作介质无关的。但这些教材中的 Carnot 机却是以理想气体作为工作介质，两者不是同一个概念。逻辑学指出，"正确的思维，要求概念明确，不能含混（倪鼎夫等，1984）"。"在进行论断和推理的过程中，每一个概念都应当在同一的意义上来使用（寿望斗，1979）"。这就是同一律。显而易见，这些教材违反了这一规律。

1.2 几点说明

下面从历史和教学的角度，对 Carnot 循环和 Carnot 机效率作几点说明。

1.2.1 Carnot 循环

1824 年，Carnot 在研究热机的效率时提出了一条著名的定理，这就是上面所述的 Carnot 定理。为了证明这条定理，他将热机的运作理想化地概括成下列 4 步：第一步是工作介质在恒温下向高温热源吸热而膨胀；第二步是工作介质在绝热的条件下膨胀，推动活塞做功；第三步是工作介质在恒温下向低温热源放热而压缩；第四步是绝热压缩，使工作介质返回始态，从而完成一个循环。当这 4 步都可逆进行时，这个可逆循环就是 Carnot 循环，相应的热机便是可逆机，或称 Carnot 机。但是，他并没有指明工作介质是什么。也许是由于受"热质论"的影响，Carnot 认为，热机之所以做功与水力机十分相似，是依靠高温热源与低温热源间的温度差，以及在其间流动的"热质"来做功的，就像水力机是依靠高位与低位水的落差及其间流动着的水来做功一样(Spsski B I et al,1970)。因此,热机做功必须有两个热源,且它们之间的温度差越大,效率越高,而与工作介质无关。因为按照"热质论",热机做功依靠的是"热质"的流动,故将 Carnot 循环的工作介质指定为理想气体是不符合 Carnot 原意的。

更重要的是,用来证明 Carnot 定理的 Carnot 循环或 Carnot 机根本不需要指明工作介质是什么,指定理想气体为工作介质是没有必要的。

1.2.2 Carnot 机效率

虽然将 Carnot 循环的工作介质指定为理想气体,会使 Carnot 机效率公式的推导变得简便,因为这样就可以利用热力学第一定律中的理想气体热力学过程导出这个公式。但是,从历史的角度看,这是不可能的,这是因为在 1824 年理想气体状态方程还不完善,热力学第一定律也还没有建成,Carnot 不可能用这种方法来推导,即使是 Carnot 在世的年代(1796—1832 年)也没有出现这个公式(杨基芳等,1983)。

这个公式的建立应归功于 Kelvin(冯端等,2005)。首先,他坚信 Carnot 定理是正确的。1848 年,他根据这条定理得出,Carnot 机的效率仅与两个热源的温度有关,而与工作介质的性质及所吸收的热量和所做的功的多少无关。据此,他提出了一个热力学温标,并导出关系式

$$\frac{Q_2}{Q_1}=\frac{T_2}{T_1} \tag{1-4}$$

式中,T_1 和 T_2 分别为高温和低温热源的热力学温度。

于是,将式(1-4)代入热机效率的定义式(1-2),并注意到热机吸热 Q 取正号,放热 Q 取负号,便可得 Carnot 机效率的公式(1-1)。这样导得的式(1-1)不再拘泥于理想气体,而是适用于所有工作介质。

后来,Clausius 更将 Carnot 定理表示为

$$\eta=\frac{Q_1+Q_2}{Q_1}\leqslant\frac{T_1-T_2}{T_1} \tag{1-5}$$

给 Carnot 的工作画上了圆满的句号。

但是从教学的角度看,目前绝大部分物理化学教材都不介绍温标,且常将理想气体温标混同热力学温标,故 Carnot 机效率公式的推导都是借助于工作介质为理想气体的 Carnot 循环。但应指出,这有一个重要的前提,就是必须证明 Carnot 定理。因为这个定理指出,Carnot 机效率仅是两个热源温度的函数,而与工作介质无关,所以对于任何工作介质,导得的 Carnot 机效率公式都应一样。既然如此,用理想气体作为工作介质最为简便,因为它有最简单的状态方程。利用这个方法不难证明热力学温标与理想气体温标的温度值相等(Klotz I M et al,1981)。

1.3 结论

综上所述,本专题的结论是:

(1) 在 Carnot 循环的定义中,不应指定工作介质。Carnot 所提出的理想化热机,不

是指工作介质为理想气体的热机，而是像恩格斯所说的“他撇开了对主要过程无关紧要的次要情况，而构造了一部理想的蒸汽机，这部机器就像几何学上的线和面一样是决不能制造出来的。但是它按照自己的方式起了像这些数学抽象所起的同样的作用，它表现纯粹的、独立的、真正的过程。”

(2) 热力学第二定律的关键内容是 Carnot 定理。Clausius 和 Kelvin 正是在纠正 Carnot 对这一定理的证明方法时提出了热力学第二定律的两个经典说法。因此，教材在叙述热力学第二定律时，最好将 Carnot 定理放在 Carnot 机效率公式导出之前介绍，这样可避免出现上述逻辑问题。

参考文献

冯端，冯少彤. 2005. 溯源探幽——熵的世界. 北京：科学出版社.

倪鼎夫，张家龙，刘培育. 1984. 逻辑入门. 北京：人民出版社.

寿望斗. 逻辑与数学教学. 1979. 北京：科学出版社.

王竹溪. 1964. 热力学简程. 北京：人民教育出版社.

杨基芳，黄高年. 1983. 物理学发展简史. 北京：知识出版社.

Klotz I M，Rosenberg R M. 1981. 化学热力学. 鲍银堂，苏金华译. 北京：人民教育出版社.

Spsski B I，Sarangov Ts S. 1970. Soviet Physics Uspekhi，12(5)：684.

2 热力学定律与循环

这里所指的热力学定律是指热力学第一和第二定律。从历史的观点，这两条定律是与热机密切相关的，它们建立于19世纪中叶，是英国工业革命的产物。由于热机的运行总是周而复始的，故热力学的这两条定律都与循环不可分割，本专题便以此为题展开讨论热力学的这两条定律。

2.1 热力学第一定律与循环

远在热力学第一定律建立之前，人们基于对日益增长的动力的需求，自然产生了一种希望，试图制造出不必消耗能量便能做功的机器，这种既要马儿跑，又要马儿不吃草的机器，称为“第一类永动机”。

在当时，这种“永动机”是很令人向往的，许多人煞费苦心，热衷于设计和制造，他们将发明的形形色色的“永动机”送往法国科学院审批，为此掀起了一股热潮。但是，这些看似无懈可击的“永动机”，在实践面前无一取得成功，致使1775年法国科学院宣布从此不再受理这类机器。然而，为什么“第一类永动机”制造不出来，这个问题直到19世纪中叶建立了热力学第一定律后，才得到了确切的答案。

由于热力学第一定律实际上就是能量守恒及转化定律，它是自然界的一条普适规律，故它的建立几乎是在同一个时期，由许多不同学科的科学家从不同的领域共同提出来的，其中德国医生 Meyer、英国物理学家 Joule、德国生理学家 Helmholtz 等都作出了重要的贡献。这里特别要介绍 Joule 的工作，因为他为热力学第一定律的建立奠定了牢固的实验基础。

1840～1850年，Joule 做了大量测定热功当量的实验：他曾将机械功转变成电功，而后者消耗在水中；也曾将水在加压下流过毛细管使水温升高或通过压缩空气来改变水的温度等；他也曾用抹香鲸油或汞来代替水做实验。但所得结果相差无几，在常压下，要使一定量的水温度升高1℃，需做的功几乎是相同的。尤其典型的是，Joule 专注于如下实验：图2-1是一个盛水的绝热容器，通过重物的下降，带动装有若干桨叶的搅拌器，因桨叶转动时与水发生摩擦而使水温升高。经反复测定，Joule 得出了这样的结论：使水温升高所产生的热是与重物所做的功成正比的，即

$$W=jQ \tag{2-1}$$

式中，j 为比例系数，也称热功当量，它的值与热和功的单位有关，若它们的单位均为焦耳，则 $j=1$。

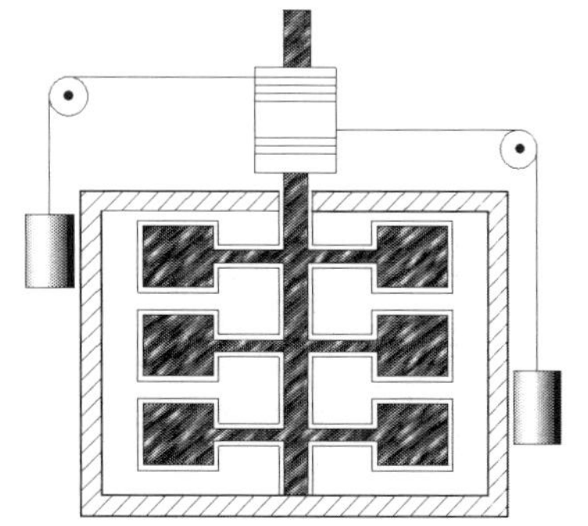

图2-1 Joule 热功当量实验

现若不让水温升高，系统便必须向环境放出相应

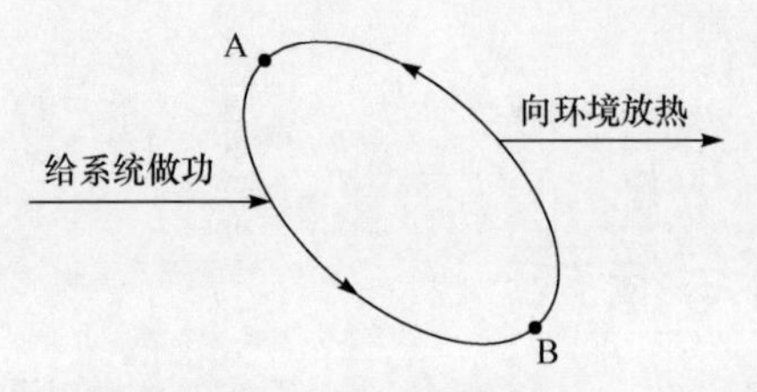

图 2-2　Joule 实验的循环

的热量，于是，构成了如图 2-2 所示的循环。

按照规定，系统得功取正值，系统放热取负值，若热和功的单位均为焦耳，则式(2-1)可表示为

$$\oint \text{đ}W = -\oint \text{đ}Q \tag{2-2}$$

式中，$\oint$ 为循环积分。式(2-2) 也可表示为

$$\oint(\text{đ}W + \text{đ}Q) = 0 \tag{2-3}$$

由于 W 和 Q 是系统能量的两种传递方式，故 $\text{đ}W + \text{đ}Q$ 表示系统在发生微变时能量的增量。若定义

$$\mathrm{d}U = \text{đ}W + \text{đ}Q \tag{2-4}$$

并称 U 为系统的热力学能，则式(2-3) 变为

$$\oint \mathrm{d}U = 0 \tag{2-5}$$

鉴于循环积分等于零是证明物理量为系统状态函数的必要而又充分条件，故热力学能是系统的状态函数。上述结论不仅适用于 Joule 实验，而且也可推广到一切热力学循环。

若有一封闭系统，从状态 A 变化到状态 B，则由式(2-4)，可得系统热力学能的改变为

$$\int_{\mathrm{A}}^{\mathrm{B}} \mathrm{d}U = \int_{\mathrm{A}}^{\mathrm{B}} (\text{đ}W + \text{đ}Q) = W + Q \tag{2-6}$$

由于热力学能是状态函数，其值仅取决于初、终状态，而与途径无关

$$\int_{\mathrm{A}}^{\mathrm{B}} \mathrm{d}U = U_{\mathrm{B}} - U_{\mathrm{A}} = \Delta U \tag{2-7}$$

故式(2-6) 也可表示为

$$\Delta U = W + Q \tag{2-8}$$

这便是封闭系统热力学第一定律的数学表述式。

有了热力学第一定律，上述“第一类永动机”为什么制造不出来的问题便迎刃而解。由于热机的运转是周而复始的，将式(2-4) 两边进行循环积分，便得

$$\oint \mathrm{d}U = \oint(\text{đ}W + \text{đ}Q) = 0 \tag{2-9}$$

所以

$$Q = -W \tag{2-10}$$

这就是说，要使机器对环境做功，就必须供给热量。

不难发现，图 2-2 所示 Joule 实验的循环实际上相当于一台由功转变成热的机器，据此得出热与功在量上是等价的。但是，它的逆转却是不可能的，这表明热与功在质上是不等价的，这个问题则是热力学第二定律的核心。

2.2 热力学第二定律与循环

自从 18 世纪英国人 Watt 发明蒸汽机后，人类找到了把热能转变成机械能的方法，随即这种机器被广泛地应用于工业的各个部门，为社会的发展带来了勃勃生机。但是，当时的蒸汽机效率很低，一般只有 5%左右，也就是说约有 95%的热量被浪费了。因此，如何提高蒸汽机的效率成为科学家和工程师十分关心的课题。

法国年轻的工程师 Carnot 就是其中杰出的代表，他在 1824 年发表了题为《论火的动力以及产生这种力的机器》的小册子。文中他将热机的运作理想化地概括成下列四步：第一步是工作介质在恒温下向高温热源吸热；第二步是工作介质在绝热的条件下膨胀，推动活塞做功；第三步是工作介质在恒温下向低温热源放热；第四步是工作介质绝热压缩，返回初始状态。并假定循环是在没有摩擦，没有泄漏和没有热辐射、热传导等条件下进行，且循环是可逆的，后人称这样的循环为 Carnot 循环，相应的机器为 Carnot 机。

于是，Carnot 认为，热机做功与水力机十分相似。它是依靠高温热源与低温热源的温度差，以及在其间流动的“热质”来做功的，就像水力机是依靠高位与低位水的落差和流动的水来做功一样。因此，他认为，热机做功必须有两个温度不同的热源，且它们间的温度差越大，热机的摩擦、热损失越小，效率就越高，而与工作介质无关，因为热机做功是依靠“热质”的流动。这就是 Carnot 定理，它可以表述如下：所有工作于两个温度一定的热源之间的热机以可逆机的效率最大。可惜 Carnot 没能正确地证明这条定理。正像恩格斯所说的：“他差不多已经探究到问题的底蕴，阻碍他完全解决这一个问题的，并不是事实材料的不足，而只是一个先入为主的错误理论……。”这个错误理论就是“热质说”，它使 Carnot 失去了揭示热力学第二定律的机遇。

直到热力学第一定律建立后，这个问题才引起了两位物理学家的注意，一位是德国物理学家 Clausius，另一位是英国物理学家 Kelvin。他们都坚信 Carnot 定理是正确的，但 Carnot 的证明方法是错误的。他们都意识到若要证明这条定理，必须有一条新的定律，这就是热力学第二定律的 Clausius 说法或 Kelvin 说法。

1848 年，Kelvin 根据 Carnot 定理，引入了一个热力学温标，导得关系式

$$\frac{Q_2}{Q_1}=\frac{T_2}{T_1} \quad \text{或} \quad \frac{Q_1}{T_1}=\frac{Q_2}{T_2} \tag{2-11}$$

这个公式意味着在 Carnot 循环中，工作介质从温度为 T_1 的高温热源吸收的热量 Q_1 并不像水力机那样，等于它向温度为 T_2 的低温热源放出的热量 Q_2，而是热温商相等。

如果规定工作介质吸热取正号，放热取负号，则式(2-11)可表示为

$$\frac{Q_1}{T_1}+\frac{Q_2}{T_2}=0 \tag{2-12}$$

由于热机的效率可表示为

$$\eta=\frac{-W}{Q_1}=\frac{Q_1+Q_2}{Q_1} \tag{2-13}$$

故将式(2-12)代入式(2-13)，可得到可逆机(Carnot 机)的效率为

$$\eta=\frac{T_1-T_2}{T_1} \tag{2-14}$$

式(2-14)明确地显示,可逆机的效率仅取决于两个热源的温度,而与工作介质没有关系。于是,由 Carnot 定理可得任意热机的效率为

$$\eta\leqslant\frac{T_1-T_2}{T_1} \tag{2-15}$$

式中,等号为可逆机,不等号为不可逆机。式(2-15)就是 Carnot 定理的数学表述式。有些物理化学教材误将这个公式的建立归功于 Carnot,这是不符合事实的,其实当初 Carnot 并没有给出这个公式。

由式(2-13)和式(2-15)可以得到,任意热机遵守如下关系式

$$\frac{Q_1}{T_1}+\frac{Q_2}{T_2}\leqslant 0 \tag{2-16}$$

式(2-16)也称 Clausius 不等式。这个公式不难推广到工作介质与无限多个热源相接触的循环中,从而得到

$$\oint\frac{\text{đ}Q}{T}\leqslant 0 \tag{2-17}$$

式(2-17)也可认为是热力学第二定律的数学表述式。因为它意味着下式所示的循环是不可能的

$$\oint\frac{\text{đ}Q}{T}>0 \tag{2-18}$$

式(2-18)能简洁地表达热力学第二定律的两种典型的说法。

如果有一种热机,在其周而复始的运作中,能从温度为 T_2 的低温热源吸收热量 Q,将其如数地传给温度为 T_1 的高温热源,而不引起其他变化,如图 2-3 所示。

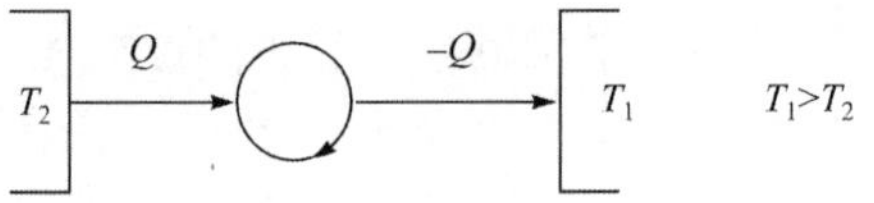

图 2-3

那么,工作介质热温商的循环积分是

$$\oint\frac{\text{đ}Q}{T}=\frac{Q}{T_2}-\frac{Q}{T_1}>0 \tag{2-19}$$

说明这是不可能的,这正是热力学第二定律的 Clausius 说法:不可能把热从低温物体传到高温物体而不产生其他影响。

如果有一种机器,在它周而复始地运作下,能从温度为 T 的单一热源中吸收热量 Q,将其全部转变成功,而不引起其他变化,如图 2-4 所示。

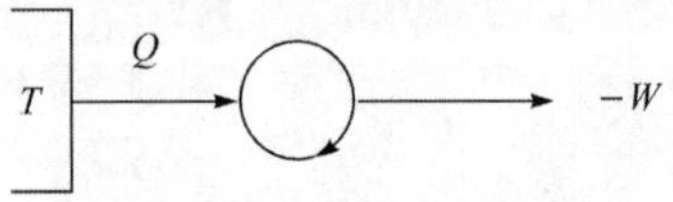

图 2-4

那么,工作介质热温商的循环积分为

$$\oint\frac{\text{đ}Q}{T}=\frac{Q}{T}>0 \tag{2-20}$$

说明这也是不可能的。这正是热力学第二定律的 Kelvin说法:不可能从单一热源吸热,使之完全变为有

用的功而不产生其他影响。

这种能从单一热源吸取热量，使之完全转变成功的机器，也称“第二类永动机”。不同于前面所述的“第一类永动机”，它是不违背能量守恒及转化定律的，因此更具有诱惑性。Kelvin 说法表明，“第二类永动机”也是不可能制造出来的。

2.3 平衡判据

热力学第二定律的更深刻的叙述则是直接得自式(2-17)。式中的等号显示，可逆过程的热温商是与某一状态函数相关，因为循环积分等于零是状态函数存在的必要而又充分条件。令这个状态函数为 S，并称其为熵，则熵的定义式为

$$dS \overset{\text{def}}{=\!=} \frac{\text{đ}Q_R}{T} \tag{2-21}$$

这个状态函数是 1865 年由 Clausius 首先定义的，从此热力学第二定律得到了更加深刻而又抽象的概括。

假定有一个不可逆循环过程分两步完成：A→B 是不可逆过程，B→A 为可逆过程，如图 2-5 所示。

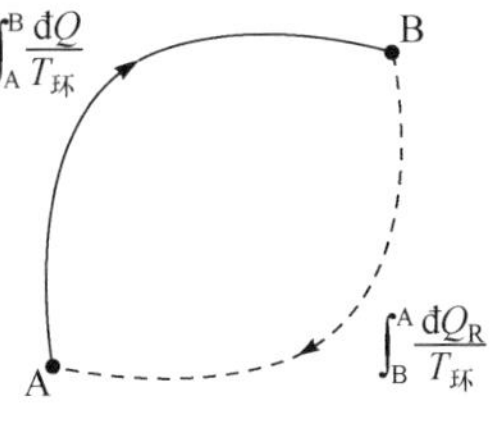

图 2-5　不可逆循环

由式(2-17)不难证明

$$\Delta S > \int_A^B \frac{\text{đ}Q}{T_{环}} \quad 或 \quad dS > \frac{\text{đ}Q}{T_{环}} \tag{2-22}$$

式中，$T_{环}$ 为环境温度。将式(2-22)与式(2-21)合并，得

$$dS - \frac{\text{đ}Q}{T_{环}} \geqslant 0 \tag{2-23}$$

式(2-23)可用来判别过程的可逆性。由于在可逆过程中系统时刻无限趋近平衡状态，这就是说，式(2-23)也可判别系统是否趋近平衡，故它是个平衡判据。

通常，由于环境很大，它在吸收系统放出的热量时，可认为温度 $T_{环}$ 保持不变，以致不管系统发生的过程是否可逆，环境吸热总是可逆的，这样，$-\text{đ}Q/T_{环}$ 可视为环境的熵变，因此，式(2-23)也可表示为

$$dS_{系统} + dS_{环境} \geqslant 0 \tag{2-24}$$

显然，将系统和环境加在一起便是个大的孤立系统。鉴于系统不做非体积功时，$\text{đ}Q = dU + p_{外}dV$，恒能恒容的系统即为孤立系统，故由式(2-23)或式(2-24)可得

$$dS \geqslant 0 \tag{2-25}$$

即系统不做非体积功时，在热力学能和体积不变的情况下，对于各种可能的变动来说，平衡态的熵最大。这个判据称为熵判据，它得自熵增大原理，是判别过程方向与限度的最基本判据。

在实用上，由于常遇到的是恒温过程，或者恒温恒容，或者恒温恒压，更多用的是另外两种判据，它们都是由熵判据结合热力学第一定律派生得到的。在恒温下，将式(2-4)代入式(2-23)，可得

$$TdS - dU + \text{đ}W \geqslant 0$$

$$d(U - TS) \leqslant \text{đ}W \tag{2-26}$$

式中，U、T 和 S 为状态的函数，若定义一个新的状态函数

$$A=U-TS \tag{2-27}$$

A 称为 Helmholtz 自由能，则在恒温恒容和环境不对系统做非体积功时，由式(2-26)可得

$$\mathrm{d}A\leqslant 0 \tag{2-28}$$

即系统在温度和体积不变且环境不对系统做非体积功的情况下，对于各种可能的变动来说，平衡态的 Helmholtz 自由能最小。这个判据称为 Helmholtz 自由能判据。

若将$\text{đ}W=-p_{外}\,\mathrm{d}V+\text{đ}W'$代入式(2-26)，其中 W' 为非体积功，则在恒温恒压时可得

$$\mathrm{d}(U+pV-TS)\leqslant \text{đ}W' \tag{2-29}$$

定义新的状态函数 $G=U+pV-TS$，称其为 Gibbs 自由能，则在恒温恒压和环境不对系统做非体积功时，由式(2-29)可得

$$\mathrm{d}G\leqslant 0 \tag{2-30}$$

即系统在温度和压力不变且环境不对系统做非体积功的情况下，对于各种可能的变动来说，平衡态的 Gibbs 自由能最小。这个判据称为 Gibbs 自由能判据。

上述三个平衡判据都可用来判别过程的方向与限度，故在热力学研究中起着十分重要的作用。

综上所述，在热力学发展的初期，循环是研究热力学的最常用方法。

参考文献

冯端，冯少彤. 2005. 溯源探幽——熵的世界. 北京：科学出版社.

申先甲. 1985. 探索热的本质. 北京：北京出版社.

王彬. 1994. 熵与信息. 西安：西北工业大学出版社.

王竹溪. 1964. 热力学简程. 北京：人民教育出版社.

Beattie J A, Oppenheim I. 1979. Principles of Thermodynamics. Amsterdam: Elsevier Scientific Publishing Company.

3 熵与能量

1865 年，德国物理学家 Clausius 在研究热功转变时，引入了一个状态函数——熵。这是热力学的一个重大事件，热力学第二定律就基于这个函数。利用它能够深刻地揭示自然界发生变化的方向和限度，但是人们很难用直觉去理解它。多数物理化学教材在说明熵的物理意义时，都是用了 Boltzmann 熵定理

$$S=k\ln\Omega \tag{3-1}$$

这是奥地利物理学家 Boltzmann 于 1877 年用统计力学方法导得的。由于式(3-1)直截了当地表明了熵与系统微观状态数或热力学概率 Ω 间的关系，因此将熵理解为系统无序度或混乱程度的度量是十分本质和具有理论价值的。那么，当初 Clausius 引入这个函数时，他是如何理解其物理意义的呢？本专题便从这个问题谈起。

3.1 熵与不可用能

Clausius 在引入这个函数时，给它起了一个名字，叫作 Entropie，这个名字是他根据两个希腊字发明的，意思是"转变的量"或者"发生变化的能力"。为什么熵是这个意思呢？下面的推导能够帮助对它的理解。

设有一热源，温度为 T，而环境温度为 T_0，$T>T_0$，则得自该热源的热量 Q 是能够做功的，只需在该热源与环境之间安置一台热机，如图 3-1 所示。

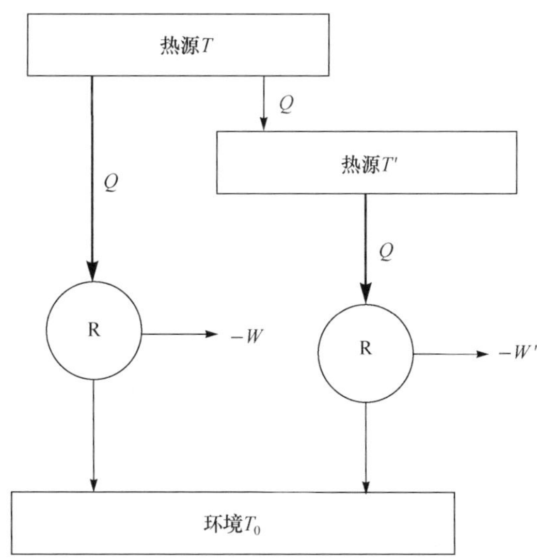

图 3-1　能量的耗散

然而，即使热机是可逆的 Carnot 机，热量 Q 也不可能全部转变成功，因为 Carnot 机的效率为

$$\eta_R=-\frac{W}{Q}=\frac{T-T_0}{T} \tag{3-2}$$

其所做的功为

$$-W=\left(1-\frac{T_0}{T}\right)Q \tag{3-3}$$

这就是说，有$(T_0/T)Q$的热放给了环境，这部分热量是不能转变成功的，故称为不可用能（在工程上，热称为热能）。

现在，假定另有一个热源，温度为T'，$T>T'>T_0$，将它与温度为T的热源相接触，使热量Q从热源T不可逆地传导到热源T'，则可发现，传导后的热量Q做功的本领减小了，因为现在

$$\eta_R'=-\frac{W'}{Q}=\frac{T'-T_0}{T'} \tag{3-4}$$

$$-W'=\left(1-\frac{T_0}{T'}\right)Q \tag{3-5}$$

不能做功的热变成了$(T_0/T')Q$。由于$T'<T$，所以不可用能增加了，其增量为

$$D=\left(\frac{1}{T'}-\frac{1}{T}\right)T_0Q \tag{3-6}$$

式中，D称为能量的耗散（dissipation of energy）。

显然，将两个温度不同的热源相接触，使热量Q从热源T传导到热源T'，这是在孤立系统中进行的一个方向性十分明确的不可逆过程。若令这两个热源很大，并不因热量Q的传导而改变温度，则不难计算此过程的熵变为

$$\Delta S=\frac{Q}{T'}-\frac{Q}{T}=\left(\frac{1}{T'}-\frac{1}{T}\right)Q \tag{3-7}$$

于是，将式(3-7)代入式(3-6)，可得

$$D=T_0\Delta S=T_0S_2-T_0S_1 \tag{3-8}$$

这个结论对于热源不是无限大，传热后热源温度要发生改变的情况也同样适用。它表明，系统能量的耗散与熵变成正比。鉴于如上所述，能量的耗散即不可用能的增加，故式(3-8)也表明，不可用能即T_0S。从这个意义上说，熵可作为能量不可用程度的量度。这也是从热与功转变角度得到的熵的物理意义。

当年，Clausius 在引入熵函数时，就是这样理解这个函数的物理意义的。由于熵越大，不可用能越多，故热（能）可转变成功的"量"越少，换句话说，热转变成功的"能力"越低。这便是 Clausius 发明"熵"这个词的原意。

3.2 热力学第二定律的实质

在工程上，热量常称为热能，因为它是一切热机运转时需提供的能量。而它不同于其他形式的能量，如机械能、电能、核能、水力和风力等，后者在理论上能够全部做功，而热能却不能，它只能部分地转变为功。所以，在工程上称热能为低级能，而其他形式的能为高级能。目前世界上的主要能源仍然是源自各种燃料的低级能，大部分高级能是由低级能

转化而来。

上述计算表明，热量的做功能力与热源的温度有密切的关系，源自高温热源的热量具有较高的做功能力，得自低温热源的热量则做功能力较低，如果是环境温度下的热量，则是没有做功能力的。由此可见，热量有“品位”高低之分，高温热与低温热尽管可以等量，但不等价。正是这一不等价性决定了高温热能够无条件地转变成低温热，而低温热却不能无补偿地转变成高温热。与热与功在质上的不等价一样，它们是热力学第二定律的核心。1850 年，Clausius 正是据此提出了著名的热力学第二定律的 Clausius 说法，并正确地证明了 Carnot 定理。

从 Carnot 定理出发，Clausius 进一步得到了 Clausius 不等式，并定义了熵函数，最终将热力学第二定律概括成熵增大原理。这个原理可表述如下：在孤立系统中进行的过程，熵值总是有增无减，直到增至极大值，此时系统达到了平衡状态。

熵增大原理有着深刻的物理意义，它表明孤立系统进行的过程是有方向性的，因为正如式(3-8)所示，系统熵的增大是与能量的耗散密切相关的。随着不可逆过程的进行，孤立系统的熵不断地增大，因此，热能可转变成功的“量”变得越来越少，这就是说，能量变得越来越小了，直到系统中能量的所有做功能力都消失，熵就达到了极大值，这就是热力学第二定律的实质。

3.3 可用能——一个重要的推论

上面已述，温度为 T 的热源所能做的最大功为

$$-W_{\max}=\left(1-\frac{T_0}{T}\right)Q_{\mathrm{R}} \tag{3-9}$$

式中，Q_{R} 和 $-W_{\max}$ 分别为 Carnot 机向该热源可逆吸收的热和做出的最大功。$-W_{\max}$ 即热源的做功能力，可用 B_{Q} 表示。现若将热源取作系统，其他均为环境，那么这是一个仅放热而不做功的恒容系统，按照热力学第一定律，系统放热应取负号，且 $Q_{\mathrm{R}}=\Delta U$；而按热力学第二定律，$Q_{\mathrm{R}}=T\Delta S$，故式(3-9)应表示为

$$\begin{aligned}B_{\mathrm{Q}}&=-\left(1-\frac{T_0}{T}\right)Q_{\mathrm{R}}=-\Delta U+T_0\Delta S\\&=(U_1-U_2)-T_0(S_1-S_2)\\&=(U_1-T_0S_1)-(U_2-T_0S_2)\\&=B_1-B_2\end{aligned} \tag{3-10}$$

式中，令 $B=U-T_0S$，由于 T_0S 是不可用能，U 是系统的热力学能，故 B 称为可用能。当环境的温度 T_0 指定时，它是一个状态的函数。由此可见，热源的做功能力 B_{Q} 等于其可用能的减少。即温度为 T 的热源，当它放热从状态Ⅰ变到状态Ⅱ时，热源所能做的最大功是其可用能的减少量 B_1-B_2，故可用能 B 是一个评价低级能“品位”高低的很好指标，B 值越大，“品位”越高。

现在，要将这个概念推广到更一般的情况，即系统是既会传热，又会做功的流体。假如有一定量的流体，温度为 T_1，压力为 p_1，体积为 V_1，被一个无限大的温度为 T_0、压力为 p_0 的环境所包围。那么，这时系统(流体)与环境之间不仅有热量传导，而且还有功的传

递，由于环境无限大，变化结果是系统的终态将为 T_0、p_0 和 V_0。在这种情况下，流体的做功能力等于什么呢？

由于系统与环境温度不同，可在它们之间设置一工作介质，使之经历一连串 Carnot 循环，而每一 Carnot 循环是在某一瞬间的流体温度与环境温度间工作，这些 Carnot 循环做出的最大功是可以累积的。若某一瞬间流体的温度为 T，传递的热量为 $đQ_R$，则工作在它与环境间的 Carnot 循环做出的最大功为

$$\left(\frac{T-T_0}{T}\right)đQ_R$$

类似地，由于流体与环境压力不同，也可在它们之间设置一连串压力不同的工作介质，每一个相差 dp 压力来传递体积的变化，这些膨胀功也可累积。倘若某一瞬间流体的压力为 p，膨胀了 dV 体积，则工作介质所做的最大功为

$$p_0 dV - p dV$$

对于现在这个既放热又做功的系统，流体所能做的最大功为

$$\begin{aligned} -đW_{max} &= -\left(\frac{T-T_0}{T}\right)đQ_R + p dV - p_0 dV \\ &= -đQ_R + T_0 dS + p dV - p_0 dV \end{aligned} \tag{3-11}$$

代入热力学第一定律，$đQ_R = dU + p dV$，则

$$-đW_{max} = -dU - p_0 dV + T_0 dS \tag{3-12}$$

所以

$$\begin{aligned} -W_{max} &= -\int_1^0 dU - \int_1^0 p_0 dV + \int_1^0 T_0 dS \\ &= (U_1 - U_0) + p_0(V_1 - V_0) - T_0(S_1 - S_0) \\ &= (U_1 + p_0 V_1 - T_0 S_1) - (U_0 + p_0 V_0 - T_0 S_0) \end{aligned} \tag{3-13}$$

式中，$\int_1^0$ 为从始态积分到平衡态。由于 $-W_{max}$ 即流体的做功能力，若用 B_F 表示，则式(3-13) 可表示为

$$B_F = B_1 - B_0 \tag{3-14}$$

现在，可用能的定义应改为

$$B = U + p_0 V - T_0 S \tag{3-15}$$

因为系统不再恒容，这是一个更普遍的定义式。

由此可见，流体的做功能力同样等于其可用能的减少。由于式(3-14)中的 B_0 是系统平衡态的可用能，此时系统的温度 T_0 和压力 p_0 分别与环境相同，它已完全失去做功能力，故这个平衡态通常称为死态，它可以取作可用能的基准态。这样，实用上使用下式作为可用能的定义式

$$B = (U - U_0) + p_0(V - V_0) - T_0(S - S_0) \tag{3-16}$$

式中，U、V 和 S 分别为系统的热力学能、体积和熵；U_0、V_0 和 S_0 分别为系统处在死态时的热力学能、体积和熵。因此，可用能 B 是可以通过热力学算得的。

对于稳定的流动系统，可用能的定义略有不同，倘若系统的动能和势能可以忽略不计，则流过某一截面的单位质量物料相对于环境的可用能除了用式(3-16)表示外，尚需加上它相对于环境的流动功$(p - p_0)v$，因此，稳定流动系统的可用能定义式是

$$
\begin{aligned}
B &= (u-u_0)+p_0(v-v_0)-T_0(s-s_0)+(p-p_0)v \\
&= (h-h_0)-T_0(s-s_0)
\end{aligned} \tag{3-17}
$$

式中，u、h、v 和 s 分别为流过某一截面的单位质量物料的热力学能、焓、体积和熵；u_0、h_0、v_0 和 s_0 则分别为该物料在死态时的相应值。

3.4 可用能的工程应用

可用能概念在工程上有重要的应用，它可用来评价过程和设备对能量的利用率，对节约能源和提高企业的经济效益起着重要的作用。

如果有一个过程，其实际所做的功等于系统可用能的减少，那么这个过程便充分地利用了能量，显然这只有在过程可逆进行时才可能。对于实际过程，系统所做的功总是小于可用能的减少，两者之差称为功损失：

$$\Delta = \text{系统可用能 } B \text{ 的减少} - \text{系统实际做出的功} \tag{3-18}$$

式(2-18)称为可用能的衡算公式。

对于封闭系统，式(3-18)可具体地表示为

$$\Delta = \sum B_F + \sum B_Q - W_{实} \tag{3-19}$$

式中，$\sum B_F = \sum B_1 - \sum B_2$，为流体的总做功能力，其中 $\sum B_1$ 和 $\sum B_2$ 分别为始态和终态物料的总可用能；$\sum B_Q$ 为系统中所有热源的做功能力，即它们所提供的总可用能；$W_{实}$ 为系统实际做出的功。

对于稳定流动系统，式(3-18)可具体地表示为

$$\Delta = \sum B_{入} - \sum B_{出} + \sum B_Q - W_{实} \tag{3-20}$$

式中，$\sum B_{入}$ 和 $\sum B_{出}$ 分别为稳定流动系统进口和出口物料的总可用能。

显然，算得的 Δ 值越大，表示该过程或设备的能量利用率越低。为了节约能源，提高企业的经济效益，它应该成为技术改造的对象。这种计算称为可用能分析，它对于企业的节能和能量的有效利用具有重要的指导意义。在工程上，可用能也称“㶲”，因此，可用能分析也称“㶲分析”。

参 考 文 献

严济慈. 1966. 热力学第一和第二定律. 北京：人民教育出版社.

Bruges E A. 1959. Available Energy and The Second Law Analysis. London：Butterworths.

Moran M J. 1982. Availability Analysis：A Guide To Efficiency Energy Use. Englewood Cliffs，N J：Prentice-Hall.

Zemansky M W，Dittman R H. 1987. 热学和热力学 . 6 版. 刘皇风，等译. 北京：科学出版社.

4 热力学第三定律的提出、建立和发展

虽然热力学的框架主要是由热力学第一定律和第二定律构成，但热力学第三定律仍然占据十分重要的地位。它是有关物质在低温下热力学性质的科学，对于预测化学反应平衡常数起着决定性的作用。与热力学第一定律和第二定律不同，可以说，第三定律的建立顺应化学科学的需要，因此它的出现要比第一定律和第二定律晚了半个世纪。本专题介绍这条定律的提出、建立和发展。

4.1 热力学第三定律的提出和建立

当将 Gibbs-Helmholtz 方程

$$\left[\frac{\partial(\Delta G^{\ominus}/T)}{\partial T}\right]_p=-\frac{\Delta H^{\ominus}}{T^2} \tag{4-1}$$

应用于化学变化时，由标准摩尔反应 Gibbs 自由能表示式

$$\Delta_r G_m^{\ominus}=-RT\ln K^{\ominus}$$

和标准摩尔反应焓表示式

$$\Delta_r H_m^{\ominus}=\Delta H_0+\Delta aT+\frac{1}{2}\Delta bT^2+\frac{1}{3}\Delta cT^3$$

很容易得到标准平衡常数与温度间的关系

$$\ln K^{\ominus}=-\frac{\Delta H_0}{RT}+\frac{\Delta a}{R}\ln T+\frac{\Delta b}{2R}T+\frac{\Delta c}{6R}T^2+\frac{I}{R} \tag{4-2}$$

或者

$$\Delta_r G_m^{\ominus}=\Delta H_0-\Delta aT\ln T-\frac{1}{2}\Delta bT^2-\frac{1}{6}\Delta cT^3-IT \tag{4-3}$$

式中，ΔH_0 和 I 为两个积分常数，其中 ΔH_0 可由热化学数据计算出来，反应物和产物的 a,b,c 数据也可查阅手册。但是，另一个积分常数 I 却只有在已知一个任意温度下的平衡常数后才能算得，因此化学反应平衡常数的确定要依靠实验直接测定，热力学第三定律实际上就是由此提出的。如果积分常数 I 的值能够理论确定，那么依靠式(4-2)或式(4-3)就可以计算出各种反应在任何温度下的 $K^{\ominus}$ 或 $\Delta_r G_m^{\ominus}$。这个课题的意义是显而易见的，因为化学反应平衡常数的实验测定并不是轻而易举的。通常必须控制反应在可逆的条件下或者达到平衡时才能测定，这种限制条件并不是所有反应都能达到，特别是有副反应存在或反应进行得很慢时，实验测定平衡常数尤其困难。如果能够理论确定积分常数 I 的值，就可利用热化学和量热学测得的数据计算出平衡常数，从而避开这些困难。

19 世纪末，这个问题引起了科学家的关注。1888 年法国化学家 Le Chatelier 首先在他的论文中明确地讨论了积分常数 I，他指出“积分常数很可能是所考察物质的某种物理性质的函数，这个函数的确定将导致化学平衡规律的完善了解，使我们能够预测化学反应

的平衡条件”。Le Chatelier 还指出“如果某化学反应是另外两个反应的加和，那么，它的积分常数也是另两反应的积分常数之和”，并预言“相同类型的反应有相同的积分常数，例如，各种液体的蒸发、包含固体和气体物质的某些分解反应和特征相似的均相气相反应等”。所有这些后来都得到实验的证实。可惜，他的论文发表在当时很难看到的杂志上，因此他的上述见解长期没有引起人们的注意。

1899 年 Lewis 也研究了上述公式(4-3)，探索积分常数与反应前后热容改变的关系，他认为其间必定存在某种联系。但是 Lewis 发现，除了积分常数近似等于零的少数情况外，所得数据似乎不足以将考察的关系精确地表示成公式。

1902 年 Richards 进一步开展了这方面的研究，他测定了若干 Daneil 型原电池的电动势，研究了电动势与温度间的关系。他发现随着温度的降低，电池反应的 ΔG 与 ΔH 越来越接近，并且是以图 4-1(a)和图 4-1(b)两种方式趋近于 0K。

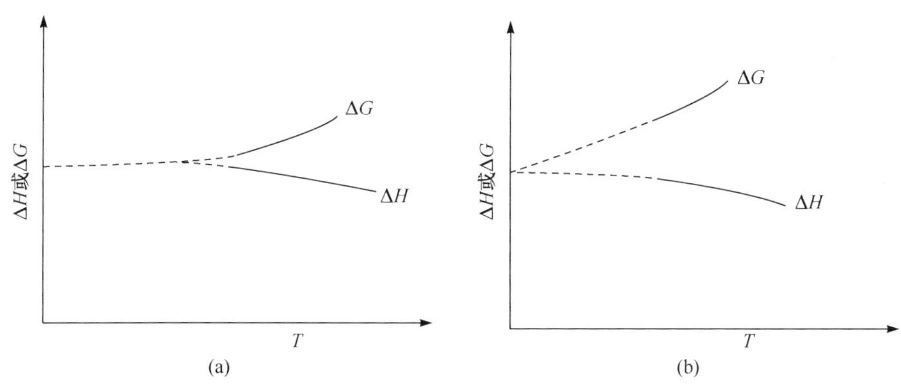

图 4-1　ΔG 和 ΔH 随温度降低趋近的两种方式

虽然 Richards 的这些结果是在为数不很多的实验中得到的，但它却是一个重要的信息，为热力学第三定律的建立提供了重要的线索。

此后，van't Hoff 和 Haber 等也在这方面进行了详细的研究。直到 1906 年 Nernst 才在 Richards 等的研究基础上提出了 Nernst 热定理，这个定理实际上就是热力学第三定律的最初说法。

按照 Richards 的实验结果，在凝聚系统中发生的化学变化，其 ΔG 和 ΔH 要随温度降低而不断趋近，并于 0K 时相等，这就是说

$$\lim_{T\to 0\mathrm{K}}(\Delta G-\Delta H)=0 \qquad (4\text{-}4)$$

由于 $\Delta G=\Delta H-T\Delta S$，所以

$$\lim_{T\to 0\mathrm{K}}(-T\Delta S)=0 \qquad (4\text{-}5)$$

只要 $T\to 0\mathrm{K}$ 时，ΔS 是个有限值，式(4-5)总是能够满足的。

Nernst 敏锐的洞察力在于他提出了这样一个设想，他认为当温度趋近 0K 时，非但式(4-4)和式(4-5)是成立的，而且 ΔS 也会趋近于零，即

$$\lim_{T\to 0\mathrm{K}}\Delta S=0 \qquad (4\text{-}6)$$

这一假设就是 Nernst 热定理。它也适用于凝聚相物理变化。如果用文字叙述可表述成：凝聚系统中恒温过程的熵变随热力学温度同趋于零。

不难看出,Nernst 的这个假设实际上就是将 Richards 的某些实验结果加以普遍化,因为已知

$$\Delta S=-\left(\frac{\partial\Delta G}{\partial T}\right)_p \tag{4-7}$$

所以 Nernst 假设意味着

$$\lim_{T\to 0\mathrm{K}}\left(\frac{\partial\Delta G}{\partial T}\right)_p=0 \tag{4-8}$$

这正是 Richards 实验得到的第一种趋近方式——ΔG 和 ΔH 公切于 0K,且公切线的斜率等于零。

这一点是可以证明的。由式(4-7)可得

$$\left(\frac{\partial\Delta G}{\partial T}\right)_p=-\Delta S=\frac{\Delta G-\Delta H}{T}$$

所以,只要式(4-8)成立,则

$$\lim_{T\to 0\mathrm{K}}\frac{\Delta G-\Delta H}{T}=0$$

于是,利用数学中的 L'Hôpital 规则

$$\lim_{T\to 0\mathrm{K}}\frac{(\partial\Delta G/\partial T)_p-(\partial\Delta H/\partial T)_p}{1}=0$$

可得

$$\lim_{T\to 0\mathrm{K}}\left(\frac{\partial\Delta G}{\partial T}\right)_p=\lim_{T\to 0\mathrm{K}}\left(\frac{\partial\Delta H}{\partial T}\right)_p=0 \tag{4-9}$$

或者

$$\lim_{T\to 0\mathrm{K}}\Delta S=\lim_{T\to 0\mathrm{K}}\Delta C_p=0 \tag{4-10}$$

由此可见,只要 $\lim\limits_{T\to 0\mathrm{K}}\left(\frac{\partial\Delta G}{\partial T}\right)_p=0$,则必 $\lim\limits_{T\to 0\mathrm{K}}\left(\frac{\partial\Delta H}{\partial T}\right)_p=0$,即只要 $\lim\limits_{T\to 0\mathrm{K}}\Delta S=0$,则 $\lim\limits_{T\to 0\mathrm{K}}\Delta C_p=0$。

Nernst 的这一假设显然是一个新的原理,是不可能用热力学第二定律加以论证的。由于以后的大量实验证实了由此推得的一系列结论,所以这个假设称为 Nernst 热定理,实际上是热力学的一个新原理——热力学第三定律。

有了这条新定理,对于凝聚系统化学反应,式(4-3)中的积分常数可得到解决。由式(4-1)

$$\left[\frac{\partial(\Delta_r G_m^\ominus/T)}{\partial T}\right]_p=-\frac{\Delta_r H_m^\ominus}{T^2}$$

可得

$$\mathrm{d}\left(\frac{\Delta_r G_m^\ominus}{T}\right)=-\frac{\Delta_r H_m^\ominus}{T^2}\mathrm{d}T$$

$$\Delta_r G_m^\ominus=-T\int\frac{\Delta_r H_m^\ominus}{T^2}\mathrm{d}T-IT \tag{4-11}$$

式(4-11)中的 I 即式(4-3)中的积分常数。

现将 $\Delta_r H_m^\ominus=\Delta H_{(T\to 0\mathrm{K})}+\int_0^T\Delta C_p^\ominus\mathrm{d}T$ 代入式(4-11),可得

$$\Delta_r G_m^\ominus = -T\int \frac{\left[\Delta H_{(T\to 0K)} + \int_0^T \Delta C_p^\ominus \mathrm{d}T\right]}{T^2}\mathrm{d}T - IT$$

$$= \Delta H_{(T\to 0K)} - T\int \frac{\mathrm{d}T}{T^2}\int_0^T \Delta C_p^\ominus \mathrm{d}T - IT \tag{4-12}$$

再利用分部积分法，则

$$\Delta_r G_m^\ominus = \Delta H_{(T\to 0K)} + \int_0^T \Delta C_p^\ominus \mathrm{d}T - T\int_0^T \frac{\Delta C_p^\ominus}{T}\mathrm{d}T - IT$$

$$= \Delta_r H_m^\ominus - T\int_0^T \frac{\Delta C_p^\ominus}{T}\mathrm{d}T - IT \tag{4-13}$$

故

$$\Delta_r S_m^\ominus = \int_0^T \frac{\Delta C_p^\ominus}{T}\mathrm{d}T + I \tag{4-14}$$

由于 $T\to 0\mathrm{K}$ 时，凝聚相反应的 $\Delta_r S_m^\ominus=0$，$\Delta C_p^\ominus=0$，所以由式(4-14)可得 $I=0$，于是凝聚相反应的 $K^\ominus$ 值就可由式(4-2)算得。

4.2 热力学第三定律的发展

仔细分析 Nernst 热定理，可以得到许多重要的信息，这个定理意味着随着温度不断下降，一个凝聚态物质的熵将趋近某一确定的值，这个值与压力、体积、外场、聚集状态和同素异形现象等均无关。因为 Nernst 热定理指出，在 0K 下，凝聚系统中所发生的恒温过程都是等熵过程。这一点已得到广泛的证明。

例如，熵值与压力无关，这就意味着在 $T\to 0\mathrm{K}$ 时凝聚物质的膨胀系数 α 趋近零。因为根据 Maxwell 关系式可得

$$\lim_{T\to 0\mathrm{K}}\left(\frac{\partial S}{\partial p}\right)_T = \lim_{T\to 0\mathrm{K}} -\left(\frac{\partial V}{\partial T}\right)_p = 0$$

这一推论已在铜、铝、银和其他固体中得到了证明。

又如，熵值与凝聚物质的聚集状态无关，这意味着 $\lim\limits_{T\to 0\mathrm{K}}\frac{\mathrm{d}p}{\mathrm{d}T}=0$。因为根据 Clausius-Clapeyron 方程

$$\frac{\mathrm{d}p}{\mathrm{d}T}=\frac{\Delta S}{\Delta V} \qquad \lim_{T\to 0\mathrm{K}}\Delta S = \lim_{T\to 0\mathrm{K}}\Delta V\frac{\mathrm{d}p}{\mathrm{d}T}=0$$

由于 ΔV 是个有限值，所以

$$\lim_{T\to 0\mathrm{K}}\frac{\mathrm{d}p}{\mathrm{d}T}=0$$

这一推论也在 ^{4}He 的熔化曲线中得到了证明。

再如，熵值与同素异形现象无关，这就是说，当有些物质在低温下能以两种或多种同素异形体存在时，它们在 0K 时的熵值是彼此相等的。例如

$$\text{单斜硫(0K)} \rightleftharpoons \text{斜方硫(0K)}$$

这两种同素异形体的转变温度为 268.6K，由它们在低温下的热容数据和转变焓数据可以

算得上述转化的 ΔS 在实验误差范围内等于零。

1912 年，Planck 从上述信息出发进一步发展了 Nernst 说法。根据热力学第二定律，一个凝聚态物质的熵可用下式表示

$$S = S_0 + \int_0^T \frac{C_p}{T} \mathrm{d}T \tag{4-15}$$

式中，S_0 为 0K 时的熵值。

按照上述信息，S_0 是一个与压力、体积、外场、聚集状态和同素异形现象等均无关的数值，从这个含义上说，它是一个绝对的常数。然而，从热力学第二定律角度来看，S_0 常数值则是允许任意选取的，因为对第二定律来说，只有熵变的值才是有意义的，不管 S_0 的值如何选取，熵变 $S-S_0$ 值总是等于$\int_0^T \frac{C_p}{T}\mathrm{d}T$。Planck 正是以这点为依据，认为选取 $S_0=0$ 无疑是最方便的，于是他提出了第三定律的另一种说法：在 0K 下，纯固体和纯液体的熵值等于零。若用公式表示为

$$\lim_{T\to 0\mathrm{K}} S^* = 0 \tag{4-16}$$

Planck 说法有两个显著的特点：一是认为，当温度趋近 0K 时，并非所有凝聚物质，而是只有纯固体和纯液体的熵值才趋近零。在 Planck 看来，那些化学上不纯的物质，如合金和溶液的熵值是不一定会随热力学温度同趋于零的，因为即使降至 0K，这些物质还可能存在混合熵。因此，凡是有合金或溶液参与的过程，其熵变也不一定会与热力学温度同趋于零，这就构成了 Richards 实验中的第二种趋近方式。

二是按照 Planck 说法，式(4-15)可写成

$$S = \int_0^T \frac{C_p}{T} \mathrm{d}T \tag{4-17}$$

因此，物质的熵值就有了一个绝对值，所谓“绝对熵”的概念就是这样引入的。但是应该指出，把式(4-17)算得的熵称为“绝对熵”是不确切的，容易引起误解。其实 $\lim\limits_{T\to 0\mathrm{K}} S^*=0$ 只不过是一种约定或规定(convention)，尽管这个规定与统计力学颇相呼应，但从统计力学观点说，是在不考虑核运动和同位素效应对物质熵的贡献的前提下相呼应的，所以确切的称呼应是“规定熵”或“第三定律熵”。

Planck 说法要比 Nernst 热定理更前进一步。从 Nernst 热定理到 Planck 说法，热力学第三定律有了新的推广，由 Planck 说法能够很方便地推得 Nernst 热定理，但是反过来却是行不通的。

Planck 说法的一个重要推论是，0K 下纯物质的热容 C_p 和 C_V 等于零，即

$$\lim_{T\to 0\mathrm{K}} C_p = 0 \quad 和 \quad \lim_{T\to 0\mathrm{K}} C_V = 0 \tag{4-18}$$

这是很容易论证的，因为

$$\left(\frac{\partial G}{\partial T}\right)_p = -S = \frac{G-H}{T}$$

$$\left(\frac{\partial A}{\partial T}\right)_V = -S = \frac{A-U}{T}$$

由 L'Hôpital 规则，同样能够得到

$$\lim_{T\to 0K}\left(\frac{\partial G}{\partial T}\right)_p=\lim_{T\to 0K}\frac{(\partial G/\partial T)_p-(\partial H/\partial T)_p}{1}=0$$

$$\lim_{T\to 0K}\left(\frac{\partial A}{\partial T}\right)_V=\lim_{T\to 0K}\frac{(\partial A/\partial T)_V-(\partial U/\partial T)_V}{1}=0$$

因此

$$\lim_{T\to 0K}\left(\frac{\partial G}{\partial T}\right)_p=\lim_{T\to 0K}\left(\frac{\partial H}{\partial T}\right)_p=\lim_{T\to 0K}C_p=0$$

$$\lim_{T\to 0K}\left(\frac{\partial A}{\partial T}\right)_V=\lim_{T\to 0K}\left(\frac{\partial U}{\partial T}\right)_V=\lim_{T\to 0K}C_V=0$$

在 1906 年 Nernst 提出热定理的时候，人们还很少知道低温下固体热容的知识，因而 Nernst 还只认识到 $\lim_{T\to 0K}\Delta C_p=0$。到了 1912 年，情况就大不相同了，Einstein 和 Debye 的晶体热容理论的出现以及 Nernst 和他的学生所做的低温下的大量实验已经充分证明了上述推论的正确性。

但是，Planck 的说法仍然引起物理学家的争论，这是因为人们发现，除了合金和溶液之外，当 $T\to 0K$ 时，尚有其他熵为正值的纯固体，它们也同样导致 Richards 实验中第二种趋近方式。例如，甘油在 0K 的下列恒温过程

$$\text{甘油(玻璃态,0K)}\rightleftharpoons\text{甘油(晶体,0K)}$$

其熵变就不等于零。由这两种甘油在低温下的热容数据和晶体甘油的熔化焓数据计算表明，上述变化中

$$\lim_{T\to 0K}\Delta S\approx -19.2\text{J}\cdot\text{K}^{-1}\cdot\text{mol}^{-1}$$

这就是说，如果晶体甘油的 $S_0=0$，玻璃态甘油的 S_0 就大约为 $+19.2\text{J}\cdot\text{K}^{-1}\cdot\text{mol}^{-1}$。

又如表 4-1 所列物质，由根据统计力学从光谱数据算得的熵值与根据 Planck 说法由量热学数据算得的熵值比较结果表明，它们在 0K 时的熵值也都是正的，就等于表列残余熵的值。显然，Planck 说法并没有体现出这些例外情况的存在。

表 4-1　若干 S_0 为正值的物质

物质	T/K	光谱熵 $S^{\ominus}_{spec}/(\text{J}\cdot\text{K}^{-1}\cdot\text{mol}^{-1})$	量热熵 $S^{\ominus}_{calor}/(\text{J}\cdot\text{K}^{-1}\cdot\text{mol}^{-1})$	残余熵* $S_0/(\text{J}\cdot\text{K}^{-1}\cdot\text{mol}^{-1})$
H_2O	298.1	188.70	185.27	3.43
D_2O	298.1	195.22	192.00	3.22
N_2O	184.6	202.92	198.15	4.77
CO	298.1	197.90	193.3	4.6
CH_3D	99.7	165.23	153.64	11.59
H_2	298.1	130.66	124.3	6.4

* 残余熵 $S_0=S^{\ominus}_{spec}-S^{\ominus}_{calor}$。

1920 年，Lewis 和 Gibson 提出了一种新的说法，这种说法可以表述如下：如果取 0K 下处在某种晶体状态的每种元素的熵值为零，则各种物质的熵就具有有限的正值，但是，在 0K 时它们的熵值可以变为零，完全晶体物质就是如此。

Lewis 和 Gibson 是在 Planck 说法的基础上，并考虑到有些物质具有正的 S_0 值的情

况下提出上述说法的，这一说法的特点是显而易见的。他们把 Planck 说法结合在自己的说法中，并且做了进一步的推广。由于化学元素是化学变化的最基本单元，所以指定 0K 下构成晶态物质的元素的熵为零无疑是最妥当的。然后，根据一切纯化合物都是由元素组成的，它们在 0K 下的熵值自然也应该等于零，这就是说分子熵等于原子熵加和，但是 Lewis 和 Gibson 指出，这种加和性只有完全晶体物质才具有。

在 Lewis 和 Gibson 说法中最引人注目的是引进了“完全晶体”的新概念。这个概念的引进是要排除玻璃态物质和在 0K 下尚有残余熵的一切例外物质，由这些物质参与的反应都是属于 Richards 实验中的第二种趋近方式。什么叫“完全晶体”呢？这个问题只有统计力学才能给予明确的回答。已知在统计力学中

$$S=k\ln\Omega \tag{4-19}$$

式中，Ω 为微观状态数或量子态数目，这是一个表示系统混乱程度（或无序度）的量。于是，纯固体和纯液体的 $S_0=0$ 意味着 0K 时系统只有一个量子态（$\Omega=1$），所有分子都处在只有一种可能方式的有序排列中，这样的晶体就是“完全晶体”。从这个含义上说，所有 S_0 为正值的物质在 0K 下都不是处于唯一的整齐排列中。显然，“完全晶体”概念的引进使 Lewis 和 Gibson 说法比起 Planck 说法来更加完善，这种说法被认为是热力学第三定律第一次获得满意的叙述。目前，国内许多物理化学教材中所谓的 Planck 说法，实际上是 Lewis 和 Gibson 说法与 Planck 说法的结合。

但是，Lewis 和 Gibson 说法只是说明了 S_0 为正值的物质的例外，而对这些物质在 0K 下为什么会有残余熵这样一个本质问题却没有予以说明。关于这一点，要得到满意的解释不可避免地要依靠物质结构和统计力学，下面试图从热力学角度举例说明。

设有一分子晶体，由 N 个不对称直线形分子构成，如果每个分子在晶体中只可能以两种取向存在，如图 4-2 所示，(a)为有序排列晶体，(b)为无序排列晶体，其中箭头表示分子的取向。

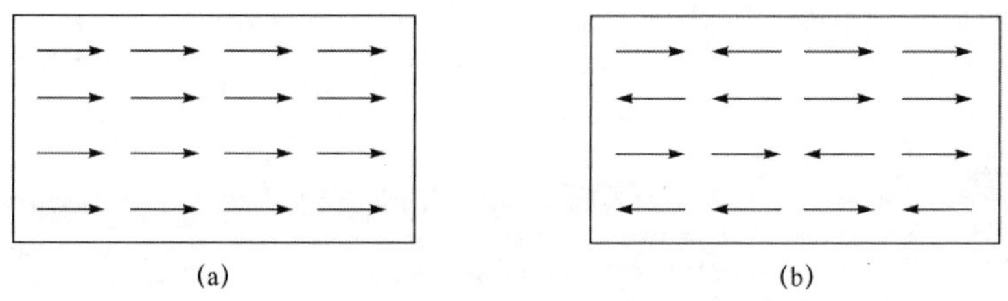

图 4-2　不对称直线形分子在晶体中的取向示意

(a)有序排列晶体；(b)无序排列晶体

由式(4-19)可以计算，当分子晶体从有序排列变为无序排列时，其熵变应为

$$\Delta S=k\ln 2^N-k\ln 1^N=Nk\ln 2>0$$

因为在无序排列时，一个分子可能有两种取向，N 个分子的微观状态数为 2^N。

这个转变也必然引起晶体能量的增加。如果一对“→→”分子转变成一对“→←”分子所引起的能量增量为 ϕ，那么无序排列中出现 $N_{\rightarrow\leftarrow}$ 对“→←”分子，晶体能量的增量为

$$\Delta E=N_{\rightarrow\leftarrow}\phi>0$$

显然，构成线性分子的原子间差别越大，即在周期表中的位置相距越远，则 ϕ 值越大，ΔE 也就越大。

当晶体的温度较高时，由于 T 较大，完全有可能有

$$T\Delta S>\Delta E$$

$$\Delta A=\Delta E-T\Delta S<0$$

因上述转变可认为是在恒温恒容和没有外力干预的条件下进行，所以 $\Delta A<0$ 表明有序向无序的转变是自发进行的。

但是，随着晶体温度降低，情况便发生变化，完全有可能当降至某一温度时，$T\Delta S=\Delta E$，如果这个温度用 T_t 来表示，则

$$T_t=\frac{\Delta E}{\Delta S}=\Delta E/(Nk\ln 2)$$

而这时的 $\Delta A=0$，有序向无序的转变变成了可逆过程。很明显，进一步降温的结果将改变过程自发进行的方向，变成无序向有序自发转变，从这个含义上说，T_t 称为转化温度。由此可见，降低温度将有助于晶体向有序排列方向的转变，因此，当温度趋近 0K 时，分子晶体理应变成有序排列。然而，实际情况往往不是这样，而是在降温到转化温度 T_t 之前，系统已经被“冻结”了。由于动力学上的障碍，无序排列已没有足够的能量转变成有序排列，上述无序排列所增加的熵和能量就残存在晶体内，这就是由线性分子取向所引起的残余熵的原因。

表 4-1 中的 CO 和 N_2O 分子晶体的残余熵就是上述原因引起的，它们的残余熵数值正巧接近于

$$R\ln 2=5.76\text{J}\cdot\text{K}^{-1}\cdot\text{mol}^{-1}$$

那么，为什么其他不对称直线形分子晶体如 HCl 却没有残余熵呢？这个问题的关键在于 ϕ 值的大小。如上所述，如果构成线形分子的原子在周期表中的位置相距越远，则 ϕ 值越大，ΔE 也就越大，转化温度 T_t 也就越高，此时，晶体有足够的能量在“冻结”之前就已经实现了无序向有序的转化，HCl 晶体正是属于这种情况。然而，不难发现，CO 和 N_2O 分子正巧相反，在周期表中 C 和 O 以及 N 和 O 的位置都是接近的，它们在结构上的相近导致排列时随机性增加，转变温度大为降低。

表 4-1 中的 CH_3D 分子晶体因其不是线形分子，而是四面体结构，有四个可能的取向，因此它的残余熵应接近

$$R\ln 4=11.52\text{J}\cdot\text{K}^{-1}\cdot\text{mol}^{-1}$$

至于 H_2、H_2O 和 D_2O 分子晶体，情况虽然不同，解释它们需要较多的物质结构和统计力学知识(唐有祺，1979)，但是本质是相同的，都是由于“冻结”使热力学系统无法达成内部平衡。玻璃态物质以及所有 S_0 为正值的物质，都是这个原因引起的，而这些情况实际上已经超越了平衡态热力学的研究范围。

于是，1927 年 Simon 又提出了一种说法：对于热力学系统中，每一个达成内部平衡的方面来说，它对系统的熵的贡献一定会随热力学温度同趋于零。

Simon 的这个说法就是根据上述分析概括出来的，这一说法的含义可举一个例子说明。例如，二元合金，根据热力学要求，当温度趋近 0K 时，合金应该分成两个整齐排列的纯相，但是动力学上的原因使它在降温过程中，往往被“冻结”在无序排列中。这样，系统在这方面就偏离了内部平衡态，致使合金中组分的混合熵无法释放。然而，在这个系统的另一方面，如原子在晶格中的热振动，却并不因“冻结”在无序排列中而失去内部平衡，随

着温度下降，直至所有原子都处于基态振动能级，故振动对系统的熵的贡献仍然随热力学温度同趋于零，Simon 说法中的“方面(aspect)”就是这个意思。

1939 年，Fowler 和 Guggenheim 提出了一种更加明确的说法：在任何恒温过程中，如果这个过程涉及的仅仅是内部平衡的稳定物相，或者是不受这个过程扰动的冻结物相，则熵变一定会随热力学温度同趋于零；但若过程涉及的是冻结物相，而且这个过程会扰动冻结物相中没有达成平衡的那个方面，那么，熵变将不随热力学温度同趋于零，而是给出负值。

Guggenheim 用下面两个式子来表示上述说法，若有一恒温变化

$$\alpha \longrightarrow \beta$$

其熵变为 ΔS，倘若状态 α 和 β 都是内部达成平衡的稳定相，那么，必然是

$$\lim_{T\to 0\mathrm{K}} \Delta S = 0 \tag{4-20}$$

如果 α 和 β 是内部不平衡的冻结相，只要变化 $\alpha \to \beta$ 不影响这种冻结相的存在，式(4-20)仍然适用。但若 α 是冻结相而 β 是稳定相，变化 $\alpha \to \beta$ 消除了 α 相内部不平衡状态，那么，就必然是

$$\lim_{T\to 0\mathrm{K}} \Delta S < 0 \tag{4-21}$$

而逆过程 $\lim\limits_{T\to 0\mathrm{K}} \Delta S > 0$ 是不可能发生的。

一个明显的例子是处于内部不平衡状态的 CO 晶体，倘若发生的是一个恒温压缩过程，则

$$\lim_{T\to 0\mathrm{K}} \Delta S = 0$$

因为外参数压力的连续改变不至于影响到 CO 晶体内部的不平衡性。但若发生的是下列化学变化

$$2\mathrm{CO(s)} + \mathrm{O_2} \longrightarrow 2\mathrm{CO_2(s)}$$

则由于反应消除了反应物相中 CO 晶体内部的不平衡性，其

$$\lim_{T\to 0\mathrm{K}} \Delta S < 0$$

不难知道，上述反应的 $\lim\limits_{T\to 0\mathrm{K}} \Delta S \approx -9.2\mathrm{J \cdot K^{-1} \cdot mol^{-1}}$。

由此可见，Simon 说法和 Fowler-Guggenheim 说法都是深入物质内部，把握了事物内在原因之后提出来的，因此比前面几种说法更能揭示第三定律的本质。

纵观上面所述的数种说法，可以清楚地看到热力学第三定律是怎样提出、发展和完善的，它展现了人们对这个定律不断深化的认识过程。现在，如果再回过头来，看一看 Richards 实验得到的两种趋近方式，那就再也明显不过了，这不正是 Fowler-Guggenheim 说法中的两种情形吗？而后一种情形是不属于平衡态热力学研究范围的。

4.3 零开达不到原理

最后，介绍一下物理学家比较感兴趣的一种说法，这种说法称为 0K 不能达到原理，是 1912 年 Nernst 根据 Nernst 热定理导得的。它可表述如下：用任何方法不管多么理想化都不能在为数有限的操作中使物体冷却到 0K。

当年，Nernst 是这样导得该原理的：他利用了一个 Carnot 循环，这个 Carnot 循环与

众不同之处仅在于低温热源的温度为 0K。于是根据 Nernst 热定理，不难知道这个 0K 的可逆恒温过程是一个可逆绝热过程，因为它的 $\Delta S_0=0$。这就构成了只从单一热源吸热做功而不产生其他影响的第二类永动机，显然这是不可能的。但是，上面已述，这个循环与众不同之处仅在于低温热源温度为 0K，因此其不可能就在于 0K 是达不到的。

Nernst 的这种论证方法是错误的，这与他当时认为 Nernst 热定理只不过是第二定律的一个推论的错误思想是分不开的。因为如果 Nernst 的上述论证方法成立，那么只需热力学第二定律的 Kelvin 说法就足以导得 0K 不能达到原理，热力学第三定律也就与这个原理无关了。

很多著名学者都批评了这种证法。Einstein 认为把 Carnot 循环的低温热源设为 0K，这即使在原理上也是行不通的，因为只要有极微量的热量泄漏，就会使系统的温度高于 0K，从而破坏这个循环(Базаров И П, 1988)。我国物理学家王竹溪则认为热力学第二定律是从 $T>0$K 的各种经验事实中总结出来的，因此 Kelvin 说法不应该随意推广到 $T=0$K 的情况，显然依靠这个不可靠的论据所作出的论证也是不可取的。

后来，Fowler 和 Guggenheim，Chandler 和 Oppenheim 对此原理都作出了论证，前者利用了绝热的方法，后者则不用绝热的方法(Chandler D et al，1966)。下面仅介绍 Fowler 和 Guggenheim 的绝热方法：

若有一变化(如体积的改变、外场的改变或同素异形变化等)

$$\alpha \longrightarrow \beta$$

从温度为 T_1 的 α 态绝热地变化到温度为 T_2 的 β 态，我们知道，为了最有效地达到降温的目的，应当使变化在可逆绝热的条件下进行，于是由物质的熵与温度的关系式

$$S=S_0+\int_0^T \frac{C_p}{T}\mathrm{d}T$$

可得

$$S_{0,\alpha}+\int_0^{T_1} \frac{C_{p,\alpha}}{T}\mathrm{d}T=S_{0,\beta}+\int_0^{T_2} \frac{C_{p,\beta}}{T}\mathrm{d}T \tag{4-22}$$

若 Nernst 热定理成立，$S_{0,\alpha}=S_{0,\beta}$，则

$$\int_0^{T_1} \frac{C_{p,\alpha}}{T}\mathrm{d}T=\int_0^{T_2} \frac{C_{p,\beta}}{T}\mathrm{d}T \tag{4-23}$$

由于 T_1 是大于零的，且在非 0K 下热容 $C_{p,\alpha}$ 和 $C_{p,\beta}$ 也总是大于零的，所以式(4-23)左边是大于零的，于是

$$\int_0^{T_2} \frac{C_{p,\beta}}{T}\mathrm{d}T>0 \tag{4-24}$$

要满足这个不等式，T_2 必须大于零，而不可能等于零，这就是说 0K 是达不到的。

Fowler 和 Guggenheim 还证明，如果 0K 不能达到，则 Nernst 热定理必成立，因此 0K 不能达到原理是与 Nernst 热定理等价的。

但是，Haase 的论证却得出了这样的结论：在某种情况下，如相变化、化学变化或混合等过程，由热力学第一定律和第二定律就能够导出 0K 不能达到原理；可是，在其他情况下，如膨胀和压缩、磁化和去磁等过程，则必须由 Nernst 热定理才能导出 0K 不能达到原理。

参 考 文 献

傅鹰. 1963. 化学热力学导论. 北京:科学出版社.

唐有祺. 1979. 统计力学及其在物理化学中的应用. 北京: 科学出版社.

王竹溪. 1964. 热力学简程. 北京:人民教育出版社.

Beattie J A, Oppenheim I. 1979. Principle of Thermodynamics. New York: Elsevier.

Chandler D, Oppenheim I J. 1966. Chem Educ, 43:525.

Fowler B H, Guggenheim E A. 1939. Statistical Thermodynamics. Cambridge: University Press.

Haase R. 1971. Physical Chemistry an Advanced Treatise. Statistical Mechanics. Vol Ⅱ. New York: Academic Press.

Klotz I M, Rosenberg R M. 1972. Chemical Thermodynamics. 3rd ed. New York: Benjamin.

Lewis G N, Randall M. 1923. Thermodynamics and the Free Energy of Chemical Substances. New York: McGraw-Hill.

Moore W J. 1976. Physical Chemistry. 5th ed. London: Longman.

Planck M. 1927. Treatise on Thermodynamics. Translated by Ogg A. London: Longmans, Green and Co.

Базаров И П. 1988. 热力学. 沙振舜, 等译. 北京:高等教育出版社.

5　Gibbs-Duhem 方程及其在物理化学中的应用

在多组分系统的热力学中，有一个重要的关系式，它将各组分的化学势改变相互关联，从而得到了许多重要的规律，在热力学的实际应用中起着不可或缺的作用，这个关系式称为 Gibbs-Duhem 方程，它与热力学基本方程等价，因此也属于热力学基本方程之一。本专题就来讨论这个方程，并列举它在物理化学中的主要应用。

5.1　Gibbs-Duhem 方程的推导

对于一个由 K 个组分组成的均相系统，若除了压力外不存在其他广义力，则其任一广延性质 X 可用如下函数表示

$$X=X(T,p,n_1,n_2,\cdots,n_K) \tag{5-1}$$

式中，T 为温度；p 为压力；n_K 为组分 K 的物质的量。由于广延性质与系统物质的量成正比，故当系统物质的量增加 λ 倍时，广延性质 X 也随之增加 λ 倍，即

$$X(T,p,\lambda n_1,\lambda n_2,\cdots,\lambda n_K)=\lambda X(T,p,n_1,n_2,\cdots,n_K) \tag{5-2}$$

现若将式(5-2)对 λ 求偏导，则

$$\begin{aligned}&\frac{\partial X(T,p,\lambda n_1,\lambda n_2,\cdots,\lambda n_K)}{\partial(\lambda n_1)}\cdot\frac{\partial(\lambda n_1)}{\partial\lambda}+\frac{\partial X(T,p,\lambda n_1,\lambda n_2,\cdots,\lambda n_K)}{\partial(\lambda n_2)}\cdot\frac{\partial(\lambda n_2)}{\partial\lambda}\\&+\cdots+\frac{\partial X(T,p,\lambda n_1,\lambda n_2,\cdots,\lambda n_K)}{\partial(\lambda n_K)}\cdot\frac{\partial(\lambda n_K)}{\partial\lambda}=X(T,p,n_1,n_2,\cdots,n_K)\end{aligned} \tag{5-3}$$

显然 λ 可以是任意值，因此对于 $\lambda=1$ 也适用，此时式(5-3)变成

$$\frac{\partial X}{\partial n_1}\cdot n_1+\frac{\partial X}{\partial n_2}\cdot n_2+\cdots+\frac{\partial X}{\partial n_K}\cdot n_K=X \tag{5-4}$$

即

$$X=\sum_{i=1}^{K}n_iX_i=n_1X_1+n_2X_2+\cdots+n_KX_K \tag{5-5}$$

式(5-5)称为集合公式。式中，$X_i=(\partial X/\partial n_i)_{T,p,n_{j\neq i}}$，为偏摩尔量。将式(5-5)微分，可得

$$\mathrm{d}X=\sum_{i=1}^{K}n_i\mathrm{d}X_i+\sum_{i=1}^{K}X_i\mathrm{d}n_i \tag{5-6}$$

另一方面，若将式(5-1)微分，则得

$$\mathrm{d}X=\left(\frac{\partial X}{\partial T}\right)_{p,n_j}\mathrm{d}T+\left(\frac{\partial X}{\partial p}\right)_{T,n_j}\mathrm{d}p+\sum_{i=1}^{K}X_i\mathrm{d}n_i \tag{5-7}$$

故由式(5-6)和式(5-7)得

$$\left(\frac{\partial X}{\partial T}\right)_{p,n_j}\mathrm{d}T+\left(\frac{\partial X}{\partial p}\right)_{T,n_j}\mathrm{d}p=\sum_{i=1}^{K}n_i\mathrm{d}X_i \tag{5-8}$$

这个方程就是 Gibbs-Duhem 方程的一般形式。通常，令 X 为 Gibbs 自由能 G，因

$$\left(\frac{\partial G}{\partial T}\right)_{p,n_j}=-S \tag{5-9}$$

$$\left(\frac{\partial G}{\partial p}\right)_{T,n_j}=V \tag{5-10}$$

$$\left(\frac{\partial G}{\partial n_i}\right)_{T,p,n_{j\neq i}}=\mu_i \tag{5-11}$$

将式(5-9)～式(5-11)代入式(5-8)，可得

$$S\mathrm{d}T-V\mathrm{d}p+\sum_{i=1}^{K}n_i\mathrm{d}\mu_i=0 \tag{5-12}$$

式(5-12)就是熟知的 Gibbs-Duhem 方程。这个方程也可推广到有广义力作用的系统，如系统涉及界面张力时，界面相的 Gibbs-Duhem 方程可表示为

$$S^{(\sigma)}\mathrm{d}T^{(\sigma)}-V^{(\sigma)}\mathrm{d}p^{(\sigma)}+A_{\mathrm{s}}\mathrm{d}\sigma+\sum_{i=1}^{K}n_i^{(\sigma)}\mathrm{d}\mu_i^{(\sigma)}=0 \tag{5-13}$$

式中，A_{s} 为界面积；σ 为界面张力；$T^{(\sigma)}$、$p^{(\sigma)}$、$V^{(\sigma)}$ 和 $S^{(\sigma)}$ 分别为界面相的温度、压力、体积和熵；$n_i^{(\sigma)}$ 为组分 i 在界面相物质的量；$\mu_i^{(\sigma)}$ 为组分 i 在界面相的化学势。

由 Gibbs-Duhem 方程可见，K 个组分的化学势变化并不是彼此独立的，它们要受到 Gibbs-Duhem 方程的制约，其中只有 $K-1$ 个是独立的。方程的这一特性使它具有重要的应用价值。

5.2 Gibbs-Duhem 方程在物理化学中的主要应用

5.2.1 Raoult 定律和 Henry 定律

若有一多组分系统，如液体混合物或溶液，经历一恒温微变，则式(5-12)可表示为

$$\sum_{i=1}^{K}n_i\mathrm{d}\mu_i=V\mathrm{d}p \tag{5-14}$$

式中，μ_i 为组分 i 的化学势，其大小可由平衡蒸气的化学势表示，如果蒸气可视为理想气体混合物，则

$$\mu_i=\mu_i^{\ominus}+RT\ln\frac{p_i}{p^{\ominus}}$$

其中，p_i 和 $\mu_i^{\ominus}$ 分别为组分 i 的蒸气分压和标准态化学势；$p^{\ominus}$ 为标准压力。因此

$$\mathrm{d}\mu_i=RT\mathrm{d}\ln\{p_i\} \tag{5-15}$$

将式(5-15)代入式(5-14)，可得

$$\sum_{i=1}^{K}n_i\mathrm{d}\ln\{p_i\}=\frac{V\mathrm{d}p}{RT} \tag{5-16}$$

两边除以 $\sum n_i$，并考虑到 $V/\sum n_i=V_{\mathrm{m,l}}$，为液体混合物或溶液的摩尔体积，$RT/p=V_{\mathrm{m,g}}$，为蒸气的摩尔体积，则式(5-16)可表示为

$$\sum_{i=1}^{K}x_i\mathrm{d}\ln\{p_i\}=\frac{V_{\mathrm{m,l}}}{V_{\mathrm{m,g}}}\mathrm{d}\ln\{p\} \tag{5-17}$$

在远离临界状态的情况下，$V_{\mathrm{m,l}}\ll V_{\mathrm{m,g}}$，故式(5-17)也可近似地表示为

$$\sum_{i=1}^{K} x_i \mathrm{d}\ln\{p_i\} \approx 0 \tag{5-18}$$

现在不难证明 Raoult 定律和 Henry 定律都是 Gibbs-Duhem 方程的一个解，尽管这两个定律早先都是经验规律。

由于在数学上，Raoult 定律和 Henry 定律都可表示成

$$p_i = kx_i \tag{5-19}$$

在 $k=p_i^*$ 时，式(5-19)为 Raoult 定律；在 $k=K_{\mathrm{Hx},i}$时，则为 Henry 定律。现将式(5-19)取对数，并进行微分，则

$$\mathrm{d}\ln\{p_i\} = \mathrm{d}\ln\{k\} + \mathrm{d}\ln x_i = \mathrm{d}\ln x_i = \frac{\mathrm{d}x_i}{x_i} \tag{5-20}$$

$$x_i \mathrm{d}\ln\{p_i\} = \mathrm{d}x_i$$

故

$$\sum_{i=1}^{K} x_i \mathrm{d}\ln\{p_i\} = \sum_{i=1}^{K} \mathrm{d}x_i = 0 \tag{5-21}$$

此式即式(5-18)。

不仅如此，如果溶液中只有两个组分 A 和 B，且为稀溶液，则由 Gibbs-Duhem 方程还能证明，若溶剂 A 遵守 Raoult 定律，则溶质 B 必遵守 Henry 定律。为此，可将式(5-18)展开为

$$x_{\mathrm{A}} \mathrm{d}\ln\{p_{\mathrm{A}}\} + x_{\mathrm{B}} \mathrm{d}\ln\{p_{\mathrm{B}}\} = 0 \tag{5-22}$$

由于外压对蒸气压影响很小，可以忽略不计，故在恒温的条件下，蒸气压仅是组成的函数，即

$$\mathrm{d}\ln\{p_{\mathrm{A}}\} = \left(\frac{\partial \ln\{p_{\mathrm{A}}\}}{\partial x_{\mathrm{A}}}\right)_T \mathrm{d}x_{\mathrm{A}} \quad 和 \quad \mathrm{d}\ln\{p_{\mathrm{B}}\} = \left(\frac{\partial \ln\{p_{\mathrm{B}}\}}{\partial x_{\mathrm{B}}}\right)_T \mathrm{d}x_{\mathrm{B}} \tag{5-23}$$

将式(5-23)代入式(5-22)，并注意 $\mathrm{d}x_{\mathrm{A}} = -\mathrm{d}x_{\mathrm{B}}$，则得

$$\left(\frac{\partial \ln\{p_{\mathrm{A}}\}}{\partial \ln x_{\mathrm{A}}}\right)_T = \left(\frac{\partial \ln\{p_{\mathrm{B}}\}}{\partial \ln x_{\mathrm{B}}}\right)_T \tag{5-24}$$

式(5-24)也称 Duhem-Margules 方程。

若溶剂 A 遵守 Raoult 定律，即

$$p_{\mathrm{A}} = p_{\mathrm{A}}^* x_{\mathrm{A}} \tag{5-25}$$

因 $\ln\{p_{\mathrm{A}}\} = \ln\{p_{\mathrm{A}}^*\} + \ln x_{\mathrm{A}}$，据此不难得到

$$\left(\frac{\partial \ln\{p_{\mathrm{A}}\}}{\partial \ln x_{\mathrm{A}}}\right)_T = 1 \tag{5-26}$$

将式(5-26)代入式(5-24)，则

$$\left(\frac{\partial \ln\{p_{\mathrm{B}}\}}{\partial \ln x_{\mathrm{B}}}\right)_T = 1 \tag{5-27}$$

积分式(5-27)，便得

$$\ln\{p_{\mathrm{B}}\} = \ln x_{\mathrm{B}} + C \tag{5-28}$$

令积分常数 $C = \ln K_{\mathrm{Hx,B}}$，则得 Henry 定律

$$p_{\mathrm{B}} = K_{\mathrm{Hx,B}} x_{\mathrm{B}} \tag{5-29}$$

同理，如果稀溶液的溶质遵守 Henry 定律，也不难证明其溶剂必遵守 Raoult 定律。

5.2.2 Gibbs-Коновалов 定律

对于二组分气液平衡系统，式(5-24)也可改写为

$$\frac{x_A}{p_A}\left(\frac{\partial p_A}{\partial x_A}\right)_T=\frac{x_B}{p_B}\left(\frac{\partial p_B}{\partial x_B}\right)_T \tag{5-30}$$

$$\frac{\partial p_B}{\partial x_B}=-\frac{\partial p_A}{\partial x_B}\cdot\frac{x_A p_B}{x_B p_A} \tag{5-31}$$

式中代入了 $dx_A=-dx_B$，因此

$$\frac{\partial p}{\partial x_B}=\frac{\partial p_A}{\partial x_B}+\frac{\partial p_B}{\partial x_B}=\frac{\partial p_A}{\partial x_B}\left(1-\frac{x_A p_B}{x_B p_A}\right) \tag{5-32}$$

若气相被看作理想气体混合物，它应遵守 Dalton 分压定律，故

$$\frac{p_B}{p_A}=\frac{p y_B}{p y_A}=\frac{y_B}{y_A} \tag{5-33}$$

将式(5-33)代入式(5-32)，则得

$$\frac{\partial p}{\partial x_B}=\frac{\partial p_A}{\partial x_B}\left(1-\frac{x_A y_B}{x_B y_A}\right) \tag{5-34}$$

于是，由式(5-34)可得如下两点结论：

(1) 如果某组分的加入会使总压增大，那么这种组分在气相中的相对含量必定要比液相中的高。

假定这个组分为 B，则因 $\partial p/\partial x_B>0$，由式(5-34)可得

$$1-\frac{x_A y_B}{x_B y_A}<0$$

这是因为 $\partial p_A/\partial x_B$ 总是小于零的，所以

$$\frac{y_B}{y_A}>\frac{x_B}{x_A} \tag{5-35}$$

(2) 如果总压出现了极值(极大值或极小值)，那么在极点处气相和液相的组成相同。此时，由式(5-34)可得

$$1-\frac{x_A y_B}{x_B y_A}=0$$

故

$$\frac{y_B}{y_A}=\frac{x_B}{x_A} \tag{5-36}$$

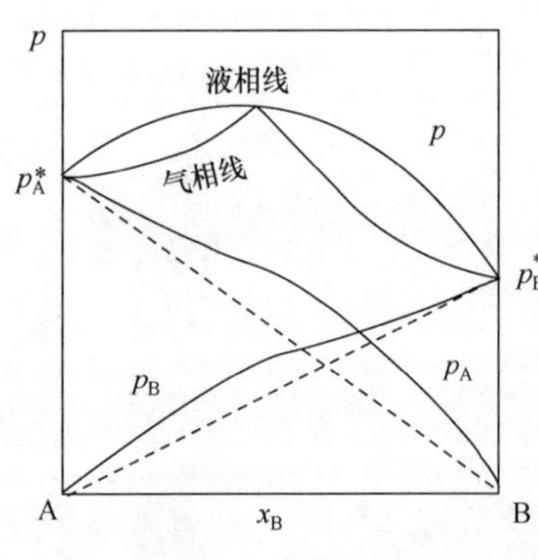

图 5-1 正偏差二组分气液平衡相图

图 5-1 是呈强正偏差的二组分气液平衡示意相图，这是一个具有最低恒沸混合物的系统，在恒沸点处，液相线与气相线相交，两相有相同的组成。而在恒沸点的左侧，气相线在液相线的右边，因为组分 A 的加入会使总压增大；在恒沸点的右侧则反之。所有这些都与上述两点结论相符。二组分气液平衡相图

的这两个规律是由俄国学者 Коновалов 首先通过实验发现的，后经 Gibbs 用热力学原理证明，故称 Gibbs-Коновалов 定律。

5.2.3 活度因子方程

1895 年，Margules 将式(5-24)改写成如下形式

$$x\left(\frac{\partial \ln\{p_A\}}{\partial x}\right)_T+(1-x)\left(\frac{\partial \ln\{p_B\}}{\partial x}\right)_T=0 \tag{5-37}$$

并将这个方程的解表示成如下级数形式

$$\left.\begin{aligned}\ln[p_A/p_A^* x]&=A_1(1-x)+B_1(1-x)^2+C_1(1-x)^3+\cdots\\ \ln[p_B/p_B^*(1-x)]&=A_2x+B_2x^2+C_2x^3+\cdots\end{aligned}\right\} \tag{5-38}$$

于是，式(5-38)中的所有系数必须受式(5-37)约束。为此，可先将式(5-38)对 x 求导，得

$$\left.\begin{aligned}x\left(\frac{\partial \ln\{p_A\}}{\partial x}\right)_T&=1-A_1x-2B_1x+2B_1x^2-3C_1x+6C_1x^2-3C_1x^3+\cdots\\ (1-x)\left(\frac{\partial \ln\{p_B\}}{\partial x}\right)_T&=-1+A_2-A_2x+2B_2x-2B_2x^2+3C_2x^2-3C_2x^3+\cdots\end{aligned}\right\} \tag{5-39}$$

然后再将它们代入式(5-37)，得

$$\begin{aligned}A_2-(A_1+2B_1+3C_1+A_2-2B_2)x+(2B_1+6C_1-2B_2+3C_2)x^2\\ -(3C_1+3C_2)x^3+\cdots=0\end{aligned} \tag{5-40}$$

由于式(5-40)在 x 为任一可能值时都应成立，故只有当该式中各项系数都等于零时才满足，即

$$\left.\begin{aligned}&A_2=0\\ &A_1+2B_1+3C_1+A_2-2B_2=0\\ &2B_1+6C_1-2B_2+3C_2=0\\ &3C_1+3C_2=0\end{aligned}\right\} \tag{5-41}$$

为了简单起见，这里截止于 x^3 项。由式(5-41)不难解得

$$\left.\begin{aligned}&A_2=0\\ &C_2=-C_1\\ &B_2=B_1+\frac{3}{2}C_1\\ &A_1=0\end{aligned}\right\} \tag{5-42}$$

现在，将式(5-42)回代式(5-38)，便得式(5-37)的解为

$$\left.\begin{aligned}\ln\gamma_A&=\ln[p_A/p_A^* x]=B_1(1-x)^2+C_1(1-x)^3\\ \ln\gamma_B&=\ln[p_B/p_B^*(1-x)]=\left(B_1+\frac{3}{2}C_1\right)x^2-C_1x^3\end{aligned}\right\} \tag{5-43}$$

式中，γ_A 和 γ_B 分别为组分 A 和 B 的活度因子；B_1 和 C_1 为依赖于系统温度的两个系数。

由式(5-43)可以看到如下几种情况：

(1) 当 $B_1=0, C_1=0$ 时，则

$$\ln(p_A/p_A^* x)=0 \quad p_A=p_A^* x$$

$$\ln[p_B/p_B^*(1-x)]=0 \quad p_B=p_B^*(1-x)$$

两个组分都服从 Raoult 定律，此时的混合物为理想混合物。

(2) 当 $B_1\neq0,C_1\neq0$，而 $x\rightarrow1$ 时，则

$$\ln(p_A/p_A^*x)\rightarrow0 \qquad p_A=p_A^*x=p_A^*x_A$$

$$\ln[p_B/p_B^*(1-x)]\rightarrow B_1+\frac{1}{2}C_1 \qquad p_B=p_B^*(1-x)e^{\left(B_1+\frac{1}{2}C_1\right)}=K_{\mathrm{H}x,\mathrm{B}}x_B$$

它表明，溶剂遵守 Raoult 定律，溶质遵守 Henry 定律，此时为理想稀溶液。

(3) 当 $B_1\neq0$，而 $C_1=0$ 时，则

$$\ln\gamma_A=B_1(1-x)^2 \qquad \gamma_A=e^{B_1(1-x)^2}$$

$$\ln\gamma_B=B_1x^2 \qquad \gamma_B=e^{B_1x^2}$$

符合这种关系的溶液即为正规溶液，其中 B_1 与热力学温度成反比。

(4) 当 $B_1\neq0,C_1\neq0$，且 x 又不趋近 1 时，是一般的实际溶液。式(5-43)则为实际溶液组分的二参数活度因子方程。

5.2.4 从溶剂的活度因子推算溶质的活度因子

当二组分液体混合物在恒温恒压的条件下发生一微变时，Gibbs-Duhem 方程式(5-12)可表示为

$$n_A\mathrm{d}\mu_A+n_B\mathrm{d}\mu_B=0 \tag{5-44}$$

或者

$$x_A\mathrm{d}\mu_A+x_B\mathrm{d}\mu_B=0 \tag{5-45}$$

式中，$\mu_i=\mu_i^*+RT\ln\gamma_ix_i$；$\mathrm{d}\mu_i=RT\mathrm{d}\ln\gamma_i+RT\mathrm{d}\ln x_i$。故式(5-45)也可表示为

$$x_A\mathrm{d}\ln\gamma_A+x_B\mathrm{d}\ln\gamma_B+x_A\mathrm{d}\ln x_A+x_B\mathrm{d}\ln x_B=0 \tag{5-46}$$

由于 $x_A\mathrm{d}\ln x_A+x_B\mathrm{d}\ln x_B=\mathrm{d}x_A+\mathrm{d}x_B=0$，所以

$$x_A\mathrm{d}\ln\gamma_A+x_B\mathrm{d}\ln\gamma_B=0 \tag{5-47}$$

此式表明，γ_A 和 γ_B 的变化并不是独立的，而是彼此相关的。倘若已由实验测得某一组分的活度因子变化，那么另一组分的活度因子就可由式(5-47)算得。

由于溶剂 A 的活度因子可由溶液的依数性测得，故溶质 B 的活度因子可由式(5-47)积分得到

$$\ln\gamma_B=-\int_0^{\ln\gamma_A}\frac{x_A}{x_B}\mathrm{d}\ln\gamma_A \tag{5-48}$$

但式(5-48)的积分有困难，因为 x_A/x_B 在无限稀释时趋于无穷大。解决的方法是用下式代替式(5-48)：

$$\ln\frac{\gamma_B}{\gamma'_B}=-\int_{\ln\gamma'_A}^{\ln\gamma_A}\frac{x_A}{x_B}\mathrm{d}\ln\gamma_A \tag{5-49}$$

即用一个一定浓度 x_B 时的积分下限 $\ln\gamma'_A$ 代替无限稀释时的积分下限。这样，x_A/x_B 是个有限值，式(5-48)的积分就不再困难。

将积分得到的 γ_B/γ'_B 对 x_B 作图，然后再将曲线外推到 $x_B=0$，则因

$$\lim_{x_B\rightarrow0}\gamma_B=1 \tag{5-50}$$

可得

$$\lim_{x_B \to 0} \frac{\gamma_B}{\gamma_B'} = \frac{1}{\gamma_B'} \tag{5-51}$$

这可由图求得 γ_B'的值，于是由式(5-49)就可得到各种 x_B 时 γ_B 的值。

对于电解质溶液，由于溶剂的活度因子 γ_A 由渗透因子 ϕ 来代替，溶质的活度因子 γ_B 表示成平均离子活度因子 $\gamma_\pm$，由 Gibbs-Duhem 方程也不难建立 $\gamma_\pm$ 与 ϕ 的换算关系，这里就不再介绍了。

5.2.5 气液平衡实验数据的校验

将式(5-47)由 $x_A=0$ 积分至 $x_A=1$，则

$$\begin{aligned}
&\int_{x_A=0}^{x_A=1} [x_A \mathrm{d}\ln\gamma_A + x_B \mathrm{d}\ln\gamma_B] \\
&= \int_{x_A=0}^{x_A=1} [\mathrm{d}(x_A \ln\gamma_A) + \mathrm{d}(x_B \ln\gamma_B) - \ln\gamma_A \mathrm{d}x_A - \ln\gamma_B \mathrm{d}x_B] \\
&= \int_{x_A=0}^{x_A=1} \ln\frac{\gamma_B}{\gamma_A} \mathrm{d}x_A = 0
\end{aligned} \tag{5-52}$$

式中利用了数学关系 $\mathrm{d}(uv)=u\mathrm{d}v+v\mathrm{d}u$，并规定：当 $x_A \to 1$ 时，$\gamma_A \to 1$；而当 $x_A \to 0$ 时，$\gamma_B \to 1$，因此，式中 $\mathrm{d}(x_A\ln\gamma_A)$ 和 $\mathrm{d}(x_B\ln\gamma_B)$ 的积分都等于零。

式(5-52)表明，若将 $\ln(\gamma_B/\gamma_A)$ 对 x_A 作图，在 $x_A=0$ 到 $x_A=1.0$ 的区间内，所得曲线下的面积应等于零。图 5-2是一个示意图，它表明横坐标上下两块面积应该相消。如果实验测得的 γ_A 和 γ_B 遵守这一规律，就表明气液平衡实验数据是可靠的。反之，则违背了热力学一致性，是不可靠的。气液平衡实验数据的这种校验法称为热力学一致性的面积校验。

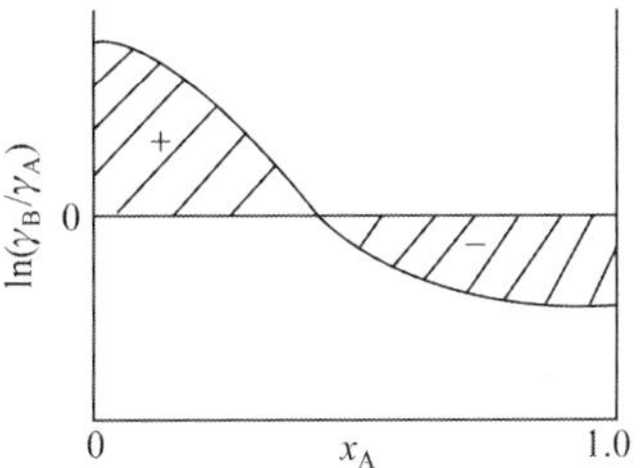

图 5-2 气液平衡实验数据的面积校验

5.2.6 Gibbs 吸附等温式

上面已述，Gibbs-Duhem 方程也可推广到有广义力作用的系统。在有界面张力 σ 作用时，就像式(5-13)所示。在恒温的条件下，若引入了 Gibbs 的界面相模型，则式(5-13)可简化为

$$A_s \mathrm{d}\sigma + \sum_{i=2}^{K} n_i^{(\sigma)} \mathrm{d}\mu_i^{(\sigma)} = 0 \tag{5-53}$$

或

$$-\mathrm{d}\sigma = \sum_{i=2}^{K} \Gamma_i^{(1)} \mathrm{d}\mu_i \tag{5-54}$$

式中，$\Gamma_i^{(1)}=n_i^{(\sigma)}/A_s$，称为溶质 i 相对于溶剂 1 的单位界面过剩量，也称吸附量。式中 μ_i 删去了上标(σ)，是因为吸附平衡时体相与界面相的化学势相等。由于 $\mathrm{d}\mu_i=RT\mathrm{d}\ln a_i$，将它代入式(5-54)，得

$$-\mathrm{d}\sigma = RT\sum_{i=2}^{K} \Gamma_i^{(1)} \mathrm{d}\ln a_i \tag{5-55}$$

此式即 Gibbs 吸附等温式。

对于二组分系统，可得

$$-\mathrm{d}\sigma = RT\Gamma_2^{(1)}\mathrm{d}\ln a_2$$

$$\Gamma_2^{(1)} = -\frac{a_2}{RT}\left(\frac{\partial\sigma}{\partial a_2}\right)_T \tag{5-56}$$

5.2.7 气固吸附的界面相平衡组成

应该指出，Gibbs 吸附等温式具有普遍性，它能适用于各种界面吸附，对于气固吸附也不例外。当应用于气固吸附时，由于气相的活度 $a_i \approx py_i/p^\ominus$，$\mathrm{d}\mu_i^{(\sigma)} = \mathrm{d}\mu_i \approx RT\mathrm{d}\ln(py_i/p^\ominus)$，将它代入式(5-53)，可得

$$\begin{aligned}
&A_s\mathrm{d}\sigma + \sum_{i=1}^{K} n^{(\sigma)}x_i^{(\sigma)}RT\mathrm{d}\ln(py_i/p^\ominus) \\
&= A_s\mathrm{d}\sigma + n^{(\sigma)}RT\sum_{i=1}^{K}x_i^{(\sigma)}\mathrm{d}\ln(p/p^\ominus) + n^{(\sigma)}RT\sum_{i=1}^{K}x_i^{(\sigma)}\mathrm{d}\ln y_i \\
&= A_s\mathrm{d}\sigma + n^{(\sigma)}RT\mathrm{d}\ln(p/p^\ominus) + n^{(\sigma)}RT\sum_{i=1}^{K}x_i^{(\sigma)}\mathrm{d}\ln y_i = 0
\end{aligned} \tag{5-57}$$

式中，$x_i^{(\sigma)} = n_i^{(\sigma)}/n^{(\sigma)}$，为界面相的组成。

对于二组分系统，若定义 $\pi = \sigma_0 - \sigma$，称为表面压，即吸附前后界面张力之差，并令吸附在恒压下进行，则因 $\mathrm{d}p = 0$，式(5-57)可表示为

$$\frac{A_s}{n^{(\sigma)}RT}\mathrm{d}\pi = \left(\frac{x^{(\sigma)}}{y} - \frac{1-x^{(\sigma)}}{1-y}\right)\mathrm{d}y$$

或者

$$\frac{A_s}{n^{(\sigma)}RT}\left(\frac{\partial\pi}{\partial y}\right)_p - \frac{x^{(\sigma)}-y}{y(1-y)} = 0 \tag{5-58}$$

式中，$n^{(\sigma)}$ 为界面相中物质的总量，它与单位质量吸附剂上吸附的气体总质量 Γ 有如下关系

$$\Gamma = n^{(\sigma)}[x^{(\sigma)}M_1 + (1-x^{(\sigma)})M_2] \tag{5-59}$$

式中，M_1 和 M_2 分别为组分 1 和 2 的摩尔质量。于是，由式(5-58)和式(5-59)便可通过迭代的方法推算吸附平衡时界面相的组成 $x^{(\sigma)}$，具体的算法可参阅胡英主编的《物理化学参考》(2003 年)第 93 页。

参 考 文 献

胡英. 1982. 流体的分子热力学. 北京：高等教育出版社.

胡英. 2003. 物理化学参考. 北京：高等教育出版社.

黄子卿. 1973. 非电解质溶液理论导论. 北京：科学出版社.

Denbigh K G. 1985. 化学平衡原理. 4 版. 戴冈夫，等译. 北京：化学工业出版社.

Klotz I M, Rossenberg R M. 1981. 化学热力学. 3 版. 鲍银堂，等译. 北京：人民教育出版社.

6 论热力学方法

物理化学又称理论化学，是化学、化工、能源、生工、材料、轻工、环保和冶金等专业的理论基础。物理化学在将实验结果上升成理论时，通常采用两种方法：一是归纳和演绎法；二是假设和模型法。前者应用在热力学中，后者则广泛地应用于物理化学的各个领域中。从方法论的角度来理解物理化学，能够起到提纲挈领的作用，促使人们更深入、更透彻地理解教学内容，因此是非常必要的。本专题试图谈谈热力学方法。

6.1 热力学方法及其特点

热力学方法就是从热力学第零、第一、第二和第三定律出发，运用严格的演绎方法，建立宏观物质的各种平衡性质间的普适关系，而这四大定律则是由无数实验事实归纳得到的。即由这些定律出发，应用数学方法，获得描写物质平衡性质的两个基本热力学函数——热力学能和熵。然后再从这两个函数和状态方程出发，进行数学推演，得到宏观物质的各种平衡性质间的相互联系，这就是热力学方法的基本内容。

由于这些定律是由无数实验事实归纳得到的，而不是根据某些实验事实建立的，因此这些定律具有广泛的适用性。在逻辑学中，这种由无数实验事实所进行的归纳，称为完全归纳法。又因热力学运用了严格的演绎方法，只要推论中不引入其他假设，所得结论是十分可靠的。故热力学方法的显著特点是普适而且可靠。

6.2 处理热力学问题的两种途径

应用热力学定律解决具体问题有两种途径：一种是循环过程法，另一种是热力学基本方程法。下面分别举例介绍。

6.2.1 循环过程法

专题 2 已经得到，对于任何可逆循环，热力学第一和第二定律可分别表示为

$$\oint(\mathrm{d}Q_{\mathrm{R}} + \mathrm{d}W_{\mathrm{R}}) = 0 \tag{6-1}$$

和

$$\oint \frac{\mathrm{d}Q_{\mathrm{R}}}{T} = 0 \tag{6-2}$$

倘若可逆循环为 Carnot 循环，则由式(6-2)，可逆的热温商之和等于零，可得 Carnot 循环的效率为$(T_1 - T_2)/T_1$，且与介质的性质无关。于是，只要由热力学第一定律算得循环过

程中每一步吸收的热量和所做的功，便可揭示所求的规律。现在，以怎样建立饱和蒸气压与温度的关系为例来说明这种方法。

考虑有 1mol 纯物质，经历了一个无限小的 Carnot 循环：

第一步：气体(假设为饱和蒸气)由温度 T 绝热膨胀至温度 $T-\mathrm{d}T$；

第二步：在 $T-\mathrm{d}T$ 时恒温压缩变为液体；

第三步：由温度 $T-\mathrm{d}T$ 的液体绝热压缩使温度升高至 T；

第四步：在 T 时恒温膨胀，由液体完全变为饱和蒸气。

这样，由这个 Carnot 循环可得其效率为

$$\frac{-W}{Q_1}=\frac{\mathrm{d}T}{T} \tag{6-3}$$

式中，Q_1 为第四步吸收的热量，即液体的摩尔蒸发焓 $\Delta_{\mathrm{vap}}H_{\mathrm{m}}$；$-W$ 为 Carnot 循环所做的净功，由于这个循环无限小，在 p-V 图中可以近似地将它视为一个矩形，于是

$$-W\approx[V_{\mathrm{m}}^{(\mathrm{V})}-V_{\mathrm{m}}^{(\mathrm{L})}]\mathrm{d}p \tag{6-4}$$

式中，$V_{\mathrm{m}}^{(\mathrm{L})}$ 为液体的摩尔体积；$V_{\mathrm{m}}^{(\mathrm{V})}$ 为与液体平衡的蒸气的摩尔体积；$\mathrm{d}p$ 为温度由 T-$\mathrm{d}T$ 升高到 T 时饱和蒸气压的改变。

将式(6-4)代入式(6-3)，得

$$\frac{[V_{\mathrm{m}}^{(\mathrm{V})}-V_{\mathrm{m}}^{(\mathrm{L})}]\mathrm{d}p}{\Delta_{\mathrm{vap}}H_{\mathrm{m}}}=\frac{\mathrm{d}T}{T}$$

或

$$\frac{\mathrm{d}p}{\mathrm{d}T}=\frac{\Delta_{\mathrm{vap}}H_{\mathrm{m}}}{T[V_{\mathrm{m}}^{(\mathrm{V})}-V_{\mathrm{m}}^{(\mathrm{L})}]} \tag{6-5}$$

这个公式就是 Clapeyron 方程。1834 年，Clapeyron 就是利用这种方法建立了液体饱和蒸气压随温度的变化规律。它可推广到纯物质的其他相平衡问题，如气固平衡、液固平衡等，但是这个证明的缺点是功的计算方法不够严格。

类似的方法也可用来建立液体的表面张力随温度的变化规律、电动势随温度的变化规律等。原则上，循环过程法可用来解决任何问题，这在物理化学解题中经常用到，在热力学研究的初期广泛地应用了这种方法，就像专题 2 所述。但是，它有一个缺点，就是为了探索某种规律，必须选取适当的可逆循环，这对解决问题至关重要，但如何选取无章可循。现在，热力学研究中更多应用的是热力学基本方程法。

6.2.2　热力学基本方程法

这种方法也称热力学势法或特性函数法，主要是由 Gibbs 发展的。对于一个可逆的微变，热力学第一和第二定律也可分别表示为

$$\mathrm{d}U=đQ_{\mathrm{R}}+đW_{\mathrm{R}} \tag{6-6}$$

$$\mathrm{d}S=\frac{đQ_{\mathrm{R}}}{T} \tag{6-7}$$

将式(6-7)代入式(6-6)，并假定系统除压力外不受其他广义力的作用，则可得两个定律的合律

$$dU = TdS - pdV \tag{6-8}$$

式(6-8)的适用条件是：①封闭系统；②不做非体积功；③过程可逆。但是如果系统是组成不变的均相系统，则适用条件③是可以解除的。因此，式(6-8)常称为组成不变的均相封闭系统的热力学基本方程。与此方程等价的还有

$$dH = TdS + Vdp \tag{6-9}$$

$$dA = -SdT - pdV \tag{6-10}$$

$$dG = -SdT + Vdp \tag{6-11}$$

它们可由热力学函数 H、A 和 G 的定义式的微分，分别代入式(6-8)得到。

这些热力学基本方程都是全微分方程，因此运用全微分的数学规则

$$z = z(x, y)$$

$$dz = \left(\frac{\partial z}{\partial x}\right)_y dx + \left(\frac{\partial z}{\partial y}\right)_x dy \tag{6-12}$$

$$\frac{\partial^2 z}{\partial x \partial y} = \frac{\partial^2 z}{\partial y \partial x} \tag{6-13}$$

可得如下两组方程：

$$\left(\frac{\partial U}{\partial S}\right)_V = \left(\frac{\partial H}{\partial S}\right)_p = T \tag{6-14}$$

$$\left(\frac{\partial H}{\partial p}\right)_S = \left(\frac{\partial G}{\partial p}\right)_T = V \tag{6-15}$$

$$-\left(\frac{\partial U}{\partial V}\right)_S = -\left(\frac{\partial A}{\partial V}\right)_T = p \tag{6-16}$$

$$-\left(\frac{\partial A}{\partial T}\right)_V = -\left(\frac{\partial G}{\partial T}\right)_p = S \tag{6-17}$$

和

$$\left(\frac{\partial T}{\partial V}\right)_S = -\left(\frac{\partial p}{\partial S}\right)_V \tag{6-18}$$

$$\left(\frac{\partial T}{\partial p}\right)_S = \left(\frac{\partial V}{\partial S}\right)_p \tag{6-19}$$

$$\left(\frac{\partial S}{\partial V}\right)_T = \left(\frac{\partial p}{\partial T}\right)_V \tag{6-20}$$

$$\left(\frac{\partial S}{\partial p}\right)_T = -\left(\frac{\partial V}{\partial T}\right)_p \tag{6-21}$$

后一组方程也称 Maxwell 关系式。

此外，式(6-8)等号两边在恒容的条件下除以 dT，可得

$$\left(\frac{\partial S}{\partial T}\right)_V=\frac{C_V}{T} \tag{6-22}$$

类似地，式(6-9)等号两边在恒压的条件下除以 dT，可得

$$\left(\frac{\partial S}{\partial T}\right)_p=\frac{C_p}{T} \tag{6-23}$$

上述四个热力学基本方程[式(6-8)～式(6-11)]和式(6-14)～式(6-23)诸方程构成了一个热力学网络，它是热力学演绎的基础，从这个网络出发，便能演绎出许多均相物质平衡性质间的关系，如内压力方程、热容方程、Gibbs-Helmholtz 方程等。

应该指出，上述热力学基本方程也可应用于纯物质的相平衡，不过这时第③个适用条件不可忽略，即过程必须可逆。现在，来看液体的饱和蒸气压随温度的变化规律是怎样用这种方法建立的。

根据专题 2 得到的 Gibbs 自由能判据：系统在恒温、恒压，且不对系统做非体积功的情况下，对于各种可能的变动来说，平衡态的 Gibbs 自由能最小。故当 1mol 纯物质在恒温、恒压下气液平衡时，

$$G_m^{(V)}=G_m^{(L)} \tag{6-24}$$

若在保持两相平衡的条件下，使温度和压力微变，则它们的 G_m 也随之改变，但依然相等，即

$$G_m^{(V)}+dG_m^{(V)}=G_m^{(L)}+dG_m^{(L)} \tag{6-25}$$

因此

$$dG_m^{(V)}=dG_m^{(L)} \tag{6-26}$$

将式(6-11)分别代入气液两相，则

$$-S_m^{(V)}dT+V_m^{(V)}dp=-S_m^{(L)}dT+V_m^{(L)}dp$$

或者

$$\frac{dp}{dT}=\frac{S_m^{(V)}-S_m^{(L)}}{V_m^{(V)}-V_m^{(L)}} \tag{6-27}$$

已知可逆相变化时

$$S_m^{(V)}-S_m^{(L)}=\frac{\Delta_{vap}H_m}{T} \tag{6-28}$$

故将式(6-28)代入式(6-27)，可得

$$\frac{dp}{dT}=\frac{\Delta_{vap}H_m}{T[V_m^{(V)}-V_m^{(L)}]} \tag{6-29}$$

式(6-29)即为 Clapeyron 方程。由于此法是由 Clausius 最初应用，故式(6-29)也称 Clausius-Clapeyron 方程。显然，用此法推导不存在近似或不严格之处。

Gibbs 已将这种方法推广到了多组分多相系统、含有界面的系统和各种做非体积功的系统，使热力学基本方程法成为广为应用的热力学方法。由图 6-1 可见，目前物理化学教学所贯穿的正是这种方法。

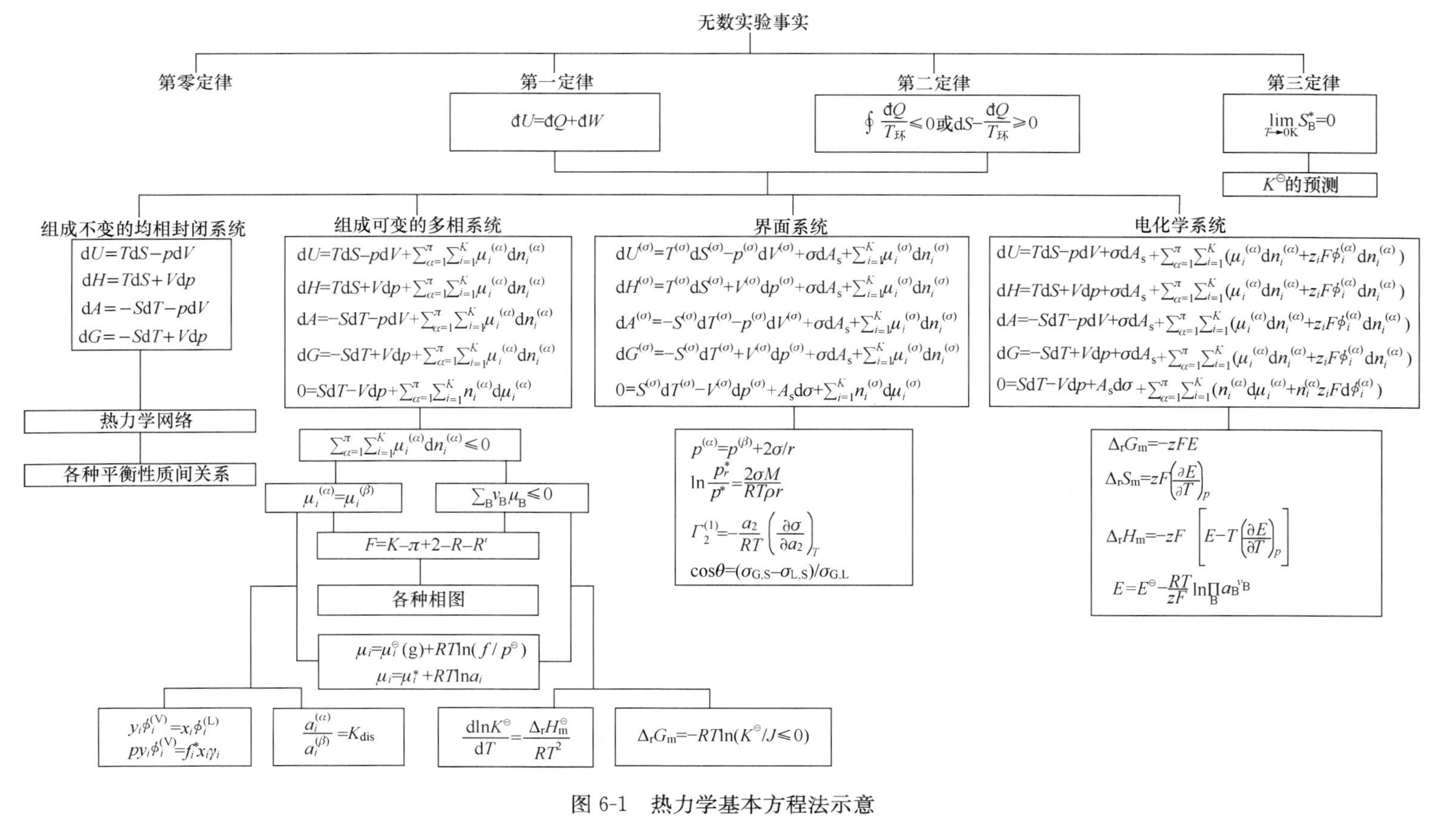

图 6-1　热力学基本方程法示意

6.3 热力学方法的局限性

热力学的研究对象是由大量微观粒子组成的宏观物质。它在处理物质的宏观性质时，是将物质视为连续体，然后用连续函数来表达这些性质，而忽视了物质的粒性及其微观结构，因此，它未考虑微观粒子的量子特性，也无法解释宏观量的涨落现象。

此外，热力学方法的特点是普适性和高度的可靠性。应该说，这既是优点，也是缺点，说明热力学是一个普遍性的理论，但它无法给出关于物质特性的具体知识。因此，在用热力学方法研究某物质的平衡规律时，还必须输入该物质的某些必要的物性，如物质的 p-V-T 性质和热性质等。下面，仍以 Clausius-Clapeyron 方程为例来说明这一点：

无论是用循环过程法还是热力学基本方程法，导得的这个方程都与液体的特性无关，它是一个有关液体的饱和蒸气压随温度变化的普遍规律。现若要用它来描述液体水在 101 325Pa 和 373.15K 时饱和蒸气压随温度的变化，那就必须输入水和水蒸气的摩尔体积以及相应温度和压力下水的摩尔蒸发焓：

$$V_m^{(V)}=0.030\ 15\mathrm{m^3\cdot mol^{-1}},V_m^{(L)}=18.80\times10^{-6}\mathrm{m^3\cdot mol^{-1}},\Delta_{vap}H_m=40.65\mathrm{kJ\cdot mol^{-1}}$$

将这些实验值代入式(6-5)或式(6-29)，得

$$\frac{\mathrm{d}p}{\mathrm{d}T}=\frac{\Delta_{vap}H_m}{T(V_m^{(V)}-V_m^{(L)})}=\left[\frac{40.65}{373.15\times(0.03015-18.86\times10^{-6})}\right]\mathrm{kPa\cdot K^{-1}}=3.615\mathrm{kPa\cdot K^{-1}}$$

这一结果与实验观察值 3.61kPa · K^{-1} 相比，十分吻合。但是，上述 $V_m^{(V)}$、$V_m^{(L)}$ 和 $\Delta_{vap}H_m$ 值热力学本身是无法解决的，只能由实验或其他方法来提供。

参考文献

胡英，吕瑞东，刘国杰，等. 2007. 物理化学. 5 版. 北京：高等教育出版社.

王竹溪. 1955. 热力学. 北京：高等教育出版社.

Базаров И П. 1988. 热力学. 沙振舜，等译. 北京：高等教育出版社.

统计力学

7 平衡分布与最概然分布

在统计力学中，有一条基本定律，叫作 Boltzman 能量分布定律，这条定律指出：热力学系统的平衡分布应是 Boltzman 分布。这条定律是平衡态统计力学的基础。

对于一个 E、V、N 确定的热力学系统，应该包含许多分布，即只要符合限制条件 $\sum_i N_i = N$ 和 $\sum_i N_i \varepsilon_i = E$ 的分布都应该存在，而且它们都拥有相应的微观状态数 ω_X，这些微观状态数的加和

$$\Omega = \sum_X \omega_X$$

即为系统拥有的总微观状态数。而 Boltzman 分布只不过是其中拥有微观状态数最多的一种分布。由于统计力学假定，所有这些微观状态出现的概率相等，故 Boltzman 分布也是平衡系统中出现概率最多的分布，称为最概然分布。本专题正是试图从理论上表明，为什么最概然分布能够代表热力学系统的平衡分布。

7.1 平衡分布和最概然分布示例

为了说明方便，以最简单的二项分布作为示例。设有 N 个定域子，分布在同一能级的两个简并量子态 A 和 B 上，如图 7-1 所示。

不同的 M 值代表了不同的分布，因此 M 是一个指明系统分布的特征参数。又因 A 和 B 是同一能级的两个简并量子态，因此，所有微观状态有相同的能量，它们都服从等概率原理。（有的教材误将 A 和 B 认作两个不同的能级，这样所有微观状态就不可能有相同的能量，也就不再遵守等概率原理。）

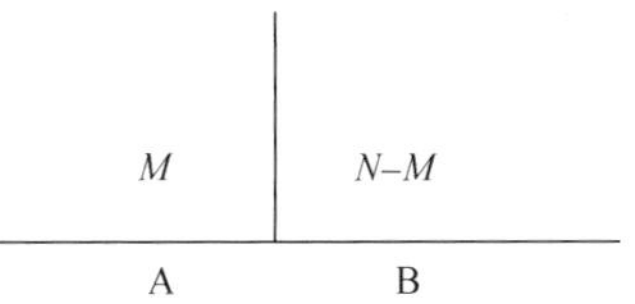

图 7-1　定域子在同一能级的两个简并量子态上的分布示意图

对于这样的定域子系统，其总微观状态数应为

$$\Omega = \sum_{M=0}^{N} \omega(M) = \sum_{M=0}^{N} \frac{N!}{M!(N-M)!} \tag{7-1}$$

式中，$N!$ 为 N 个定域子的总排列数。由于 N 个定域子中有 M 个分配在 A 态，$(N-M)$ 个分配在 B 态，而 A 态上 M 个子的排列以及 B 态上 $(N-M)$ 个子的排列都不算新的微观状态，所以 $N!$ 必须除以 $M!$ 和 $(N-M)!$。

式(7-1)是可以利用牛顿二项式求解的，它实际上相当于牛顿二项式

$$(x+y)^N = \sum_{M=0}^{N} \frac{N!}{M!(N-M)!} x^{(N-M)} y^M$$

中的系数之和。于是，只要令 $x=y=1$，即可得到

$$\sum_{M=0}^{N} \frac{N!}{M!(N-M)!} = \Omega = 2^N \tag{7-2}$$

用杨辉三角形将式(7-2)的$\sum$展开表明，拥有微观状态数最多的分布是$M=\frac{N}{2}$的分布，它所拥有的微观状态数为

$$\omega_{\max}=\frac{N!}{\frac{N}{2}!\ \frac{N}{2}!} \tag{7-3}$$

这个分布就是上述系统的最概然分布，它在系统中出现的概率为

$$P_{\max}=\frac{\omega_{\max}}{\Omega}=\frac{\frac{N!}{\frac{N}{2}!\ \frac{N}{2}!}}{2^N}\approx\frac{\sqrt{2\pi N}\left(\frac{N}{\mathrm{e}}\right)^N}{2^N\left[\sqrt{2\pi\left(\frac{N}{2}\right)}\left(\frac{N}{2\mathrm{e}}\right)^{\frac{N}{2}}\right]^2}=\sqrt{\frac{2}{\pi N}} \tag{7-4}$$

这里代入了 Stirling 近似公式：$N!\approx\sqrt{2\pi N}\left(\frac{N}{\mathrm{e}}\right)^N$。

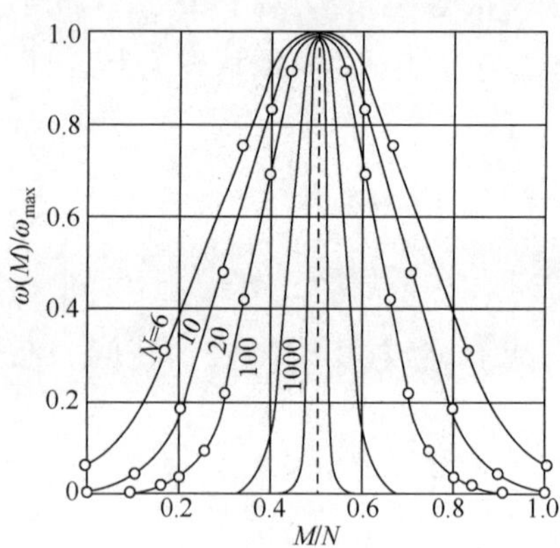

图 7-2 不同 N 时各种分布的相对微观状态数

式(7-4)表明，在这个平衡系统中，最概然分布出现的概率与子数 N 的平方根成反比。这就是说，随着 N 增大，最概然分布出现的概率反而减小。当 $N\approx10^{24}$时，$P_{\max}\approx10^{-12}$，这是一个很小的概率。那么，为什么还说最概然分布可以代表热力学系统的平衡分布呢？图 7-2 是不同 N 时的平衡分布及最概然分布图(Fast J D，1962)，为在图上清楚地显示大数，图中的纵坐标和横坐标都用相对值表示，前者为 $\omega(M)/\omega_{\max}$，后者为 M/N，其中 $M/N=0.5$(虚线所示)即为最概然分布。

由图 7-2 可见，随着 N 增大，分布曲线变得越来越窄，换句话说，平衡分布越来越接近最概然分布。下面是这两种分布间关系的具体证明(铎木启三，1986)。

7.2 二项分布与正态分布

二项分布是这样一种分布，它必须满足如下两个条件：

(1) 每一次试验只有两种可能，非此即彼。

(2) 在 n(n 为正整数)次独立的试验中，每一次出现两种可能的概率分别为 p 和 q。于是，在 n 次试验中，出现某种可能为 h 次的概率为

$$P(h)=\frac{n!}{h!\ k!}p^h q^k \tag{7-5}$$

式中，h 和 k 分别为两种可能出现的次数，$h+k=n$；p 和 q 分别为每次试验中两种可能出现的概率，故 $p+q=1$。不难明白，当两种可能随机出现时，因 $p=q=\frac{1}{2}$，式(7-5)可表

示为

$$P(h)=\frac{n!}{2^n h!\ k!} \tag{7-6}$$

现在假定 n,h 和 k 都是大数,将式(7-5)取对数,则

$$\ln P(h)=\ln n!\ -\ln h!\ -\ln k!\ +h\ln p+k\ln q\approx n\ln n-h\ln h-k\ln k+h\ln p+k\ln q \tag{7-7}$$

式(7-7)中应用了 Stirling 近似公式 $\ln h!\ =h\ln h-h$ 和 $\ln k!\ =k\ln k-k$。如果注意到 n 是一个常数,$\mathrm{d}k=-\mathrm{d}h$,则

$$\mathrm{d}\ln P(h)=-\ln h\mathrm{d}h-\ln k\mathrm{d}k+\ln p\mathrm{d}h+\ln q\mathrm{d}k=(-\ln h+\ln k+\ln p-\ln q)\mathrm{d}h \tag{7-8}$$

$$\frac{\mathrm{d}\ln P(h)}{\mathrm{d}h}=\ln\frac{kp}{hq} \tag{7-9}$$

当 $P(h)$ 为极大值时,式(7-9)等于零,则

$$\frac{k_0 p}{h_0 q}=1 \tag{7-10}$$

式中,h_0 和 k_0 为极大值处 h 和 k 的值。由于 $p+q=1$,$h_0+k_0=n$,可得

$$h_0=np \qquad k_0=nq \tag{7-11}$$

若将注意力集中在极大值的附近,令

$$h=h_0+x \qquad k=k_0-x \tag{7-12}$$

则因 $\mathrm{d}h=\mathrm{d}x$,$\mathrm{d}k=-\mathrm{d}x$,式(7-9)可写成

$$\frac{\mathrm{d}\ln P(h)}{\mathrm{d}x}=\ln\frac{(k_0-x)p}{(k_0+x)q}=\ln\frac{k_0 p}{h_0 q}\left(\frac{1-x/k_0}{1+x/h_0}\right)=\ln(1-x/k_0)-\ln(1+x/h_0)\approx-\frac{x}{k_0}-\frac{x}{h_0} \tag{7-13}$$

式中利用了级数 $\ln(1+y)=y-\frac{1}{2}y^2+\cdots$,并忽略了 y 的高次项。

将式(7-13)积分,则得

$$\ln P(h)=-\frac{x^2}{2}\left(\frac{1}{k_0}+\frac{1}{h_0}\right)+C=-\frac{x^2}{2}\left(\frac{h_0+k_0}{k_0 h_0}\right)+C=-\frac{x^2}{2npq}+C \tag{7-14}$$

式中代入了式(7-11),C 为积分常数。若令 $a=1/2(npq)$,得

$$P(h)=A\mathrm{e}^{-ax^2} \tag{7-15}$$

式中,常数 A 可由归一化条件确定

$$1=\int_{-\infty}^{+\infty}A\mathrm{e}^{-ax^2}\,\mathrm{d}x=A\sqrt{\frac{\pi}{a}}$$

故

$$A=\sqrt{\frac{a}{\pi}} \tag{7-16}$$

式(7-15)可表示为

$$P(h)=\sqrt{\frac{a}{\pi}}\mathrm{e}^{-ax^2} \tag{7-17}$$

这是一个正态分布函数。倘若令 $a=1/(2\sigma^2)$，$x=h-h_0$，则式(7-17)可以表示成

$$P(h)=\frac{1}{\sigma\sqrt{2\pi}}e^{-(h-h_0)^2/2\sigma^2} \tag{7-18}$$

这是一个常见的正态分布函数。式中 h_0 为平均值，σ 为根方差，是决定正态分布曲线形状的两个参数。图7-3示意地画出了参数 h_0 和 σ 的值与正态分布曲线形状的关系，由图可见，正态分布曲线都是左右对称的，对称轴为 $h=h_0$ 的垂线。h_0 越大，曲线的最高点位置越向右；σ 值越小，则曲线的最高点越高，且曲线形状越窄。

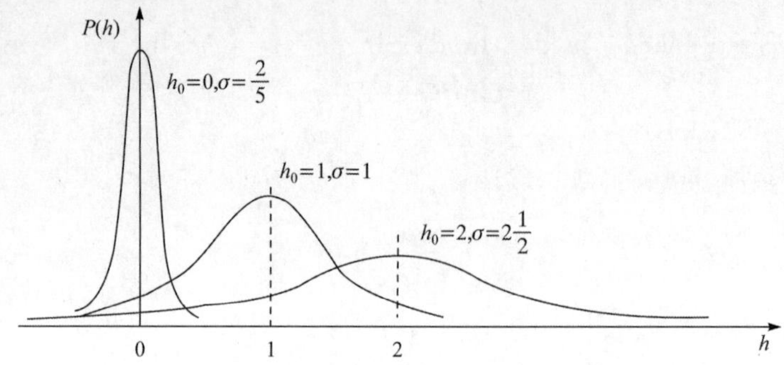

图7-3　h_0 和 σ 的值与正态分布曲线形状的关系

上述推导表明，二项分布和正态分布虽是两种不同的分布，但在 n、h 和 k 都为大数的情况下，二项分布可视为正态分布。这个结论对于本专题所要论证的问题是至关重要的。

7.3　最概然分布及其涨落

当图7-1中的 N、M 和 $N-M$ 都是大数时，二项分布可视为正态分布，式(7-6)可表示成式(7-17)形式，故

$$P(M)=\sqrt{\frac{a}{\pi}}e^{-am^2} \tag{7-19}$$

式中，$m=M-M_0$，$M_0=N/2$ 为平均值。当 $m=0$ 或 $M=N/2$ 时，即为最概然分布，此时，由式(7-19)和式(7-4)可得

$$P(M)=P_{\max}=\sqrt{\frac{2}{\pi N}}=\sqrt{\frac{a}{\pi}} \tag{7-20}$$

所以，$a=2/N$，式(7-19)也可表示成

$$P(M)=\sqrt{\frac{2}{\pi N}}e^{-2m^2/N}=\sqrt{\frac{2}{\pi N}}e^{-2(M-N/2)^2/N} \tag{7-21}$$

式(7-20)可进一步表示为

$$\frac{P(M)}{P_{\max}}=e^{-2N\left(\frac{M}{N}-\frac{1}{2}\right)^2} \tag{7-22}$$

由于 N 是约为 10^{24} 的大数，式(7-22)在一般情况下近似等于零。仅当 M 十分趋近

$N/2$ 时，$P(M)/P_{\max}$ 即 $\omega(M)/\omega_{\max}$ 才趋近于 1。倘若将 $P(M)/P_{\max}$ 即 $\omega(M)/\omega_{\max}$ 对 M/N 作图，则如图 7-4 所示。

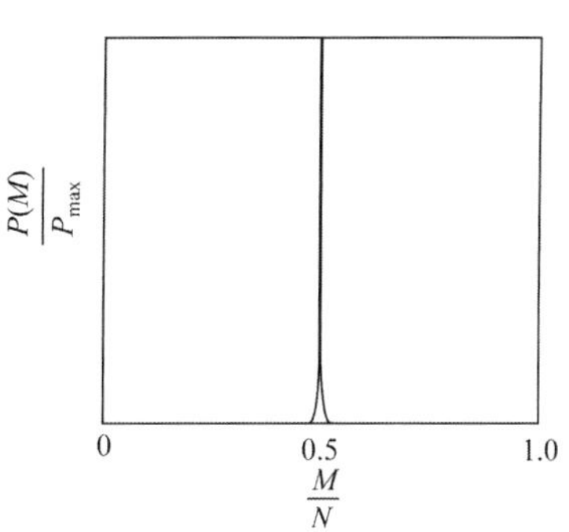

图 7-4　N 为大数时 $P(M)/P_{\max}$ 对$\frac{M}{N}$作图

由此可见，对于子数很大的热力学系统，平衡分布变得极窄，但不像图 7-2 所示，是一条 $M/N=0.5$ 的垂直虚线，而是变成像式(7-20)或图 7-4 所示的正态分布。那么，如何看待这个问题呢？这必须依靠统计力学方法(胡英等，1990)。

若令 $d=\frac{M}{N}-\left\langle\frac{M}{N}\right\rangle$，表示$\frac{M}{N}$与其平均值$\left\langle\frac{M}{N}\right\rangle$的偏差，则 d 的平均值

$$\langle d\rangle=\left\langle\frac{M}{N}-\left\langle\frac{M}{N}\right\rangle\right\rangle=\left\langle\frac{M}{N}\right\rangle-\left\langle\frac{M}{N}\right\rangle=0 \tag{7-23}$$

然而

$$\begin{aligned}\langle d^2\rangle&=\left\langle\left[\frac{M}{N}-\left\langle\frac{M}{N}\right\rangle\right]^2\right\rangle=\left\langle\left(\frac{M}{N}\right)^2-2\left(\frac{M}{N}\right)\left\langle\frac{M}{N}\right\rangle+\left\langle\frac{M}{N}\right\rangle^2\right\rangle\\&=\left\langle\left(\frac{M}{N}\right)^2\right\rangle-2\left\langle\frac{M}{N}\right\rangle^2+\left\langle\frac{M}{N}\right\rangle^2=\left\langle\left(\frac{M}{N}\right)^2\right\rangle-\left\langle\frac{M}{N}\right\rangle^2\neq 0\end{aligned} \tag{7-24}$$

统计力学定义$\frac{M}{N}$的涨落为

$$\sqrt{\langle d^2\rangle}=\sqrt{\left\langle\left(\frac{M}{N}\right)^2\right\rangle-\left\langle\frac{M}{N}\right\rangle^2} \tag{7-25}$$

$\frac{M}{N}$的相对涨落为

$$\Delta=\frac{\sqrt{\langle d^2\rangle}}{\left\langle\frac{M}{N}\right\rangle}=\sqrt{\frac{\left\langle\left(\frac{M}{N}\right)^2\right\rangle-\left\langle\frac{M}{N}\right\rangle^2}{\left\langle\frac{M}{N}\right\rangle^2}} \tag{7-26}$$

统计力学能够证明，平衡系统各种性质的相对涨落取决于系统所含的粒子数，它的大小与子数 N 的平方根倒数同数量级。对于本专题涉及的平衡分布，当 $N\approx10^{24}$ 时，

$$\Delta\approx\frac{1}{\sqrt{N}}\approx10^{-12} \tag{7-27}$$

这是一个非常小的值，以致可以忽略不计，式(7-26)中的平均号〈 〉可去掉，即 $\Delta=0$，故

$$\frac{M}{N}\approx\left\langle\frac{M}{N}\right\rangle=0.5 \tag{7-28}$$

换句话说，可将图 7-4 所示的正态分布视为 M/N 为 0.5 的垂线。正是这个道理，表明了热力学系统的平衡分布可用其最概然分布来代表。

参 考 文 献

铎木启三. 1986. 化学中的数学. 梁慧姝，郝雷，译. 上海：上海教育出版社.

胡英，刘国杰，徐英年，等. 1990. 应用统计力学——流体物性的研究基础. 北京：化学工业出版社.

唐有祺. 1979. 统计力学及其在物理化学中的应用. 北京：科学出版社.

Fast J D. 1962. Entropy. 2nd ed. Netherlands: Philips Technical Library.

8　子的配分函数的物理意义与作用

在独立子或近独立子系统的统计热力学中，有一个关键性的函数称为子的配分函数，只要已知这个函数，系统的一切热力学函数便随之确定。本专题试图深入地讨论这个函数的意义与作用。

8.1　子的配分函数的定义

子的配分函数的定义是

$$q \stackrel{\text{def}}{=} \sum_i e^{-\varepsilon_i/kT} \tag{8-1}$$

式中，ε_i 为子的量子态能量；k 为Boltzmann常量；T 为热力学温度；$\sum\limits_i$ 为对子的可及量子态求和，故在许多统计力学专著中，子的配分函数称为“态之和”(Tolman R C，1938)。

子的配分函数也常定义为

$$q \stackrel{\text{def}}{=} \sum_j g_j e^{-\varepsilon_j/kT} \tag{8-2}$$

式中，ε_j 为子的能级的能量；g_j 为能级的简并度，即 j 能级所拥有的量子态数；$\sum\limits_j$ 为对子的可及能级求和。显然，式(8-1) 和式(8-2) 中定义的 q 在数值上是相等的，只不过两者在求和时统计的方法有所不同。

子的配分函数还常表示成

$$q_0 \stackrel{\text{def}}{=} \sum_j g_j e^{-(\varepsilon_j-\varepsilon_0)/kT} \tag{8-3}$$

式中，ε_0 为子的基态能级的能量即零点能。由于有些子的基态能级的能量不等于零，能级的求和没有统一的能量标度零点，这对热力学计算有些不方便。为使子的配分函数有统一的能量标度零点，子的所有能级的能量都必须减去其零点能 ε_0，这就产生了定义式(8-3)，不过，由此得到的子的配分函数值已不同于定义式(8-1)和式(8-2)，两者的关系如下式所示

$$q = q_0 e^{-\varepsilon_0/kT} \tag{8-4}$$

8.2　子的配分函数的物理意义

子的配分函数的物理意义可从下列两个角度来理解：

1. 从定义式的角度来理解

按照定义式(8-2) 和式(8-3)，式中的 g_j 为 j 能级所拥有的量子态数。式中的Boltzmann因子 $e^{-\varepsilon_j/kT}$ 或 $e^{-(\varepsilon_j-\varepsilon_0)/kT}$ 是一个有效因子，故 $g_j e^{-\varepsilon_j/kT}$ 或 $g_j e^{-(\varepsilon_j-\varepsilon_0)/kT}$ 代表 j 能级

的有效量子态数。由于子的微观状态是由量子态决定，故它们也代表 j 能级的有效状态数或有效容量。又因 $\sum_j$ 是对子的所有可及能级求和，故式(8-2)或式(8-3)代表了一个子的有效状态数或有效容量(唐有祺，1979)，这就是子的配分函数的物理意义。

2. 从 Boltzmann 能量分布定律来理解

如果将子的配分函数按式(8-3)定义，则 Boltzmann 能量分布定律为

$$P_j=\frac{N_j}{N}=\frac{g_j \mathrm{e}^{-(\varepsilon_j-\varepsilon_0)/kT}}{q_0} \quad (j=0,1,2,\cdots) \tag{8-5}$$

式中，N_j 和 N 分别为 j 能级的子数和子的总数；P_j 为子处在 j 能级的概率。所以

$$q_0=\frac{g_j \mathrm{e}^{-(\varepsilon_j-\varepsilon_0)/kT}}{P_j} \quad (j=0,1,2,\cdots) \tag{8-6}$$

由此可见，子的配分函数与子在 j 能级上的分配概率 P_j 密切相关。据此，可得子的配分函数的物理意义如下：对于 N 个子构成的封闭系统，它反映了这些子在各能级上分配的整体特性(胡英等，2007)。

倘若只考虑子的热运动，则因子的平动、转动、振动的基态能级都是非简并的，$g_0=1$，又 $\mathrm{e}^{-(\varepsilon_0-\varepsilon_0)/kT}$ 也等于 1，故由式(8-6)可得

$$q_0=\frac{N}{N_0} \tag{8-7}$$

式中，N_0 为处在基态能级上的子数。由此可见，子的配分函数是子的总数与基态能级上的子数之比。据此，可得子的配分函数的物理意义如下：对于 N 指定的封闭系统，子的配分函数是子从基态能级向高能级逃逸程度的一种量度(Gasser R P H et al，1981)。

物理意义的这种表述，虽只限于子的热运动，但却非常有意义。从这种表述能够进一步得到如下三点启示：

(1) 由于 N_0 是处于基态能级的子数，它的值不可能大于子的总数 N，故由式(8-7)可见，子的配分函数 q_0 的值不可能小于 1。

(2) 温度越高，子从基态能级逃逸到较高能级的程度越大，故子的配分函数 q_0 的值是随温度升高而增大的。

(3) 在相同的温度下，子的相邻能级的间隔越小，子越容易逃逸到较高能级，故 q_0 值也越大，这就是说，平动子的 q_0 最大，振子的 q_0 最小，转子的 q_0 介于其间。

因此，这种表述不仅简洁，而且更具有启发性。

8.3 子的配分函数属于一个子

子的配分函数有一个重要的性质，称为配分函数的析因子性质。这个性质指出，如果子的能量是它的各种运动形式的能量之和，那么子的配分函数则是相应运动形式的配分函数之积，即

$$q=q_{\mathrm{t}}\cdot q_{\mathrm{r}}\cdot q_{\mathrm{v}}\cdot q_{\mathrm{e}}\cdot q_{\mathrm{n}} \tag{8-8}$$

式中，q_{t}、q_{r}、q_{v}、q_{e} 和 q_{n} 分别为子的平动、转动、振动、电子和核运动配分函数。

倘若子为非线型的多原子分子，则一般子的配分函数为

$$q = q_t \cdot q_r \cdot q_v \cdot q_e \cdot q_n$$

$$= V\left(\frac{2\pi mkT}{h^2}\right)^{3/2}\left[\frac{\sqrt{\pi}(8\pi^2 kT)^{3/2}}{\sigma h^3}(I_A I_B I_C)^{1/2}\right]\left[\prod_{i=1}^{3n-6}\frac{e^{-h\nu_i/2kT}}{1-e^{-h\nu_i/kT}}\right]\cdot g_{0,e}\cdot g_{0,n} \quad (8\text{-}9)$$

由此可见，子的配分函数除了包含系统的体积和温度外，还包含了独立子的质量 m，对称数 σ，三个主转动惯量 I_A、I_B 和 I_C，$3n-6$ 个谐振频率以及电子和核的基态能级简并度等重要的微观信息。其中温度总是以 kT 的形式出现，对于没有相互作用的独立子系统，它代表了一个子的能量。故只有在指定系统由 N 个独立子构成时，不但系统的微观性质确定，而且其宏观状态 E、V、N 也随之确定。由此可见，子的配分函数仅属于一个子。有的教材和教学参考书将子的配分函数计作 $q=f(T,V,N)$，显然是不妥当的，因为这样表示是将 q 视为系统的性质。有的教材则进一步认为，式(8-9)正比于系统的体积 V，而体积正比于物质的量，故离域子的配分函数应是系统的广延性质，同理，定域子的配分函数因与体积无关，则是系统的强度性质。本书认为，这种看法也是值得商榷的，式(8-9)中 V 虽与系统物质的量成正比，但却与子的配分函数是否是广延性质无关，在看了下文后，相信就会明白。总之，子的配分函数是属于一个子，而不是系统的属性。

8.4 子的配分函数与系统的热力学函数

根据正则系综原理，对于 N、T、V 指定的封闭系统，其热力学函数可由下列公式计算

$$E=kT^2\ (\partial \ln Z/\partial T)_{V,N} \quad (8\text{-}10)$$

$$S=kT\ (\partial \ln Z/\partial T)_{V,N}+k\ln Z \quad (8\text{-}11)$$

$$A=-kT\ln Z \quad (8\text{-}12)$$

$$p=kT(\partial \ln Z/\partial V)_{T,N} \quad (8\text{-}13)$$

$$\mu=-LkT(\partial \ln Z/\partial N)_{T,V} \quad (8\text{-}14)$$

式中，L 为 Avogadro 常量；Z 为系统的配分函数，也称正则配分函数。由于独立子系统中，子与子之间没有作用力，任一子并不因其他子的存在而改变其 q 值，故系统的配分函数为 N 个子的 q 之积，即

$$Z=q^N \quad (8\text{-}15)$$

当然，式(8-15)仅适用于可辨别的定域子系统。对于离域子系统，因 N 个子是不可辨别的，其系统的配分函数应为

$$Z=\frac{q^N}{N!}\approx\left(\frac{qe}{N}\right)^N \quad (8\text{-}16)$$

现在，只要将式(8-15)和式(8-16)分别代入式(8-10)～式(8-14)，便可分别算得定域子和离域子系统的 E、S、A、p 和 μ，并进而得到其他热力学函数。现以 Helmholtz 自由能为例，来表示计算的结果。

定域子系统 $$A=-kT\ln q^N=-NkT\ln q \quad (8\text{-}17)$$

离域子系统 $$A=-kT\ln\left(\frac{qe}{N}\right)^N=-NkT\ln\frac{q}{N}-NkT \quad (8\text{-}18)$$

对于离域子系统，算得的 A 除与 N 有关，还与 q/N 有关。由于离域子配分函数可表示为

$$q=V\left(\frac{2\pi mkT}{h^2}\right)^{3/2}q_{\mathrm{I}} \tag{8-19}$$

式中,q_{I} 为子的转动、振动、电子和核配分函数之积,也称子的内配分函数。故式(8-18)中的 q/N 可表示为

$$\frac{q}{N}=\left[\left(\frac{2\pi mkT}{h^2}\right)^{3/2}\Big/\left(\frac{N}{V}\right)\right]q_{\mathrm{I}} \tag{8-20}$$

由此可见,离域子的配分函数[式(8-19)]在代入式(8-18)后,它的体积 V 转变成了离域子系统的密度 N/V,这是一个与物质的量无关的物理量。因此,由式(8-18)算得的离域子系统的 A 与式(8-9)或式(8-19)中的体积 V 无关,是一个仅正比于 N 的广延性质。这个结论也适用于其他广延性质。

由上述可见,虽然知道了子的配分函数就能算得系统的热力学函数,但是起决定作用的却是系统的配分函数,因为它除了包含系统的体积、温度和所有微观信息外,还包含了系统物质的量或 N。那么,系统的配分函数是不是热力学变量呢?答案也是否定的。因为热力学变量分成两类,即强度性质和广延性质,前者与物质的量无关,后者与物质的量成正比。而由式(8-15)和式(8-16)可见,系统的配分函数虽与物质的量(即子数 N)有关,但不成正比,这就是说,它既不是强度性质,也不是广延性质。因此,系统和子的配分函数都只能说是联系宏观热力学函数与微观信息的纽带。

参考文献

胡英,吕瑞东,刘国杰,等. 2007. 物理化学. 5 版. 北京:高等教育出版社.

唐有祺. 1979. 统计力学及其在物理化学中的应用. 北京:科学出版社.

Gasser R P H, Richards W G. 1981. 熵与能级. 曾实,译. 北京:人民教育出版社.

Tolman R C. 1938. The Principles of Statistical Mechanics. Oxford: Oxford University Press.

9 相平衡和吸附平衡的 Boltzmann 统计

在将 Boltzmann 统计应用于平衡的独立子系统时，引入了离域子和定域子的概念，将气体视为独立的离域子系统，而将固体视为由独立的定域子构成的理想晶体，据此可用来研究气体和晶体的物性，以及许多等温平衡问题等。在一般物理化学教材中，仅以气体和晶体的热容、热熵与构型熵以及气体反应的平衡常数为例来说明 Boltzmann 统计的应用。其实，它的应用远不止这些，本专题要介绍它在相平衡和吸附平衡中的应用。

9.1 独立子系统的状态方程和化学势

由统计力学方法，宏观量是相应微观量的统计平均值，可以得到独立子系统的热力学能为

$$E=NkT^2\left(\frac{\partial \ln q}{\partial T}\right)_V \tag{9-1}$$

由 Boltzmann 熵定理，$S=k\ln\Omega$，则不难得到独立子系统的熵为

$$S=Nk\ln q+NkT\left(\frac{\partial \ln q}{\partial T}\right)_V \quad \text{（定域子）} \tag{9-2}$$

$$S=Nk\ln\frac{q}{N}+NkT\left(\frac{\partial \ln q}{\partial T}\right)_V+Nk \quad \text{（离域子）} \tag{9-3}$$

以上公式中，q 为子的配分函数；k 为 Boltzmann 常量；N、T 和 V 分别为系统的子数、热力学温度和体积。于是，由热力学关系 $A=E-TS$，可得

$$A=-NkT\ln q \quad \text{（定域子）} \tag{9-4}$$

$$A=-NkT\ln\frac{q}{N}-NkT \quad \text{（离域子）} \tag{9-5}$$

由 $p=-(\partial A/\partial V)_T$，可得独立子系统的状态方程为

$$p=NkT\left(\frac{\partial \ln q}{\partial V}\right)_T \tag{9-6}$$

由于子的配分函数中与体积有关的只有平动配分函数，而与内部运动的配分函数无关，故式(9-6)也可表示为

$$p=NkT\left(\frac{\partial \ln q_t}{\partial V}\right)_T=NkT\left(\frac{\partial \ln V}{\partial V}\right)_T=\frac{NkT}{V} \tag{9-7}$$

这就是说，独立子系统的状态方程即为理想气体状态方程。

而由热力学关系 $\mu=(\partial A/\partial n)_{T,V}$，以及 $n=N/L$ 和 $q=q_0\mathrm{e}^{-\varepsilon_0/kT}$，则可得化学势表示式为

$$\mu=-LkT\ln q=-LkT\ln q_0+L\varepsilon_0 \quad \text{（定域子）} \tag{9-8}$$

$$\mu=-LkT\ln\frac{q}{N}=-LkT\ln\frac{q_0}{N}+L\varepsilon_0 \quad \text{（离域子）} \tag{9-9}$$

式中，L 为 Avogadro 常量；q_0 为能量的零点设在基态能级上时子的配分函数；ε_0 为子的零点能。

有了化学势和状态方程的表示式，不难将它们应用于相平衡和吸附平衡。

9.2 相平衡的 Boltzmann 统计

9.2.1 纯物质相变化

上面已述，Boltzmann 统计是将气体视为独立的离域子系统，而将固体视为由独立的定域子构成的理想晶体。因此，当气固达平衡时，由热力学关系

$$\mu_g=\mu_s \tag{9-10}$$

将式(9-8)和式(9-9)代入，可得到

$$-kT\ln\frac{q_{0,g}}{N_g}+\varepsilon_{0,g}=-kT\ln q_{0,s}+\varepsilon_{0,s} \tag{9-11}$$

$$q_{0,s}=\frac{q_{0,g}}{N_g}e^{-(\varepsilon_{0,g}-\varepsilon_{0,s})/kT} \tag{9-12}$$

式中，$q_{0,g}$和 $q_{0,s}$分别为能量标度的零点设在基态能级上的气体和固体子的配分函数；N_g 为气相的子数；$\varepsilon_{0,g}-\varepsilon_{0,s}$为气相与固相子的零点能之差。因此，气相的子数为

$$N_g=\frac{q_{0,g}}{q_{0,s}}e^{-(\varepsilon_{0,g}-\varepsilon_{0,s})/kT} \tag{9-13}$$

固体的饱和蒸气压为

$$p^*=\frac{N_gkT}{V}=\left(\frac{kT}{V}\right)\frac{q_{0,g}}{q_{0,s}}e^{-L(\varepsilon_{0,g}-\varepsilon_{0,s})/RT} \tag{9-14}$$

式中，$L(\varepsilon_{0,g}-\varepsilon_{0,s})\approx\Delta_{sub}H_m$，为固体的摩尔升华焓；$V$ 为气相体积。由于离域子的配分函数可表示为平动配分函数与内部运动配分函数之积，即

$$q_{0,g}=V\left(\frac{2\pi mkT}{h^2}\right)^{3/2}(q_{0,g})_I \tag{9-15}$$

代入式(9-14)，可得

$$p^*=kT\left(\frac{2\pi mkT}{h^2}\right)^{3/2}\cdot\frac{(q_{0,g})_I}{q_{0,s}}e^{-\Delta_{sub}H_m/RT} \tag{9-16}$$

式中，m 为气体分子的质量；$(q_{0,g})_I$ 为能量标度的零点设在基态能级上的气体分子的内部运动配分函数。若令$\left[kT\left(\frac{2\pi mkT}{h^2}\right)^{3/2}\cdot\frac{(q_{0,g})_I}{q_{0,s}}\right]=B$，并将它近似视为常数，则式(9-16)也可表示为

$$\ln\{p^*\}=-\frac{\Delta_{sub}H_m}{RT}+C \tag{9-17}$$

此式为 Clausius-Clapeyron 方程。

9.2.2 二组分混合物相变化

若气相和固相混合物都由 A 和 B 两个组分组成，则 9.1 节所示的热力学函数应作相

应的改变。系统的热力学能应为

$$E = N_{\mathrm{A}}kT^2\left(\frac{\partial \ln q_{\mathrm{A}}}{\partial T}\right)_V + N_{\mathrm{B}}kT^2\left(\frac{\partial \ln q_{\mathrm{B}}}{\partial T}\right)_V \tag{9-18}$$

系统的熵应为

$$S = N_{\mathrm{A}}k\ln q_{\mathrm{A}} + N_{\mathrm{A}}kT\left(\frac{\partial \ln q_{\mathrm{A}}}{\partial T}\right)_V + N_{\mathrm{B}}k\ln q_{\mathrm{B}} + N_{\mathrm{B}}kT\left(\frac{\partial \ln q_{\mathrm{B}}}{\partial T}\right)_V + k\ln\frac{(N_{\mathrm{A}}+N_{\mathrm{B}})!}{N_{\mathrm{A}}!\ N_{\mathrm{B}}!} \quad (\text{定域子}) \tag{9-19}$$

$$S = N_{\mathrm{A}}k\ln\frac{q_{\mathrm{A}}}{N_{\mathrm{A}}} + N_{\mathrm{A}}kT\left(\frac{\partial \ln q_{\mathrm{A}}}{\partial T}\right)_V + N_{\mathrm{B}}k\ln\frac{q_{\mathrm{B}}}{N_{\mathrm{B}}} + N_{\mathrm{B}}kT\left(\frac{\partial \ln q_{\mathrm{B}}}{\partial T}\right)_V + (N_{\mathrm{A}}+N_{\mathrm{B}})k \quad (\text{离域子}) \tag{9-20}$$

这里应该指出，独立子系统混合后的热力学能应是组分 A 和 B 的热力学能之和。但混合后的熵要看构成系统的是离域子还是定域子，前者与热力学能一样，是组分的熵之和。而后者还需顾及由混合引起的构型熵，由于系统中 $N_{\mathrm{A}}+N_{\mathrm{B}}$ 个格点，被 N_{A} 个 A 分子和 N_{B} 个 B 分子占据的微观状态数（构型数）为 $(N_{\mathrm{A}}+N_{\mathrm{B}})!\ /N_{\mathrm{A}}!\ N_{\mathrm{B}}!$，故混合后定域子系统的熵增加了构型熵 $k\ln[(N_{\mathrm{A}}+N_{\mathrm{B}})!\ /N_{\mathrm{A}}!\ N_{\mathrm{B}}!]$。这样，Helmholtz 自由能应为

$$A = -N_{\mathrm{A}}kT\ln q_{\mathrm{A}} - N_{\mathrm{B}}kT\ln q_{\mathrm{B}} - kT\ln\frac{(N_{\mathrm{A}}+N_{\mathrm{B}})!}{N_{\mathrm{A}}!\ N_{\mathrm{B}}!} \quad (\text{定域子}) \tag{9-21}$$

$$A = -N_{\mathrm{A}}kT\ln\frac{q_{\mathrm{A}}}{N_{\mathrm{A}}} - N_{\mathrm{B}}kT\ln\frac{q_{\mathrm{B}}}{N_{\mathrm{B}}} - (N_{\mathrm{A}}+N_{\mathrm{B}})kT \quad (\text{离域子}) \tag{9-22}$$

由热力学关系 $\mu_{\mathrm{A}} = (\partial A/\partial n_{\mathrm{A}})_{T,V,n_{\mathrm{B}}}$ 和 $\mu_{\mathrm{B}} = (\partial A/\partial n_{\mathrm{B}})_{T,V,n_{\mathrm{A}}}$ 可得化学势

$$\mu_{\mathrm{A}}^{(\mathrm{g})} = -LkT\ln\frac{q_{0,\mathrm{A}}^{(\mathrm{g})}}{N_{\mathrm{A}}^{(\mathrm{g})}} + L\varepsilon_{0,\mathrm{A}}^{(\mathrm{g})} \tag{9-23}$$

$$\mu_{\mathrm{A}}^{(\mathrm{s})} = -LkT\ln\left(\frac{N_{\mathrm{A}}^{(\mathrm{s})}+N_{\mathrm{B}}^{(\mathrm{s})}}{N_{\mathrm{A}}^{(\mathrm{s})}}q_{0,\mathrm{A}}^{(\mathrm{s})}\right) + L\varepsilon_{0,\mathrm{A}}^{(\mathrm{s})} \tag{9-24}$$

$$\mu_{\mathrm{B}}^{(\mathrm{g})} = -LkT\ln\frac{q_{0,\mathrm{B}}^{(\mathrm{g})}}{N_{\mathrm{B}}^{(\mathrm{g})}} + L\varepsilon_{0,\mathrm{B}}^{(\mathrm{g})} \tag{9-25}$$

$$\mu_{\mathrm{B}}^{(\mathrm{s})} = -LkT\ln\left(\frac{N_{\mathrm{A}}^{(\mathrm{s})}+N_{\mathrm{B}}^{(\mathrm{s})}}{N_{\mathrm{B}}^{(\mathrm{s})}}q_{0,\mathrm{B}}^{(\mathrm{s})}\right) + L\varepsilon_{0,\mathrm{B}}^{(\mathrm{s})} \tag{9-26}$$

式中，上标(g)和(s)分别为气相和固相；其他符号同上。

当混合物的两相达平衡时，由于 $\mu_{\mathrm{A}}^{(\mathrm{g})} = \mu_{\mathrm{A}}^{(\mathrm{s})}$，由式(9-23)和式(9-24)可得

$$N_{\mathrm{A}}^{(\mathrm{g})} = \left(\frac{N_{\mathrm{A}}^{(\mathrm{s})}}{N_{\mathrm{A}}^{(\mathrm{s})}+N_{\mathrm{B}}^{(\mathrm{s})}}\right)\frac{q_{0,\mathrm{A}}^{(\mathrm{g})}}{q_{0,\mathrm{A}}^{(\mathrm{s})}}\mathrm{e}^{-\left(\varepsilon_{0,\mathrm{A}}^{(\mathrm{g})}-\varepsilon_{0,\mathrm{A}}^{(\mathrm{s})}\right)/kT} \tag{9-27}$$

而由 $\mu_{\mathrm{B}}^{(\mathrm{g})} = \mu_{\mathrm{B}}^{(\mathrm{s})}$，利用式(9-25)和式(9-26)可得

$$N_{\mathrm{B}}^{(\mathrm{g})} = \left(\frac{N_{\mathrm{B}}^{(\mathrm{s})}}{N_{\mathrm{A}}^{(\mathrm{s})}+N_{\mathrm{B}}^{(\mathrm{s})}}\right)\frac{q_{0,\mathrm{B}}^{(\mathrm{g})}}{q_{0,\mathrm{B}}^{(\mathrm{s})}}\mathrm{e}^{-\left(\varepsilon_{0,\mathrm{B}}^{(\mathrm{g})}-\varepsilon_{0,\mathrm{B}}^{(\mathrm{s})}\right)/kT} \tag{9-28}$$

因此，在气相中组分 A 和 B 的平衡分压为

$$p_{\mathrm{A}} = \frac{N_{\mathrm{A}}^{(\mathrm{g})}kT}{V} = \left(\frac{kT}{V}\right)\left(\frac{N_{\mathrm{A}}^{(\mathrm{s})}}{N_{\mathrm{A}}^{(\mathrm{s})}+N_{\mathrm{B}}^{(\mathrm{s})}}\right)\frac{q_{0,\mathrm{A}}^{(\mathrm{g})}}{q_{0,\mathrm{A}}^{(\mathrm{s})}}\mathrm{e}^{-\left(\varepsilon_{0,\mathrm{A}}^{(\mathrm{g})}-\varepsilon_{0,\mathrm{A}}^{(\mathrm{s})}\right)/kT} \tag{9-29}$$

$$p_{\mathrm{B}}=\frac{N_{\mathrm{B}}^{(g)}kT}{V}=\left(\frac{kT}{V}\right)\left(\frac{N_{\mathrm{B}}^{(s)}}{N_{\mathrm{A}}^{(s)}+N_{\mathrm{B}}^{(s)}}\right)\frac{q_{0,\mathrm{B}}^{(g)}}{q_{0,\mathrm{B}}^{(s)}}\mathrm{e}^{-\left(\varepsilon_{0,\mathrm{B}}^{(g)}-\varepsilon_{0,\mathrm{B}}^{(s)}\right)/kT} \tag{9-30}$$

当 $N_{\mathrm{B}}^{(s)}=0$ 时,因 $p_{\mathrm{A}}=p_{\mathrm{A}}^{*}$,式(9-29)变为

$$p_{\mathrm{A}}^{*}=\left(\frac{kT}{V}\right)\frac{q_{0,\mathrm{A}}^{(g)}}{q_{0,\mathrm{A}}^{(s)}}\mathrm{e}^{-\left(\varepsilon_{0,\mathrm{A}}^{(g)}-\varepsilon_{0,\mathrm{A}}^{(s)}\right)/kT} \tag{9-31}$$

将式(9-31)代入式(9-29)得

$$p_{\mathrm{A}}=\left(\frac{N_{\mathrm{A}}^{(s)}}{N_{\mathrm{A}}^{(s)}+N_{\mathrm{B}}^{(s)}}\right)p_{\mathrm{A}}^{*}=p_{\mathrm{A}}^{*}x_{\mathrm{A}}^{(s)} \tag{9-32}$$

同理,当 $N_{\mathrm{A}}^{(s)}=0$ 时,因 $p_{\mathrm{B}}=p_{\mathrm{B}}^{*}$,式(9-30)变为

$$p_{\mathrm{B}}^{*}=\left(\frac{kT}{V}\right)\frac{q_{0,\mathrm{B}}^{(g)}}{q_{0,\mathrm{B}}^{(s)}}\mathrm{e}^{-\left(\varepsilon_{0,\mathrm{B}}^{(g)}-\varepsilon_{0,\mathrm{B}}^{(s)}\right)/kT} \tag{9-33}$$

将式(9-33)代入式(9-30)得

$$p_{\mathrm{B}}=\left(\frac{N_{\mathrm{B}}^{(s)}}{N_{\mathrm{A}}^{(s)}+N_{\mathrm{B}}^{(s)}}\right)p_{\mathrm{B}}^{*}=p_{\mathrm{B}}^{*}x_{\mathrm{B}}^{(s)} \tag{9-34}$$

可以看到,式(9-32)和式(9-34)都是 Raoult 定律,故固相是组分 A 和 B 的理想混合物。

9.3 吸附平衡的 Boltzmann 统计

有一气固吸附平衡系统,设固体表面有 M_{s} 个吸附位,平衡时已有 M 个吸附位吸附了气体分子 A,若每个吸附位只能吸附一个 A 分子,而与之平衡的气相中 A 分子的分子数为 N_{A},那么气相的 Helmholtz 自由能应与 9.1 节所示的相同。

$$A=-N_{\mathrm{A}}kT\ln\frac{q_{\mathrm{A}}^{(g)}}{N_{\mathrm{A}}}-N_{\mathrm{A}}kT \quad (\text{离域子}) \tag{9-35}$$

固相因被吸附 M 个 A 分子,在固体表面的 M_{s} 个吸附位上分配的微观状态数(构型数)共有

$$\Omega=C_{M_{\mathrm{s}}}^{M}=\frac{M_{\mathrm{s}}!}{M!\ (M_{\mathrm{s}}-M)!} \tag{9-36}$$

式中,$C_{M_{\mathrm{s}}}^{M}$ 为组合数,其熵函数应增加 $k\ln[M_{\mathrm{s}}!\ /M!\ (M_{\mathrm{s}}-M)!]$。相应地 Helmholtz 自由能应变为

$$A=-MkT\ln q_{\mathrm{A}}^{(s)}-kT\ln\frac{M_{\mathrm{s}}!}{M!\ (M_{\mathrm{s}}-M)!} \quad (\text{定域子}) \tag{9-37}$$

这样,由热力学关系 $\mu_{\mathrm{A}}^{(g)}=L\,(\partial A/\partial N_{\mathrm{A}})_{T,V}$ 和 $\mu_{\mathrm{A}}^{(s)}=L\,(\partial A/\partial M)_{T,V}$,可得

$$\mu_{\mathrm{A}}^{(g)}=-LkT\ln\frac{q_{0,\mathrm{A}}^{(g)}}{N_{\mathrm{A}}}+L\varepsilon_{0,\mathrm{A}}^{(g)} \tag{9-38}$$

$$\mu_{\mathrm{A}}^{(s)}=-LkT\ln\left(\frac{M_{\mathrm{s}}-M}{M}q_{0,\mathrm{A}}^{(s)}\right)+L\varepsilon_{0,\mathrm{A}}^{(s)} \tag{9-39}$$

由于吸附平衡时,$\mu_{\mathrm{A}}^{(g)}=\mu_{\mathrm{A}}^{(s)}$,由式(9-38)和式(9-39)可得

$$N_{\mathrm{A}}=\left(\frac{M}{M_{\mathrm{s}}-M}\right)\frac{q_{0,\mathrm{A}}^{(g)}}{q_{0,\mathrm{A}}^{(s)}}\mathrm{e}^{-\left(\varepsilon_{0,\mathrm{A}}^{(g)}-\varepsilon_{0,\mathrm{A}}^{(s)}\right)/kT} \tag{9-40}$$

气相的平衡压力应为

$$p=\frac{N_A kT}{V}=\left(\frac{kT}{V}\right)\left(\frac{\theta}{1-\theta}\right)\frac{q_{0,A}^{(g)}}{q_{0,A}^{(s)}}e^{-\left(\varepsilon_{0,A}^{(g)}-\varepsilon_{0,A}^{(s)}\right)/kT} \tag{9-41}$$

式中，$\theta=M/M_s$，为表面覆盖度，若令

$$\left(\frac{kT}{V}\right)\frac{q_{0,A}^{(g)}}{q_{0,A}^{(s)}}e^{-(\varepsilon_{0,A}^{(g)}-\varepsilon_{0,A}^{(s)})/kT}=\frac{1}{b} \tag{9-42}$$

则式(9-41)变为

$$bp=\frac{\theta}{1-\theta} \quad \text{或} \quad \theta=\frac{bp}{1+bp} \tag{9-43}$$

这是 Langmuir 吸附等温式。

由于 $L(\varepsilon_{0,A}^{(s)}-\varepsilon_{0,A}^{(g)})=\Delta_{ads}H_m$，为气体分子 A 在固体表面的摩尔吸附焓，式(9-42)也可表示为

$$b=b_0\exp(-\Delta_{ads}H_m/RT)=b_0\exp(q_a/RT) \tag{9-44}$$

式中，$q_a=-\Delta_{ads}H_m$，为吸附热。由于 $\Delta_{ads}H_m$ 通常是个负值，故 q_a 为正值；$b_0=q_{0,A}^{(s)}\Big/\left[kT\left(\frac{2\pi m_A kT}{h^2}\right)\right]^{3/2}(q_{0,A}^{(g)})_I$，其中代入式(9-15)，它可近似视为常数。由上可知，q_a 越大，b 值越大，因此 b 是一个表征吸附强弱的特征常数，称为吸附系数。b 值越大，吸附热 q_a 越大，吸附也就越强。

由上述推导不难明了，Langmuir 吸附等温式是在满足如下三点假设的条件下导得的：

(1) 吸附是单分子层的，因为每一个吸附位只能吸附一个气体分子。

(2) 固体表面是均匀的。因为每一个被吸附的气体分子的焓变是相同的，这就是说，固体表面上的每一个吸附位吸附活性一样。

(3) 已吸附的气体分子间相互没有干扰。因为气体和固体都被认为是独立子系统。

以 Langmuir 吸附等温式为基础，用统计力学方法也能建立 Freundlich 吸附等温式，这将在专题 39 中进行讨论。

参考文献

唐有祺. 1979. 统计力学及其在物理化学中的应用. 北京：科学出版社.

严继民，张启元，高敬琮. 1986. 吸附与凝聚——固体的表面与孔. 2 版. 北京：科学出版社.

10 正则配分函数与 van der Waals 状态方程

应该指出，Boltzmann 统计仅适用于平衡的独立子或近独立子系统，而且子的质量不能太小，温度不能太低，密度不能太高。对于本专题所要讨论的 van der Waals 流体是不适用的，因为这种流体的分子间存在相互作用力，它属于相倚子系统，因此必须有一种新的统计方法。本专题首先介绍这种统计方法，称为系综原理，但仅限于处理封闭系统的正则系综，然后再讨论它对 van der Waals 流体状态方程的应用。

10.1 正则系综

设有一个纯组分相倚子封闭系统，子数为 N，体积为 V，置于一温度为 T 的热浴中，如图 10-1 所示。则它的所有热力学性质都应该是确定的，然而从微观的角度看，除了 N、V、T 外，其他热力学性质是可随时间而涨落的，因为系统是在其瞬息万变的各种微观状态中转辗经历着，这些热力学性质实际上是系统经历这些微观状态时所表现出来的时间平均值。例如，系统的能量应是

$$\langle E(q_i, p_i)\rangle_{\text{时间}} = \frac{1}{\tau}\int_0^\tau E(q_i, p_i)\mathrm{d}t \tag{10-1}$$

式中，τ 为经历的时间，它对于宏观来说是极短的，但对微观来说却是很长的；q_i 和 p_i 分别为第 i 个子的广义坐标和动量。显然，要知道 E 的时间平均值必须知道每个子的运动轨迹 $q_i(t)$ 和 $p_i(t)$ 以及它们的初始条件。对于子数约为10^{24}的热力学系统，要求解这个积分即使是依仗高容量的计算机也是不现实的。

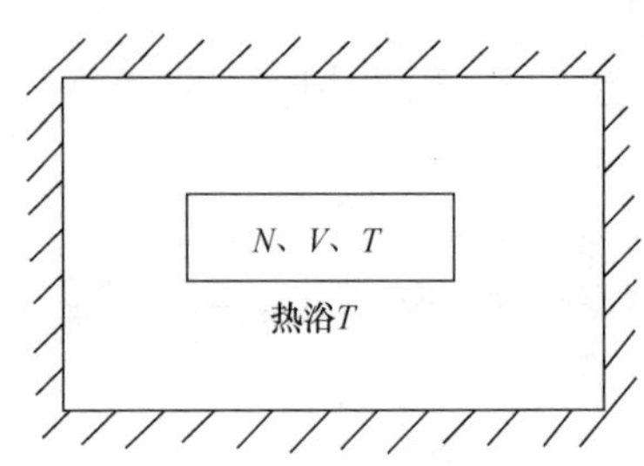

图 10-1　N、V、T 指定的封闭系统

1901 年，Gibbs 想出了一个巧妙的方法，这个方法犹如用一架特殊功能的摄影机对着图 10-1 所示的热力学系统拍电影。随着时间的推演，系统时而处在这个微观状态，时而处在那个微观状态，所有这些都被记录在电影胶卷里。这就是说，胶卷里的每一张底片都代表系统在时间进程中所经历的某一特定的微观状态。如果称每一张底片为一个标本系统，而把不同时刻拍摄下来的大量底片汇集在一起构成一个标本系统集，那么这个集就称为系综。显然，$E(q_i, p_i)$的系综平均值就是所要求解的时间平均值，即

$$\langle E(q_i, p_i)\rangle_{\text{时间}} = \langle E(q_i, p_i)\rangle_{\text{系综}} \tag{10-2}$$

这个原理称为统计等效原理。因此，式(10-1)便转化为求解 $E(q_i, p_i)$的系综平均值问题。

如果构成系综的标本系统数 $\overline{N}$ 足够大，以致这些标本系统具有很好的代表性，那么，用量子的观点，可认为这些标本系统的能量是以分立的能级存在，每个能级都拥有确定的

微观状态数，即系统能级的简并度，而这些标本系统就分布在它们的能级中，如下所示：

系统的能级　　$E_1, E_2, \cdots, E_j, \cdots$

能级的简并度　　$\Omega_1, \Omega_2, \cdots, \Omega_j, \cdots$

能级分布数　　$\overline{N}_1, \overline{N}_2, \cdots, \overline{N}_j, \cdots$

它们遵守如下两个公式

$$\overline{N} = \overline{N}_1 + \overline{N}_2 + \cdots + \overline{N}_j + \cdots = \sum_j \overline{N}_j \tag{10-3}$$

$$\overline{N}\langle E\rangle = \overline{N}_1 E_1 + \overline{N}_2 E_2 + \cdots + \overline{N}_j E_j + \cdots = \sum_j \overline{N}_j E_j \tag{10-4}$$

式(10-4)成立是因为这些标本系统是彼此独立的，它们之间没有相互作用。由此可见，尽管构成相倚子系统的子之间是相互作用的，但构成正则系综的标本系统之间却是彼此独立的，因此 Boltzmann 统计方法虽不能直接应用于(标本)系统，但却可以应用于系综。于是，不难得到如下结果

$$\frac{\overline{N}_j}{\overline{N}} = \frac{\Omega_j \mathrm{e}^{-E_j/kT}}{\sum_j \Omega_j \mathrm{e}^{-E_j/kT}} = \frac{\Omega_j \mathrm{e}^{-E_j/kT}}{Z} \tag{10-5}$$

式中，$Z = \sum_j \Omega_j \mathrm{e}^{-E_j/kT}$，称为正则配分函数。如同独立子系统，只要已知这个正则配分函数 Z，相倚子系统的所有热力学函数系综平均值都可得到。不过应该指出，现在的标本系统相当于 Boltzmann 统计中独立的定域子，这是由于 $\overline{N}$ 个标本系统中所有不可辨别的系统都被拍摄下来而收集在系综中。于是，类似于独立子系统的 Boltzmann 统计，得到相倚子系统的热力学函数系综平均值与正则配分函数间的关系为

$$\langle E\rangle = kT^2\left(\frac{\partial \ln Z}{\partial T}\right)_{V,N} \tag{10-6}$$

$$\langle S\rangle = k\ln Z + kT\left(\frac{\partial \ln Z}{\partial T}\right)_{V,N} \tag{10-7}$$

$$\langle A\rangle = -kT\ln Z \tag{10-8}$$

$$\langle p\rangle = kT\left(\frac{\partial \ln Z}{\partial V}\right)_{T,N} \tag{10-9}$$

$$\langle \mu\rangle = -LkT\left(\frac{\partial \ln Z}{\partial N}\right)_{T,V} \tag{10-10}$$

由于构成系综的标本系统数足够大，上述热力学函数的系综平均值相对涨落很小，它们可视为观察值，也就是说，平均号〈〉可删掉。

10.2　正则配分函数在 Γ 相空间中的表示

上面已述，正则配分函数的定义式为

$$Z = \sum_j \Omega_j \mathrm{e}^{-E_j/kT} \tag{10-11}$$

那么，如何计算呢？其中 Ω_j 如何表示是问题的关键。

在经典力学中，一个质点的运动状态是以指定其坐标 x、y、z 和相应的动量 p_x、p_y、p_z 来确定的，因此，要确定一个由 N 个质点构成的热力学系统的微观状态，必须同时指定 N

个质点的坐标和动量，即它们的运动状态。这就需用如下 2×3N 维正交轴构成的相空间来表示

$$\left.\begin{matrix} x_1, y_1, z_1, p_{x_1}, p_{y_1}, p_{z_1} \\ x_2, y_2, z_2, p_{x_2}, p_{y_2}, p_{z_2} \\ \vdots \quad \vdots \quad \vdots \quad \vdots \quad \vdots \quad \vdots \\ x_N, y_N, z_N, p_{x_N}, p_{y_N}, p_{z_N} \end{matrix}\right\} 2\times 3N \text{ 维}$$

这个相空间称为 Γ 相空间，它是一个为描述由 N 个质点构成的系统的运动状态而设计的概念空间。不难想象，在 Γ 相空间中的一点就代表系统的一个运动状态。

统计力学沿用了这个经典的概念空间，可是，微观粒子不是质点，它要受量子力学中 Heisenberg 测不准原理的制约。这个原理认为，微观粒子的坐标和动量是不可能同时测准的，两者的不准确度乘积约等于 Planck 常量，即

$$\Delta x\times\Delta p_x\approx h, \Delta y\times\Delta p_y\approx h, \Delta z\times\Delta p_z\approx h \tag{10-12}$$

因此，沿用后的 Γ 相空间作了这样的修正：在这个相空间中的一点不再代表系统的一个运动状态，而是相空间中的一个相胞 h^{3N} 代表了由 N 个微观粒子构成的系统的一个运动状态或微观状态。这样，分布在能量间隔为 $E\rightarrow E+\mathrm{d}E$ 间的微观状态数为

$$\Omega=\frac{1}{N!h^{3N}}\int\underset{(E\rightarrow E+\mathrm{d}E)}{\cdots}\int \mathrm{d}x_1\cdots\mathrm{d}z_N\mathrm{d}p_{x_1}\cdots\mathrm{d}p_{z_N} \tag{10-13}$$

式中，$N!$ 考虑到 N 个微观粒子是不可辨别的；Ω 相当于能量为 E 的某能级的简并度。

将式(10-13)代入式(10-11)，并将式(10-11)中的 $\sum\limits_j$ 改为对整个相空间的积分，则

$$Z=\frac{1}{N!h^{3N}}\int\underset{(V)}{\cdots}\int \mathrm{e}^{-E(x_1\cdots z_N p_{x_1}\cdots p_{zN})/kT}\mathrm{d}x_1\cdots\mathrm{d}z_N\mathrm{d}p_{x_1}\cdots\mathrm{d}p_{z_N} \tag{10-14}$$

鉴于由微观粒子构成的系统的能量包括平动能、势能和内部运动能，即

$$E(x_1\cdots z_N p_{x_1}\cdots p_{z_N})=\sum_j\frac{1}{2m}(p_{x_j}^2+p_{y_j}^2+p_{z_j}^2)+U(x_1\cdots z_N)+E_{\mathrm{I}}(T) \tag{10-15}$$

将它代入式(10-14)，经运算可得正则配分函数

$$\begin{aligned} Z&=\frac{1}{N!}\left[V\left(\frac{2\pi mkT}{h^2}\right)^{3/2}\right]^N[q_{\mathrm{I}}(T)]^N\times\frac{1}{V^N}\int\underset{(V)}{\cdots}\int\mathrm{e}^{-U(x_1\cdots z_N)/kT}\mathrm{d}\tau_1\cdots\mathrm{d}\tau_N \\ &=\frac{q_{\mathrm{t}}^N\cdot q_{\mathrm{I}}^N}{N!}\times Q \end{aligned} \tag{10-16}$$

式中，q_{t} 和 q_{I} 分别为微观粒子的平动和内部运动配分函数；Q 为系统的位形配分函数，其定义式为

$$Q=\frac{1}{V^N}\int\underset{(V)}{\cdots}\int\mathrm{e}^{-U(x_1\cdots z_N)/kT}\mathrm{d}\tau_1\cdots\mathrm{d}\tau_N \tag{10-17}$$

其中，$\mathrm{d}\tau_j=\mathrm{d}x_j\mathrm{d}y_j\mathrm{d}z_j$，为体积元。因此，只要知道系统的位形配分函数，也就知道了系统的正则配分函数，这样状态方程也可通过式(10-9)获得。

10.3 van der Waals 流体的位形配分函数

假设一：假定流体的势能是各分子对的作用势能(图 10-2)之和，即

$$U(x_1\cdots z_N)=\sum_{i<j}u(r_{ij})\quad i,j=1,2,\cdots,N \tag{10-18}$$

式中，$i<j$ 是为了避免重复计算。

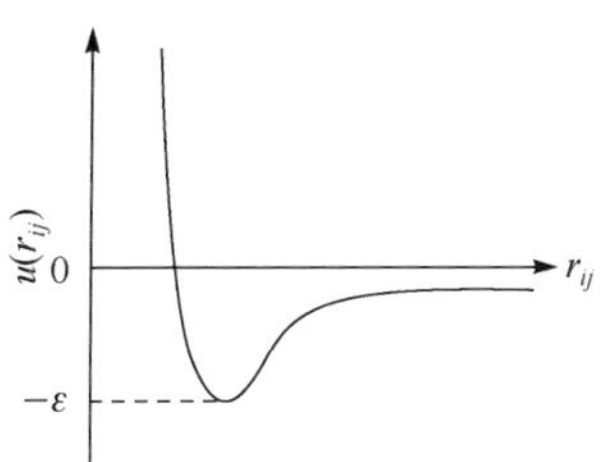

图 10-2　分子对的势能函数

于是，位形配分函数变成

$$Q=\frac{1}{V^N}\int_{(V)}\cdots\int \mathrm{e}^{-\sum\limits_{i<j}u(r_{ij})/kT}\mathrm{d}\tau_1\cdots\mathrm{d}\tau_N =\frac{1}{V^N}\int_{(V)}\cdots\int\prod_{i<j}\mathrm{e}^{-u(r_{ij})/kT}\mathrm{d}\tau_1\cdots\mathrm{d}\tau_N \tag{10-19}$$

现在，引入一个新的函数，称为 Mayer 函数

$$f(r_{ij})=\mathrm{e}^{-u(r_{ij})/kT}-1 \tag{10-20}$$

为了简单起见，将 $f(r_{ij})$表示为 f_{ij}，将它代入式(10-19)，则得

$$Q=\frac{1}{V^N}\int_{(V)}\cdots\int\prod_{i<j}(1+f_{ij})\mathrm{d}\tau_1\cdots\mathrm{d}\tau_N =\frac{1}{V^N}\int_{(V)}\cdots\int\Big[1+\sum_{i<j}f_{ij}+\sum_{i<j,k<l}f_{ij}f_{kl}+\cdots\Big]\mathrm{d}\tau_1\cdots\mathrm{d}\tau_N \tag{10-21}$$

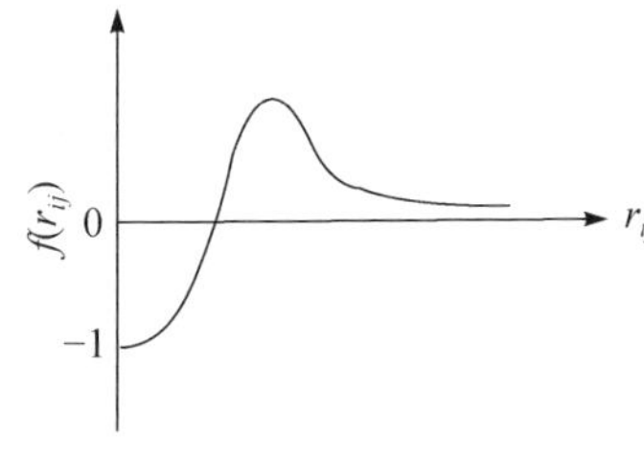

图 10-3　分子对的 Mayer 函数

式中，$\prod\limits_{i<j}(1+f_{ij})=(1+f_{12})(1+f_{13})\cdots(1+f_{N-1,N})$，其展开结果即为式(10-21)的被积函数。

Mayer 函数具有如下特征：

当 $r_{ij}\to 0$ 时，因 $u(r_{ij})\to\infty$，$f(r_{ij})\to -1$；

当 $r_{ij}\to\infty$时，因 $u(r_{ij})\to 0$，$f(r_{ij})\to 0$。

它随分子间距的变化曲线如图 10-3 所示。由于分子间的作用势能是短程的，Mayer 函数也仅在很短的分子间距中有效，在 r_{ij} 稍大时，$f(r_{ij})$便趋近于零。这便不难理解式(10-21)被积函数的物理意义，倘若系统由三个分子构成，则

$$\prod_{i<j}(1+f_{ij})=(1+f_{12})(1+f_{13})(1+f_{23}) =1+f_{12}+f_{13}+f_{23}+f_{12}f_{13}+f_{12}f_{23}+f_{13}f_{23}+f_{12}f_{13}f_{23} \tag{10-22}$$

这就如同下面的形象

$$\prod_{i<j}(1+f_{ij})=$$

①②③ (1)　①—②③ (f_{12})　①—③② (f_{13})　①②—③ (f_{23})　②—①—③ ($f_{12}f_{13}$)　①—②—③ ($f_{12}f_{23}$)　①—③—② ($f_{13}f_{23}$)　①②③全连 ($f_{12}f_{13}f_{23}$)

其中圆圈代表分子，连接的连线代表这些分子间有作用，犹如构成了相应的分子集团。于是不难看出式(10-21)被积函数展开式中的第一项代表单分子集团的贡献，第二项代表双分子集团的贡献，其后各项则是多分子集团的贡献。在这个被积函数中，至少前两项是可积的。

例如，第一项对 Q 的贡献为

$$\frac{1}{V^N}\int_{(V)}\cdots\int\mathrm{d}\tau_1\cdots\mathrm{d}\tau_N=1 \tag{10-23}$$

第二项对 Q 的贡献为

$$\frac{1}{V^N}\int_{(V)}\cdots\int \sum_{i<j} f_{ij}\,\mathrm{d}\tau_1\cdots\mathrm{d}\tau_N = \frac{1}{V^N}\frac{N(N-1)}{2}\int_{(V)}\cdots\int (\mathrm{e}^{-u(r_{12})/kT}-1)\,\mathrm{d}\tau_1\cdots\mathrm{d}\tau_N$$

$$\approx \frac{N^2}{2V^2}\int_{(V)}\cdots\int (\mathrm{e}^{-u(r_{12})/kT}-1)\,\mathrm{d}\tau_1\mathrm{d}\tau_2$$

$$= \frac{N^2}{2V}\int (\mathrm{e}^{-u(r)/kT}-1)\,\mathrm{d}\tau = \frac{N^2}{2V}\beta \tag{10-24}$$

式中，$\beta=\int(\mathrm{e}^{-u(r)/kT}-1)\mathrm{d}\tau$，称为集团积分；$\frac{1}{2}N(N-1)$为 N 个分子中拥有的分子对数目，由于 $N\gg1$，可略去 1。因 $\mathrm{d}\tau_1\mathrm{d}\tau_2=\mathrm{d}x_1\mathrm{d}y_1\mathrm{d}z_1\mathrm{d}x_2\mathrm{d}y_2\mathrm{d}z_2$，这个分子对共有 6 个自由度，它们可作这样的安排：其中 3 个用来描述分子对质心的平动运动，另外 3 个用来描述分子对的径向运动和方位运动，即分子对的振动和转动运动，因质心的平动与 $u(r_{12})$ 无关，故也可积分成 V。

这样，式(10-21)便变成

$$Q=1+\frac{N^2}{2V}\beta+\cdots \tag{10-25}$$

式(10-25)也可表示为

$$Q=\left(1+\frac{N}{2V}\beta+\cdots\right)^N \tag{10-26}$$

因为 N 个因子中的 1 相乘等于 1，其中一个因子中的$\frac{N}{2V}\beta$ 与其他因子中的 1 相乘为$\frac{N}{2V}\beta$，而这个值共有 N 个，这就是式(10-25)中的$\frac{N^2}{2V}\beta$，其余也可类推。将式(10-25)表示成式(10-26)形式是热力学需要(Mandl F，1977)，因为由式(10-8)可见，位形配分函数对系统 Helmholtz 自由能的贡献应为

$$A_{\text{位形}}=-kT\ln Q \tag{10-27}$$

将式(10-26)代入上式，可得到

$$A_{\text{位形}}=-NkT\ln\left(1+\frac{N}{2V}\beta+\cdots\right) \tag{10-28}$$

这才正确地表明 $A_{\text{位形}}$ 具有广延性质，与物质的量成正比，而括号中的 N/V 是系统的密度，与物质的量无关。

假设二：假定流体的密度较低，以致式(10-26)中 β 的高次项可以忽略。那么，式(10-26)可近似地简化为

$$Q\approx\left(1+\frac{N}{2V}\beta\right)^N \tag{10-29}$$

于是，由式(10-9)、式(10-16)和式(10-29)可得

$$p=kT\left(\frac{\partial\ln Z}{\partial V}\right)_{T,N}=kT\left(\frac{\partial\ln V^N}{\partial V}\right)_{T,N}+kT\frac{\partial}{\partial V}\left[\ln\left(1+\frac{N}{2V}\beta\right)^N\right]$$

$$\approx\frac{NkT}{V}\left(1-\frac{N}{2V}\beta\right) \tag{10-30}$$

式中代入了 $\ln\left(1+\frac{N}{2V}\beta\right)\approx\frac{N}{2V}\beta$ 的近似式。式(10-30)是所得状态方程。不难看出，与 Virial 方程

$$p=\frac{NkT}{V}\left[1+\frac{N}{V}B(T)+\left(\frac{N}{V}\right)^2C(T)+\cdots\right] \tag{10-31}$$

相比，式(10-30)只包含第二 Virial 系数，且 $B(T)=-\frac{1}{2}\beta$。

10.4 第二 Virial 系数 $B(T)$

鉴于将笛卡儿坐标换算成极坐标时，

$$\int_{(V)}\mathrm{d}\tau\rightarrow\int_0^{\infty}4\pi r^2\mathrm{d}r$$

第二 Virial 系数也可表示为

$$B(T)=-\frac{1}{2}\int_{(V)}(\mathrm{e}^{-u(r)/kT}-1)\mathrm{d}\tau=2\pi\int_0^{\infty}(1-\mathrm{e}^{-u(r)/kT})\cdot r^2\mathrm{d}r \tag{10-32}$$

可见，要得到第二 Virial 系数必须知道分子间势能函数 $u(r)$ 的具体形式。

假设三：假定分子是具有吸引力的硬球，即分子间的势能曲线如图 10-4 所示。这个势能函数称为 Sutherland 势能函数。它可表示为

$$u(r)=\begin{cases}\infty & r<\sigma\\ -\varepsilon\,(\sigma/r)^6 & r>\sigma\end{cases} \tag{10-33}$$

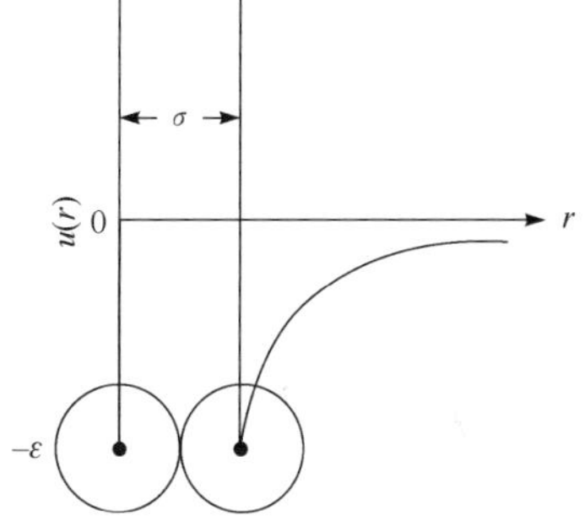

图 10-4 Sutherland 势能函数

假设四：假定流体的温度较高，以致 $kT\gg u(r)$，那么，当 $r<\sigma$ 时，$\mathrm{e}^{-u(r)/kT}=0$，而当 $r>\sigma$ 时，$\mathrm{e}^{-u(r)/kT}\approx1-u(r)/kT$，因此

$$1-\mathrm{e}^{-u(r)/kT}=\begin{cases}1 & r<\sigma\\ u(r)/kT & r>\sigma\end{cases} \tag{10-34}$$

$$B(T)=2\pi\left[\int_0^{\sigma}r^2\mathrm{d}r+\frac{1}{kT}\int_{\sigma}^{\infty}u(r)r^2\mathrm{d}r\right] \tag{10-35}$$

若令

$$a=-2\pi\int_{\sigma}^{\infty}u(r)r^2\mathrm{d}r=2\pi\int_{\sigma}^{\infty}\varepsilon\sigma^6r^{-4}\mathrm{d}r=4v_0\varepsilon$$

$$b=2\pi\int_0^{\sigma}r^2\mathrm{d}r=\frac{2}{3}\pi\sigma^3=4v_0$$

式中，v_0 为一个分子的体积，则第二 Virial 系数也可表示为

$$B(T)=b-\frac{a}{kT} \tag{10-36}$$

10.5 van der Waals 状态方程

现在，将式(10-36)代入式(10-30)，则得

$$p=\frac{NkT}{V}\left[1+\frac{N}{V}B(T)\right]=\frac{NkT}{V}\left[1+\frac{N}{V}\left(b-\frac{a}{kT}\right)\right] \tag{10-37}$$

或

$$p+\frac{N^2}{V^2}a=\frac{NkT}{V}\left(1+\frac{N}{V}b\right) \tag{10-38}$$

因流体密度较低时，$Nb/V\ll 1$，

$$1+\frac{N}{V}b\approx\left(1-\frac{N}{V}b\right)^{-1} \tag{10-39}$$

将式(10-39)代入式(10-38)，得

$$\left(p+\frac{N^2a}{V^2}\right)\left(1-\frac{N}{V}b\right)=\frac{NkT}{V}$$

或

$$\left(p+\frac{N^2a}{V^2}\right)(V-Nb)=NkT \tag{10-40}$$

这就是 van der Waals 状态方程。

由上述推导可见，van der Waals 状态方程仅适用于密度较低、温度较高的实际流体，它只计及了双分子集团的作用。随着流体密度的增高，由于多分子集团的作用变得不允忽视，van der Waals 状态方程的偏差便越来越显著。如果温度较低，则 a 不再是个常数，而是温度的函数。

参考文献

胡英，刘国杰，徐英年，等. 1990. 应用统计力学——流体物性的研究基础. 北京：化学工业出版社.

王竹溪. 1965. 统计物理学导论. 2 版. 北京：人民教育出版社.

Mandl F. 1977. Statistical Physics. New York：Wiley.

11 浅谈统计力学方法

专题6已讨论了热力学方法，指出这种方法是研究宏观物质平衡性质间关系的有效方法，其特点是普适性和高度的可靠性。其局限性在于全然不顾构成物质的微观结构和粒性，也无法给出某物质特性的具体知识。本专题要讨论的统计力学方法则正好弥补了热力学方法的这些欠缺。

11.1 统计力学方法及其特点

统计力学也是以大量微观粒子构成的宏观物质作为研究的对象，但它的研究方法与热力学截然不同。统计力学的主要任务是从物质的微观结构和微观运动出发来阐明物质的宏观性质。其所用的方法为宏观量是相应微观量的统计平均值。

对于一个由大量微观粒子构成的热力学平衡系统，若其宏观状态指定，则系统的热力学性质即宏观量也确定，但是，系统的微观状态却处在瞬息万变之中，这个平衡系统实际上是在转辗经历这些微观状态中度过，故系统的热力学性质(宏观量)应是它处于各种微观状态时相应的热力学性质(微观量)的统计平均值。若宏观量用 M 表示，相应的微观量用 M_1、M_2、M_3…表示，且它们在系统中出现的次数分别为 N_1、N_2、N_3…，则其统计平均值

$$\langle M\rangle = \lim_{N\to\infty}\frac{N_1M_1+N_2M_2+N_3M_3+\cdots}{N_1+N_2+N_3+\cdots}$$

$$=\lim_{N\to\infty}\frac{\sum_j N_jM_j}{N}=\sum_j P_jM_j \tag{11-1}$$

式中，P_j 为微观量 M_j 在平衡系统中出现的概率，也称统计权重。

但应指出，并非系统的所有热力学性质都能找到相应的微观量，如温度和熵等，这些热力学性质不是来自力学，而是来自热学。因此，系统的热力学性质即宏观量可分成如下两类：①力学量，如密度、压力、热力学能等；②非力学量，如温度、熵、化学势等。

上面所述的求相应微观量的统计平均值的方法是仅对力学量而言。对于非力学量则是在力学量计算的基础上，通过与热力学结果的比较求得的。

统计力学方法的特点在于它能够揭示宏观量的本质。例如，熵的本质只有统计力学方法才能给出，这是因为它是从系统的微观结构和微观运动出发来阐述宏观量的。此外，这种方法不仅适用于物质的平衡性质，而且也适用于传递性质，如黏度、扩散系数、导热系数等。

统计力学方法的局限性在于它往往只能给出近似的结果，这是因为从微观结构和微观运动出发来阐述系统的宏观性质时，常用到模型，这些模型只反映了事物的本质，而忽略了次要的方面，故结果的近似性在所难免。

11.2 统计权重 P_j

由式(11-1)可见,计算统计平均值的关键在于获得统计权重 P_j,即微观量 M_j 在平衡系统中出现的概率。

对于独立子或近独立子系统,这个统计权重是 Boltzmann 能量分布定律

$$P_j = \frac{N_j}{N} = \frac{g_j \mathrm{e}^{-\varepsilon_j/kT}}{\sum_j g_j \mathrm{e}^{-\varepsilon_j/kT}} = \frac{g_j \mathrm{e}^{-\varepsilon_j/kT}}{q} \tag{11-2}$$

式中,g_j 和 ε_j 分别为 j 能级的简并度和能量;q 为子的配分函数。

对于相倚子系统,若用正则系综,这个统计权重则是

$$P_j = \frac{\overline{N}_j}{\overline{N}} = \frac{\Omega_j \mathrm{e}^{-E_j/kT}}{\sum_j \Omega_j \mathrm{e}^{-E_j/kT}} = \frac{\Omega_j \mathrm{e}^{-E_j/kT}}{Z} \tag{11-3}$$

式中,Ω_j 和 E_j 分别为正则系综中 j 能级的简并度和能量;Z 为正则配分函数。

应该指出,要获得式(11-2)和式(11-3)必须有一个基本的假定,这个假定称为等概率假定。据此,微观状态数最大的分布是出现概率最大的最概然分布,其出现的概率就可由 Lagrange 未定乘数法建立,就像式(11-2)或式(11-3)所示。

此外,尚需论证这个最概然分布可以代表平衡系统(或系综)中的一切分布,即系统(或系综)的平衡分布就是最概然分布,如专题 7 论证的那样。这样,可利用式(11-2)和式(11-3)计算系统的宏观性质,下面就以独立子和相倚子系统的能量为例说明统计平均值的计算。

例如,对于独立子系统,

$$E = N\langle\varepsilon\rangle \tag{11-4}$$

式中,$\langle\varepsilon\rangle$为子的平均能量。因此,独立子系统的能量为

$$E = N\sum_j \frac{N_j}{N}\varepsilon_j = N\sum_j \varepsilon_j g_j \mathrm{e}^{-\varepsilon_j/kT}/q = NkT^2\left(\frac{\partial \ln q}{\partial T}\right)_V \tag{11-5}$$

如果系统为相倚子系统,则

$$E = \sum_j P_j E_j = \sum_j \frac{\overline{N}_j}{\overline{N}} E_j = \sum_j E_j \Omega_j \mathrm{e}^{-E_j/kT}/Z = kT^2\left(\frac{\partial \ln Z}{\partial T}\right)_{V,N} \tag{11-6}$$

式(11-5)和式(11-6)中分别代入了

$$\left(\frac{\partial q}{\partial T}\right)_V = \frac{1}{kT^2}\sum_j \varepsilon_j g_j \mathrm{e}^{-\varepsilon_j/kT} \tag{11-7}$$

和

$$\left(\frac{\partial Z}{\partial T}\right)_{V,N} = \frac{1}{kT^2}\sum_j E_j \Omega_j \mathrm{e}^{-E_j/kT} \tag{11-8}$$

11.3 配分函数

在统计权重式(11-2)和式(11-3)中都有一个配分函数,其中 q 称为子的配分函数,Z

称为正则配分函数。故在求得的统计平均值中，都含有这个配分函数，以致只要已知配分函数，系统的热力学函数便可确定，因此，在统计力学中怎样计算配分函数成为关键。

不难发现，正是这个配分函数成了联系微观与宏观现象的纽带。基于微观与宏观现象间关系的复杂性，它们间的联系往往需要通过模型才能建立，故要得到配分函数少不了要依靠模型，这些模型可以是分子的结构模型或分子间的势能模型，也可以是物质的结构模型等。但这些模型都是简化甚至理想化的，这决定了统计力学方法的近似性。下面，举两个例子来予以说明。

11.3.1 双原子分子的热运动配分函数

对于独立子系统，由于分子间没有作用势能，系统的能量

$$E=\sum_j N_j \varepsilon_j \tag{11-9}$$

式中，N_j 和 ε_j 分别为处于 j 能级的分子数和能量；$\sum\limits_j$ 为对所有分子的能级加和。那么，ε_j 应怎样计算呢？这关系到子的配分函数 q 的计算。现在，以独立子系统中的一个双原子分子为例，来建立它的热运动能公式。

由于双原子分子是由 A 和 B 两个原子构成，它的热运动能应是两个原子的动能和作用势能之和。其中动能可由下式表示

$$\varepsilon_K=\frac{1}{2}m_A(\dot{x}_A^2+\dot{y}_A^2+\dot{z}_A^2)+\frac{1}{2}m_B(\dot{x}_B^2+\dot{y}_B^2+\dot{z}_B^2) \tag{11-10}$$

式中，m_A 和 m_B 分别为原子 A 和 B 的质量；$\dot{x}_A$、$\dot{y}_A$、$\dot{z}_A$ 和 $\dot{x}_B$、$\dot{y}_B$、$\dot{z}_B$ 分别为相应的速度。现若用一组笛卡儿坐标 X、Y、Z 来描述双原子分子的质心运动，另一组球极坐标 r、θ、φ 来描述两个原子间的相对运动，如图 11-1 所示，就能得到如下一组方程

$$m_Ax_A+m_Bx_B=(m_A+m_B)x$$

$$m_Ay_A+m_By_B=(m_A+m_B)y$$

$$m_Az_A+m_Bz_B=(m_A+m_B)z$$

$$x_B-x_A=r\sin\theta\cos\varphi$$

$$y_B-y_A=r\sin\theta\sin\varphi$$

$$z_B-z_A=r\cos\theta$$

经整理后，可得

$$x_A=x-\frac{m_B}{m_A+m_B}r\sin\theta\cos\varphi$$

$$y_A=y-\frac{m_B}{m_A+m_B}r\sin\theta\sin\varphi$$

$$z_A=z-\frac{m_B}{m_A+m_B}r\cos\theta$$

$$x_B=x+\frac{m_A}{m_A+m_B}r\sin\theta\cos\varphi$$

$$y_B=y+\frac{m_A}{m_A+m_B}r\sin\theta\sin\varphi$$

$$z_B = z + \frac{m_A}{m_A + m_B} r\cos\theta$$

将这些方程对时间求导后代入式(11-10)，可将双原子分子的动能转变成

$$\varepsilon_K = \frac{1}{2} m(\dot{x}^2 + \dot{y}^2 + \dot{z}^2) + \frac{1}{2}\mu(\dot{r}^2 + r^2\dot{\theta}^2 + r^2 \sin^2\theta \cdot \dot{\varphi}^2) \tag{11-11}$$

式中，$m = m_A + m_B$，为分子的质量；$\mu = m_A m_B/(m_A + m_B)$，为分子的折合质量。

至于原子 A 与 B 间的作用势能，通常可由图 11-2 所示的 Morse 势能曲线表示。图中 r_e 为两个原子间的平衡距离；V_e 为平衡距离时的作用势能。

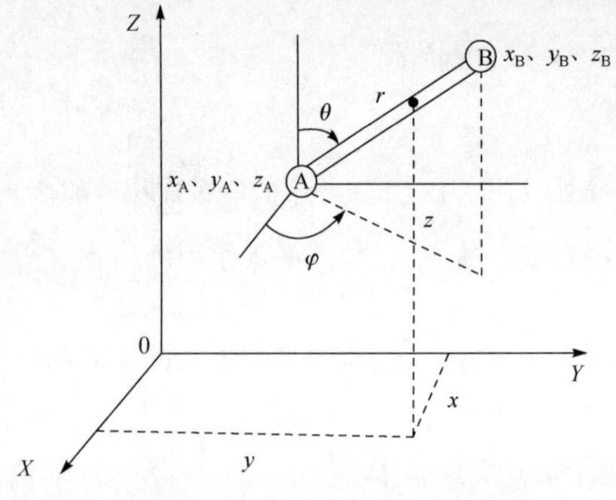

图 11-1　双原子分子的坐标

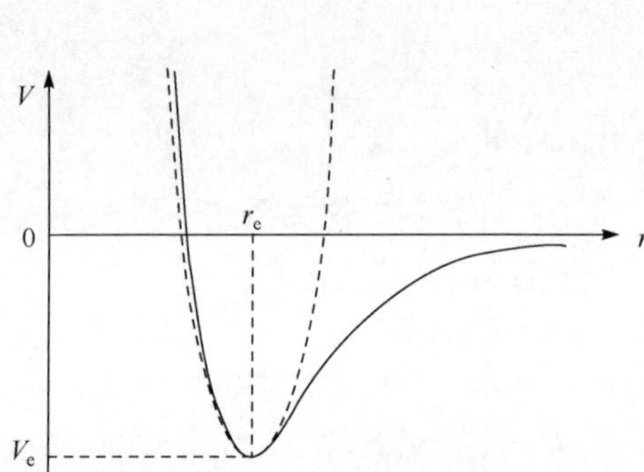

图 11-2　原子间的作用势能

现若将势能在极点附近展开成 Taylor 级数，则得

$$V = V_e + \left(\frac{\mathrm{d}V}{\mathrm{d}r}\right)_{r=r_e}(r - r_e) + \frac{1}{2!}\left(\frac{\mathrm{d}^2V}{\mathrm{d}r^2}\right)_{r=r_e}(r - r_e)^2 + \cdots \tag{11-12}$$

已知在 $r = r_e$ 处势能是个极值，故$(\mathrm{d}V/\mathrm{d}r)_{r=r_e} = 0$。假定 r 偏离 r_e 很小，则式(11-12)中的高次项可略去不计。这样，式(11-12)可简化为

$$\varepsilon_p = V - V_e \approx \frac{1}{2} F (r - r_e)^2 \tag{11-13}$$

式中，$F = (\mathrm{d}^2V/\mathrm{d}r^2)_{r=r_e}$，为弹力常数；$\varepsilon_p$ 为两个原子相对其平衡间距的作用势能，与分子的本性有关，这种势能即为单维简谐振动的势能，如图 11-2 中虚线所示。因此，双原子分子的热运动能为

$$\varepsilon = \varepsilon_K + \varepsilon_p \approx \frac{1}{2} m(\dot{x}^2 + \dot{y}^2 + \dot{z}^2) + \frac{1}{2}\mu(\dot{r}^2 + r^2\dot{\theta}^2 + r^2 \sin^2\theta \cdot \dot{\varphi}^2) + \frac{1}{2} F (r - r_e)^2 \tag{11-14}$$

式(11-14)可进一步归并或简化，若令 $\xi = r - r_e$，则 $r = \xi + r_e$，$\dot{r} = \dot{\xi}$，将它们代入式(11-14)可得

$$\varepsilon \approx \frac{1}{2} m(\dot{x}^2 + \dot{y}^2 + \dot{z}^2) + \frac{1}{2}\mu (\xi + r_e)^2 (\dot{\theta}^2 + \sin^2\theta \cdot \dot{\varphi}^2) + \left(\frac{1}{2}\mu\dot{\xi}^2 + \frac{1}{2}F\xi^2\right) \tag{11-15}$$

不难发现，在 r 偏离 r_e 很小时，ξ 相比于 r_e 是可以忽略不计的，此时，式(11-15)变为

$$\varepsilon \approx \frac{1}{2}m(\dot{x}^2+\dot{y}^2+\dot{z}^2)+\frac{1}{2}\mu r_e^2(\dot{\theta}^2+\sin^2\theta\cdot\dot{\varphi}^2)+\left(\frac{1}{2}\mu\dot{\xi}^2+\frac{1}{2}F\xi^2\right)$$
$$=\varepsilon_t+\varepsilon_r+\varepsilon_v \tag{11-16}$$

式中，ε_t、ε_r 和 ε_v 分别为双原子分子的平动能、转动能和振动能。由式(11-15)可见，分子的转动能与振动能是相关的，仅当振幅很小时，才可视为彼此独立，此时双原子分子的热运动能才如式(11-16)所示，为平动能、转动能和振动能之和。且此时的转动可视为刚性的，振动可视为简谐振动。换句话说，一个双原子分子的热运动相当于一个三维平动运动、一个二维刚性转动运动和一个单维简谐振动运动之和，这正是熟知的独立子系统中一个双原子分子热运动的结构模型，可见它只是一个近似模型。然而，有了这个近似模型，便可利用量子力学的概念和配分函数的析因子性质得到双原子分子的热运动配分函数

$$q=q_t\cdot q_r\cdot q_v \tag{11-17}$$

式中，q_t、q_r 和 q_v 分别为三维平动子、二维刚性转子和单维简谐振子的配分函数。

11.3.2 流体的普遍化 van der Waals 正则配分函数

专题 20 Clausius-Clapeyron 方程的统计力学修正中将应用这个配分函数，这是常用的流体正则配分函数。专题 10 已阐明，在 Γ 相空间中，正则配分函数可表示为

$$Z=\frac{1}{N!}\left(\frac{2\pi mkT}{h^2}\right)^{3N/2}q_1^N\int_{(V)}\cdots\int e^{-U(x_1,\cdots,z_N)/kT}\mathrm{d}\tau_1\cdots\mathrm{d}\tau_N \tag{11-18}$$

式中符号的意义见专题 10，其中多重积分

$$\int_{(V)}\cdots\int e^{-U(x_1,\cdots,z_N)/kT}\mathrm{d}\tau_1\cdots\mathrm{d}\tau_N=QV^N \tag{11-19}$$

称为位形积分。统计力学在解决实际问题时，主要的困难就在于计算这个积分，此时引入近似的流体结构模型则是不可缺少的。

首先，假定流体具有似晶体的结构，每一个分子只能活动在其邻近分子所包围的“胞腔”内，那么流体的势能函数可简化地表示为

$$U(x_1,\cdots,z_N)=U_0+\sum_{i=1}^{N}u(x_i,y_i,z_i) \tag{11-20}$$

式中，U_0 为流体中的所有分子处在各自“胞腔”的中心时所具有的势能；$u(x_i,y_i,z_i)$为第 i 个分子偏离其“胞腔”中心为 x_i、y_i 和 z_i 时的势能增量。于是，将式(11-20)代入位形积分，可得

$$\int_{(V)}\cdots\int e^{-U(x_1,\cdots,z_N)/kT}\mathrm{d}\tau_1\cdots\mathrm{d}\tau_N=N!\,e^{-U_0/kT}\left[\int_{\Delta}e^{-u(x,y,z)/kT}\mathrm{d}\tau\right]^N \tag{11-21}$$

式中，$\mathrm{d}\tau=\mathrm{d}x\mathrm{d}y\mathrm{d}z$；$N!$ 是因为这个模型使流体分子定域而变得可以辨别，因此微观状态数增加 $N!$ 倍。等号右边的积分表示一个分子在其“胞腔”中自由运动的空间或体积，即

$$v_f=\int_{\Delta}e^{-u(x,y,z)/kT}\mathrm{d}\tau \tag{11-22}$$

但是实际上流体分子并不是囚禁在“胞腔”内，而是可在整个流体中运动，故其自由体积应增大为 V_f，于是 N 个分子也不再定域，相应的位形积分应近似地修正为

$$\int_{(V)}\cdots\int e^{-U(x_1,\cdots,z_N)/kT}\mathrm{d}\tau_1\cdots\mathrm{d}\tau_N\approx e^{-U_0/kT}V_f^N\approx\left[\exp\left(\frac{-\phi}{2kT}\right)\right]^N V_f^N \tag{11-23}$$

式中，$\phi/2$ 为一个分子占有的势能。

将式(11-23)代入式(11-18)，得

$$Z \approx \frac{1}{N!}\left(\frac{V_f}{\Lambda^3}\right)^N \left[\exp\left(\frac{-\phi}{2kT}\right)\right]^N q_i^N \tag{11-24}$$

式中，$\Lambda = h/(2\pi mkT)^{1/2}$，为 de Broglie 热波长。式(11-24)称为流体的普遍化 van der Waals 正则配分函数，它虽带有近似性，但适用于气体和液体。

11.4 涨落

涨落可分两种：第一种是围绕平均值的涨落，第二种是 Brown 运动等。本专题只讨论第一种情况。

由于统计力学给出的是微观量的统计平均值，它与某一时刻观察到的实验值间会存在偏差，这种偏差就称为该物理量的涨落。由于物理量 M 的线性偏差的平均值为零

$$\langle \Delta M \rangle = \langle M - \langle M \rangle \rangle = \langle M \rangle - \langle M \rangle = 0 \tag{11-25}$$

而线性偏差平方的平均值不等于零

$$\langle (\Delta M)^2 \rangle = \langle (M - \langle M \rangle)^2 \rangle = \langle M^2 - 2M\langle M \rangle + \langle M \rangle^2 \rangle = \langle M^2 \rangle - \langle M \rangle^2 \tag{11-26}$$

它等于这个量平方的平均值与其平均值的平方之差，故物理量 M 的涨落用 $\sqrt{\langle (\Delta M)^2 \rangle}$ 表示。与熟知的误差表示相仿，偏差的大小是用如下相对涨落表示

$$\frac{\sqrt{\langle (\Delta M)^2 \rangle}}{\langle M \rangle} = \frac{\sqrt{\langle (M - \langle M \rangle)^2 \rangle}}{\langle M \rangle} \tag{11-27}$$

统计力学能够证明，宏观物理量的相对涨落大小是与相应宏观物质所含的粒子数 N 的平方根倒数同数量级，它是物质的粒性所致

$$\frac{\sqrt{\langle (\Delta M)^2 \rangle}}{\langle M \rangle} \approx \frac{1}{\sqrt{N}} \tag{11-28}$$

对于 1mol 物质，因 $N \approx 10^{24}$，相对涨落约为10^{-12}，是一个很小的值，故实验观察值与统计平均值间几乎没有差异，除非是在临界点附近。

应该指出，近代统计力学已经提出了一个新的概念——径向分布函数，据此发展了新的理论，如微扰理论、积分方程理论等，本专题没有涉及这些理论。

参考文献

胡英，刘国杰，徐英年，等. 1990. 应用统计力学——流体物性的研究基础. 北京：化学工业出版社.

唐有祺. 1979. 统计力学及其在物理化学中的应用. 北京：科学出版社.

王竹溪. 1965. 统计物理学导论. 2 版. 北京：人民教育出版社.

非电解质溶液理论

12 从理想混合物定义看它的微观模型

在溶液理论中，理想液体或固体混合物被定义为，在任一温度和压力下，所有组分都遵守 Raoult 定律的混合物(黄子卿，1973)。这意味着什么呢？限于篇幅，几乎所有物理化学教材都没有对此作深入的论证。本专题试图从上述定义出发，通过数学推导得出其微观特征，从而从理论上建立理想混合物的微观模型。

12.1 数学推导

由于理想混合物中所有组分在任一温度和压力下都遵守 Raoult 定律，故有

$$f_i = f_i^* x_i \tag{12-1}$$

式中，f_i 为混合物中组分 i 的逸度；f_i^* 为纯组分 i 的逸度；x_i 为组分 i 在混合物中的摩尔分数。将式(12-1)取对数，则有

$$\ln\{f_i\} = \ln\{f_i^*\} + \ln x_i \tag{12-2}$$

已知组分的逸度是温度、压力和组成的函数，故

$$\begin{aligned}\mathrm{d}\ln\{f_i\} &= \left(\frac{\partial \ln\{f_i\}}{\partial T}\right)_{p,x_i}\mathrm{d}T + \left(\frac{\partial \ln\{f_i\}}{\partial p}\right)_{T,x_i}\mathrm{d}p + \left(\frac{\partial \ln\{f_i\}}{\partial x_i}\right)_{T,p}\mathrm{d}x_i \\ &= \left(\frac{\partial \ln\{f_i\}}{\partial T}\right)_{p,x_i}\mathrm{d}T + \left(\frac{\partial \ln\{f_i\}}{\partial p}\right)_{T,x_i}\mathrm{d}p + \left(\frac{\partial \ln\{f_i\}}{\partial \ln x_i}\right)_{T,p}\mathrm{d}\ln x_i\end{aligned} \tag{12-3}$$

由于在恒定的温度和压力下，f_i^* 是一个常数，由式(12-2)可得

$$\left(\frac{\partial \ln\{f_i\}}{\partial \ln x_i}\right)_{T,p} = 1 \tag{12-4}$$

将式(12-4)代入式(12-3)并在保持混合物体积不变的条件下，将式(12-3)除以 $\mathrm{d}T$，则

$$\left(\frac{\partial \ln\{f_i\}}{\partial T}\right)_V = \left(\frac{\partial \ln\{f_i\}}{\partial T}\right)_{p,x_i} + \left(\frac{\partial \ln\{f_i\}}{\partial p}\right)_{T,x_i}\left(\frac{\partial p}{\partial T}\right)_V + \left(\frac{\partial \ln x_i}{\partial T}\right)_V \tag{12-5}$$

式中，$(\partial p/\partial T)_V$ 称为热压力系数。

在任一温度和压力下，将式(12-5)对 $\ln x_i$ 求偏导，可得

$$\begin{aligned}\left[\frac{\partial}{\partial \ln x_i}\left(\frac{\partial \ln\{f_i\}}{\partial T}\right)_V\right]_{T,p} &= \left[\frac{\partial}{\partial \ln x_i}\left(\frac{\partial \ln\{f_i\}}{\partial T}\right)_{p,x_i}\right]_{T,p} + \left(\frac{\partial p}{\partial T}\right)_V\left[\frac{\partial}{\partial \ln x_i}\left(\frac{\partial \ln\{f_i\}}{\partial p}\right)_{T,x_i}\right]_{T,p} \\ &\quad + \left(\frac{\partial \ln\{f_i\}}{\partial p}\right)_{T,x_i}\left[\frac{\partial}{\partial \ln x_i}\left(\frac{\partial p}{\partial T}\right)_V\right]_{T,p} + \left[\frac{\partial}{\partial \ln x_i}\left(\frac{\partial \ln x_i}{\partial T}\right)_V\right]_{T,p}\end{aligned} \tag{12-6}$$

因二阶偏导数与求导次序无关，式(12-6)可表示为

$$\left[\frac{\partial}{\partial T}\left(\frac{\partial \ln\{f_i\}}{\partial \ln x_i}\right)_{T,p}\right]_V = \left[\frac{\partial}{\partial T}\left(\frac{\partial \ln\{f_i\}}{\partial \ln x_i}\right)_{T,p}\right]_{p,x_i} + \left(\frac{\partial p}{\partial T}\right)_V\left[\frac{\partial}{\partial p}\left(\frac{\partial \ln\{f_i\}}{\partial \ln x_i}\right)_{T,p}\right]_{T,x_i}$$

$$+\left(\frac{\partial\ln\{f_i\}}{\partial p}\right)_{T,x_i}\left[\frac{\partial}{\partial\ln x_i}\left(\frac{\partial p}{\partial T}\right)_V\right]_{T,p} \tag{12-7}$$

将式(12-4)代入式(12-7),得

$$\left(\frac{\partial\ln\{f_i\}}{\partial p}\right)_{T,x_i}\left[\frac{\partial}{\partial\ln x_i}\left(\frac{\partial p}{\partial T}\right)_V\right]_{T,p}=0 \tag{12-8}$$

已知$(\partial\ln\{f_i\}/\partial p)_{T,x_i}=V_i/RT\neq0$,其中$V_i$为组分$i$的偏摩尔体积,故得

$$\left[\frac{\partial}{\partial\ln x_i}\left(\frac{\partial p}{\partial T}\right)_V\right]_{T,p}=0 \tag{12-9}$$

由此可见,如果在任一温度和压力下,所有组分都遵守 Raoult 定律,则该混合物的热压力系数$(\partial p/\partial T)_V$必定不随组成而变。这便是上述数学推导的结果。

12.2 两个重要的推论

由上述结果可以得到如下两个重要推论。

推论一:由物质的内压力方程

$$\left(\frac{\partial U}{\partial V}\right)_T=T\left(\frac{\partial p}{\partial T}\right)_V-p \tag{12-10}$$

不难将式(12-9)表示为

$$\left[\frac{\partial}{\partial\ln x_i}\left(\frac{\partial U}{\partial V}\right)_T\right]_{T,p}=0 \tag{12-11}$$

因为对于凝聚态混合物,式(12-10)中的外压力p相比于内压力$(\partial U/\partial V)_T$是可以忽略不计的。因此,$(\partial U/\partial V)_T\approx T(\partial p/\partial T)_V$,将其代入式(12-9),便可得到式(12-11)。也就是说,此时混合物的内压力$(\partial U/\partial V)_T$也不随组成而变。

内压力就是系统在恒温的条件下,改变微小体积所引起热力学能的变化。由于物质分子间存在作用力,改变体积相当于改变分子间距,如果分子间力是吸引力,要增大体积,环境便必须向系统提供能量,使之克服分子间引力而膨胀,此时,系统的内压力$(\partial U/\partial V)_T>0$,且分子间引力越大,需提供的能量越多,内压力也越大。反之,分子间力是排斥力时,内压力$(\partial U/\partial V)_T<0$,且排斥力越大,内压力越小。从这个意义上说,内压力可视为物质分子间作用力大小的热力学量度(刘国杰等,2008)。

于是,式(12-11)意味着理想液体或固体混合物的分子间作用力是不随组成而变的。无论它是两个纯组分还是任一组成的混合物,分子间力都相同。这只有混合物中同种和异种分子间作用力相等才可能,这就是式(12-9)的第一个推论。

推论二:将 Maxwell 关系式

$$\left(\frac{\partial p}{\partial T}\right)_V=\left(\frac{\partial S}{\partial V}\right)_T \tag{12-12}$$

代入式(12-9),可得

$$\left[\frac{\partial}{\partial\ln x_i}\left(\frac{\partial S}{\partial V}\right)_T\right]_{T,p}=0 \tag{12-13}$$

因二阶偏导数与求导次序无关,式(12-13)也可表示为

$$\left[\frac{\partial}{\partial V}\left(\frac{\partial S}{\partial \ln x_i}\right)_{T,p}\right]_T=0 \tag{12-14}$$

这就是说，理想液体或固体混合物的熵只是组成的函数，而与体积无关。

在恒温恒压的条件下，一般混合物的熵不仅与组成有关，而且还是体积的函数。当混合物中一个组分分子被另一个组分分子取代时，不仅混合物的组成发生了改变，而且由于组分分子的大小不同等，体积也随之改变，因此式(12-14)等号右边是不会等于零的。显然，理想液体或固体混合物之所以服从式(12-14)，是因为所有组分分子的大小是相同的，不同组分分子间的取代只改变组成，而不改变体积，因此它的熵也就只是组成的函数了。这就是式(12-9)的第二个推论。

12.3 理想混合物的微观模型

根据这两个推论不难得知，理想液体或固体混合物的微观特征是：组分分子的大小相同、结构相仿，以致同种和异种分子间作用力相等。这就是理想混合物的微观模型。

显然，这是一个理想化的模型，即使近似符合这个模型的液体混合物也只有一些同位素混合物、各种异构体混合物和紧邻的同系物混合物等，但是它却具有重要的意义，可以说它是溶液理论的基础。

首先，它使复杂的混合物和溶液问题得到了简化。以这个理想模型为基础，人们引入了超额函数或活度因子的概念，用来表示溶液对理想混合物的偏差，致使超额函数或活度因子的预测成为溶液理论研究的焦点。

更重要的是，上述推导揭示了组分的内压力和热压力系数(或自由体积)是决定溶液理论的两个重要因素。因此，提示人们只要合理地表示这两个因素，便有可能建立较满意的溶液理论。

参考文献

黄子卿. 1973. 非电解质溶液理论导论. 北京：科学出版社.
刘国杰，黑恩成. 2008. 物理化学导读. 北京：科学出版社.

13 van der Waals 状态方程与溶液理论

van der Waals 状态方程的主要贡献如下：一是它首次描述了气体的液化和临界现象，从而将分子运动论扩展到了液体。二是通过引入对比参数，建立了流体的对应状态原理，从而为流体物性的计算带来了很大的方便。三是它能预言临界点附近的许多性质，定量地计算各种临界指数，尽管与实验值有一定的偏差，但可作为更精确理论的"零级近似"。此外，这个状态方程还能说明熟知的介稳现象等。本专题试图表明它与溶液理论也有密切的关系。可以说，人们所熟悉的正规溶液理论、无热溶液理论和 Flory-Huggins 聚合物溶液理论等都是建立在这个状态方程所提供的概念的基础上。

13.1 van der Waals 状态方程的两个重要概念

Prausnitz 指出，"为了建立液体混合物的理论，基本上需要两方面的信息：一是需要了解同种和异种分子间的作用力；二是需要了解液体的结构，即液体分子在空间的排列方式"(Prausnitz J M et al，1990)。Prausnitz 的这个说法与专题 12 的两个推论实际上是一脉相承的。尽管现在人们还难以获得这方面的满意的信息，以致目前还不能建立普适而又全面的理论，但是 van der Waals 状态方程

$$p=\frac{RT}{V_m-b}-\frac{a}{V_m^2} \tag{13-1}$$

至少为纯组分流体的这两个信息提供了重要的基础。这是因为在这个状态方程中，引入了如下两个重要的概念：

一是内压力。它的热力学定义为 $p_i=(\partial U/\partial V)_T$，即在恒温的条件下，改变微小的体积所引起的流体热力学能的改变。当分子间吸引力占优时，增大体积意味着分子间距增大，环境便必须提供能量使系统克服吸引力而膨胀，因此，内压力 $(\partial U/\partial V)_T>0$，且分子间吸引力越大，内压力越大。从这个意义上说，内压力可视为分子间作用力大小的热力学量度。根据 van der Waals 状态方程，流体的内压力与体积间有如下简单关系

$$p_i=\left(\frac{\partial U}{\partial V}\right)_T=\frac{a}{V_m^2} \tag{13-2}$$

式中，a 为引力常数，是一个物性常数；V_m 为流体的摩尔体积。

由此可得流体的摩尔热力学能为

$$\int_{U_m}^{0}\mathrm{d}U_m=\int_{V_m}^{\infty}\frac{a}{V_m^2}\mathrm{d}V_m$$

$$-U_m=-\frac{a}{V_m}\bigg|_{V_m}^{\infty}=\frac{a}{V_m}=p_iV_m \tag{13-3}$$

它提供了分子间力与热力学能的关系，是溶液理论中的一个重要关系式。

另一个概念是摩尔自由体积。它的定义是 $V_{m,f}=V_m-b$，其中 b 为 1mol 流体分子的

已占体积或排斥体积，故 $V_{m,f}$ 为流体分子质心可以自由分布的有效体积。对于 van der Waals 流体，已知排斥体积是一个常数，其值为分子体积的 4 倍，即

$$b=\frac{2}{3}\pi\sigma^3 L \tag{13-4}$$

式中，σ 为分子的碰撞直径；L 为 Avogadro 常量。因此，van der Waals 流体的摩尔自由体积为

$$V_{m,f}=V_m-\frac{2}{3}\pi\sigma^3 L \tag{13-5}$$

于是，由热力学关系不难得到

$$\left(\frac{\partial S}{\partial V}\right)_T=\left(\frac{\partial p}{\partial T}\right)_V=\frac{R}{V_m-b}=\frac{R}{V_{m,f}} \tag{13-6}$$

van der Waals 流体的摩尔熵为

$$S_m = S_0+\int\frac{R}{V_{m,f}}\mathrm{d}V_m = S_0+R\ln V_{m,f} \tag{13-7}$$

式中，S_0 为积分常数。式(13-7)提供了流体结构与熵的定量关系。因此，由式(13-3)和式(13-7)再加上组分间的混合规则，便能建立溶液理论。

13.2 正规溶液理论

已知理想混合物的特征是：$\Delta_{mix}V=0$，$\Delta_{mix}H=0$，$\Delta_{mix}S=-R\sum n_i\ln x_i$，$\Delta_{mix}G=RT\sum n_i\ln x_i$。正规溶液是除了 $\Delta_{mix}H\neq 0$ 外，其他特征都与理想混合物相同的溶液。也就是说，正规溶液中组分的混合焓虽不等于零，但混合却是随机的。

倘若有物质的量为 n_1 的组分 1 和 n_2 的组分 2，在恒温恒压下混合成如下正规溶液：

组分 1 $n_1, T, V_{m,1}$	+	组分 2 $n_2, T, V_{m,2}$	⟶	正规溶液 $(n_1+n_2), T, V_m=x_1V_{m,1}+x_2V_{m,2}$

则因超额热力学函数 $V^E=0$，$S^E=0$，$G^E=U^E+pV^E-TS^E=U^E$，由式(13-3)可得

$$\begin{aligned}G^E&=(n_1+n_2)U_m-n_1U_{m,1}-n_2U_{m,2}\\&=n_1\lambda_1^2V_{m,1}+n_2\lambda_2^2V_{m,2}-(n_1+n_2)\lambda^2(x_1V_{m,1}+x_2V_{m,2})\end{aligned} \tag{13-8}$$

式中，$\lambda_1=p_{i,1}^{1/2}$；$\lambda_2=p_{i,2}^{1/2}$；$\lambda=p_i^{1/2}$，$p_{i,1}$ 和 $p_{i,2}$ 分别为两个组分的内压力，p_i 为混合物的内压力。

这里需给混合物的内压力 p_i 或 λ 引入一个表示式，以表征正规溶液中同种和异种分子间的作用力与 p_i 或 λ 的关系，这种表示式也称混合规则。上面已述，正规溶液的组分混合熵与理想混合物没有区别，是完全随机的。但考虑到两个组分分子的大小不一定相同，其混合规则可用下式表示：

$$p_i=\Phi_1^2p_{i,1}+2\Phi_1\Phi_2p_{i,12}+\Phi_2^2p_{i,2} \tag{13-9}$$

式中，$\Phi_1=x_1V_{m,1}/(x_1V_{m,1}+x_2V_{m,2})$，$\Phi_2=x_2V_{m,2}/(x_1V_{m,1}+x_2V_{m,2})$，分别为混合物中组

分 1 和组分 2 的体积分数；$p_{i,1}$和 $p_{i,2}$分别为混合物中组分 1 和组分 2 同种分子间的作用力；$p_{i,12}$为混合物中异种分子间的作用力。假定 $p_{i,12}$与 $p_{i,1}$和 $p_{i,2}$间的关系可用如下简单的几何平均关系表示

$$p_{i,12}=(p_{i,1}\cdot p_{i,2})^{1/2} \tag{13-10}$$

则将式(13-10)代入式(13-9)，可得

$$\lambda=\Phi_1\lambda_1+\Phi_2\lambda_2 \tag{13-11}$$

现将式(13-11)代入式(13-8)，经整理得

$$\begin{aligned}G^{\mathrm{E}}&=U^{\mathrm{E}}=\Delta_{\mathrm{mix}}U_{\mathrm{m}}\\&=n_1\lambda_1^2V_{\mathrm{m},1}+n_2\lambda_2^2V_{\mathrm{m},2}-(n_1+n_2)(\Phi_1\lambda_1+\Phi_2\lambda_2)^2(x_1V_{\mathrm{m},1}+x_2V_{\mathrm{m},2})\\&=n_1V_{\mathrm{m},1}\Phi_2\ (\lambda_1-\lambda_2)^2\end{aligned} \tag{13-12}$$

这就是 Scatchard-Hildebrand 正规溶液理论所得结果。由式(13-3)不难看出

$$\lambda=\left(-\frac{U_{\mathrm{m}}}{V_{\mathrm{m}}}\right)^{1/2}=\delta \tag{13-13}$$

式中，δ 为内聚能密度的平方根，也称溶解度参数，故式(13-12)也可写为

$$G^{\mathrm{E}}=U^{\mathrm{E}}=n_1V_{\mathrm{m},1}\Phi_2\ (\delta_1-\delta_2)^2 \tag{13-14}$$

由此可见，Scatchard-Hildebrand 正规溶液理论与 van Laar 理论一样，都是建立在 van der Waals 状态方程的基础上。然而，有些专著和物理化学教材认为，Scatchard-Hildebrand 正规溶液理论之所以优于 van Laar 理论，是由于前者解除了 van der Waals 状态方程。显然，这样的看法是难以成立的。其实，它们的优劣仅在于参数的选择及混合规则的合理性上。

13.3 无热溶液理论

无热溶液是 $\Delta_{\mathrm{mix}}V=0$，$\Delta_{\mathrm{mix}}H=0$，$\Delta_{\mathrm{mix}}S\neq-R\sum n_i\ln x_i$，$\Delta_{\mathrm{mix}}G\neq RT\sum n_i\ln x_i$ 的溶液。通常，两个组分分子的大小相差悬殊，如聚合物溶液等，以致组分混合时 $\Delta_{\mathrm{mix}}H$ 相比于 $\Delta_{\mathrm{mix}}S$ 可以忽略不计。这种溶液的形成可用如下似晶格模型表示(图 13-1)。

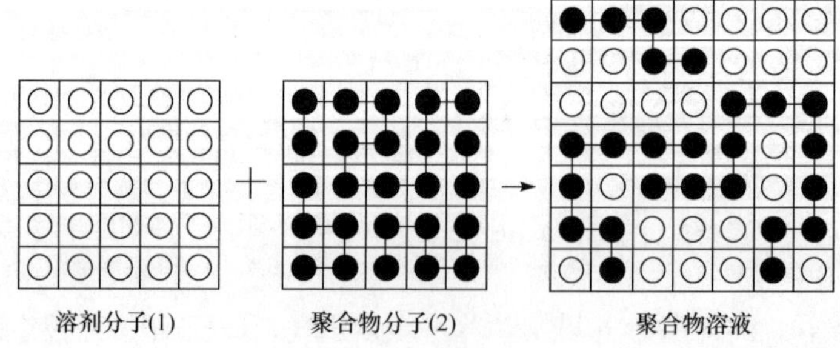

图 13-1　无热溶液的似晶格模型

设有 N_1个溶剂分子(1)与 N_2个聚合物分子(2)混合，每一个溶剂分子或聚合物分子的链节占据晶格中的一个格胞，聚合物分子的平均链节数为 r，则聚合物溶液占据的格胞总数为 $N=N_1+N_2r$，若令溶剂分子和聚合物分子的链节有相同的大小，均为直径 σ 的小

球，每个格胞的体积为 v，则由式(13-5)可得溶剂的自由体积为

$$V_{f,1}=N_1v-\frac{2}{3}\pi\sigma^3N_1=V_1\left(1-\frac{2\pi\sigma^3}{3v}\right) \tag{13-15}$$

式中，$V_1=N_1v$，为溶剂的体积。

聚合物的自由体积为

$$V_{f,2}=N_2rv-\frac{2}{3}\pi\sigma^3N_2r=V_2\left(1-\frac{2\pi\sigma^3}{3v}\right) \tag{13-16}$$

式中，$V_2=N_2rv$，为聚合物的体积。

聚合物溶液的自由体积为

$$V_f=Nv-\frac{2}{3}\pi\sigma^3N=V\left(1-\frac{2\pi\sigma^3}{3v}\right) \tag{13-17}$$

式中，$V=Nv$，为聚合物溶液的体积。

由于无热溶液的 $H^E=0$，混合引起的熵变完全归因于两个组分自由体积的改变，即

$$\Delta_{mix}S=\Delta S_1+\Delta S_2 \tag{13-18}$$

式中，ΔS_1 和 ΔS_2 分别为混合时溶剂和聚合物的熵变，它们均可由式(13-7)计算。

$$\Delta S_1=N_1k\ln\frac{V_f}{V_{f,1}}=n_1R\ln\frac{V}{V_1}=-n_1R\ln\Phi_1 \tag{13-19}$$

$$\Delta S_2=N_2k\ln\frac{V_f}{V_{f,2}}=n_2R\ln\frac{V}{V_2}=-n_2R\ln\Phi_2 \tag{13-20}$$

式中，n_1 和 n_2 分别为溶剂和聚合物的物质的量；k 为 Boltzmann 常量；Φ_1 和 Φ_2 分别为聚合物溶液中溶剂和聚合物的体积分数。于是，将式(13-19)和式(13-20)代入式(13-18)得

$$\Delta_{mix}S=-n_1R\ln\Phi_1-n_2R\ln\Phi_2 \tag{13-21}$$

$$G^E=-TS^E=RT\left(n_1\ln\frac{\Phi_1}{x_1}+n_2\ln\frac{\Phi_2}{x_2}\right) \tag{13-22}$$

这就是无热溶液理论所得结果。当时 Flory 和 Huggins 用统计力学方法独立地导得了这个公式。尽管此后不久 Hildebrand 也曾用自由体积概念导得式(13-21)，但他作了如下假设(黄子卿，1973)："在单位体积的液体内可以利用的自由体积，不论对溶质或对溶剂都是一样。其次，在任何大分子和溶剂的混合物中，自由体积对溶液的总体积之比是同值的体积分数。"本专题推导表明，如果液体可视为 van der Waals 流体，那么上述假设不再需要，因为它自然地得到满足。且组分和溶液的自由体积与其总体积之比都等于 $1-2\pi\sigma^3/(3v)$，如式(13-15)～式(13-17)所示。

13.4 Flory-Huggins 聚合物溶液理论

将式(13-21)或式(13-22)应用于聚合物溶液是有偏差的，因为它们没有考虑溶剂与溶剂之间、溶剂与聚合物的链节之间以及聚合物的链节与链节之间作用的不同。一个完整的超额 Gibbs 自由能表示式应为 $G^E=H^E-TS^E$。由于在 $V^E=0$ 的似晶格模型中，$H^E=U^E$，故将式(13-12)与式(13-22)结合，便可得到聚合物溶液的 G^E 表示式，即

$$G^{E}=H^{E}-TS^{E}$$

$$=n_1V_{m,1}\Phi_2(\lambda_1-\lambda_2)^2+RT\left(n_1\ln\frac{\Phi_1}{x_1}+n_2\ln\frac{\Phi_2}{x_2}\right) \tag{13-23}$$

或者

$$\Delta_{mix}G=n_1V_{m,1}\Phi_2(\lambda_1-\lambda_2)^2+RT(n_1\ln\Phi_1+n_2\ln\Phi_2) \tag{13-24}$$

现若定义 $\chi=V_{m,1}(\lambda_1-\lambda_2)^2/RT$,则式(13-24)可表示为

$$\Delta_{mix}G=RT(n_1\ln\Phi_1+n_2\ln\Phi_2+n_1\chi\Phi_2) \tag{13-25}$$

或溶剂相对其参考态的化学势为

$$\Delta\mu_1=\left(\frac{\partial\Delta_{mix}G}{\partial n_1}\right)_{T,p,n_2}=RT\left[\ln\Phi_1+\left(1-\frac{1}{r}\right)\Phi_2+\chi\Phi_2^2\right] \tag{13-26}$$

式(13-25)和式(13-26)是 Flory-Huggins 聚合物溶液理论的基本公式,式中,χ 为 Huggins 参数。

由 χ 的定义式不难得到

$$\chi=\frac{v(\lambda_1^2+\lambda_2^2-2\lambda_1\lambda_2)}{kT} \tag{13-27}$$

式中,v 为格胞的体积;k 为 Boltzmann 常量。由于 $\lambda_1^2=p_{i,1}$,$\lambda_2^2=p_{i,2}$ 和 $\lambda_1\lambda_2=p_{i,12}$,故按式(13-3),可将式(13-27)表示为

$$\chi=\frac{2u_{12}-(u_1+u_2)}{kT}=\frac{\Delta u_{12}}{kT} \tag{13-28}$$

式中,u_1 为纯溶剂中一个格胞的能量;u_2 为纯聚合物中一个格胞的能量;$2u_{12}$ 为混合物中相邻的 1～2 格胞对的能量;Δu_{12} 为两个纯组分中交换一个格胞所引起的能量改变。倘若晶格中每个格胞与 Z 个格胞相邻接,即格胞的配位数为 Z,那么一个格胞的交换能相当于 Z 个节对的交换能,即

$$\Delta u_{12}=Z\Delta\varepsilon_{12} \tag{13-29}$$

但是,这样表示,若将式(13-29)回代式(13-28)和式(13-25)计算 H^{E},则会重复计算。故式中 $\Delta\varepsilon_{12}$ 的定义应为

$$\Delta\varepsilon_{12}=\varepsilon_{12}-\frac{1}{2}(\varepsilon_{11}+\varepsilon_{22}) \tag{13-30}$$

式中,ε_{11} 为两个溶剂分子间的作用能;ε_{22} 为两个聚合物的链节间的作用能;ε_{12} 为溶剂分子与聚合物的链节间的作用能。因此,式(13-28)也可表示为

$$\chi=\frac{Z\Delta\varepsilon_{12}}{kT} \tag{13-31}$$

可见,所得 Huggins 参数的物理意义也与统计力学导得的完全相同。

13.5 结论和启发

综上所述,本专题可得如下结论:Scatchard-Hildebrand 正规溶液理论、无热溶液理论和 Flory-Huggins 聚合物溶液理论都是建立在上述 van der Waals 状态方程提供的两个概念的基础上。如果假定组分是 van der Waals 流体,不但能简洁和合理地建立这三个

溶液理论，而且它们彼此自洽而又统一。

从上述推导，还能得到如下两点启发：

(1) 这三个溶液理论之所以会与实际溶液产生偏差，其主要原因就在于此：由于 van der Waals 状态方程得自平均场假设，它是最早得到的平均场理论，故上述三个溶液理论也属平均场理论。按照这类理论导得的结果，在临界点附近，气液平衡曲线形状与实验所得有较显著的偏差，临界指数也与实际不同(于渌等，1984；胡英，1994)。

(2) 事实上，实际液体与 van der Waals 流体的内压力和自由体积并不相同，特别是聚合物和极性液体，它们的内压力明显不同于 van der Waals 流体。这便给予人们一个重要的启示：如果改变组分的内压力和自由体积表示式，使它们更符合实际液体，那么，就有可能得到更好的溶液理论，这将为建立一个更满意的溶液理论提供一条切实可行的思路。

参考文献

胡英. 1994. 近代化工热力学——应用研究的新进展. 上海：上海科学技术文献出版社.

黄子卿. 1973. 非电解质溶液理论导论. 北京：科学出版社.

刘国杰，黑恩成. 2008. 物理化学导读. 北京：科学出版社.

于渌，郝柏林. 1984. 相变和临界现象. 北京：科学出版社.

Prausnitz J M，Lichenthaler R N，Azevedo E G. 1990. 流体相平衡的分子热力学. 2 版. 骆赞椿，等译. 北京：化学工业出版社.

14 液体的内压力与正规溶液理论修正

专题13讨论了 van der Waals 状态方程与 Scatchard-Hildebrand 正规溶液理论、无热溶液理论和 Flory-Huggins 聚合物溶液理论间的关系，指出若组分可视为 van der Waals 流体，便能满意地建立这些理论。同时，专题中还推测，改善内压力和自由体积的表示式有可能改进这些理论。本专题就从实际液体的内压力入手，试图改进 Scatchard-Hildebrand 正规溶液理论和 Flory-Huggins 聚合物溶液理论。

14.1 实际液体的内压力

液体的内压力很早就引起人们的关注，1945 年 Frank 就提议，在小的体积变化范围内，液体的摩尔热力学能可由下式表示

$$-U_{\mathrm{m}}=aV_{\mathrm{m}}^{-m} \tag{14-1}$$

式中，a 和 m 为液体的两个特性常数。因此，液体的内压力应为

$$\left(\frac{\partial U}{\partial V}\right)_T=amV_{\mathrm{m}}^{-(m+1)}=m\left(\frac{-U_{\mathrm{m}}}{V_{\mathrm{m}}}\right) \tag{14-2}$$

这就是说，

$$p_{\mathrm{i}}=m\delta^2 \tag{14-3}$$

式中，δ 为溶解度参数。不难看出，当 $m=1$ 时，即为 van der Waals 流体。Allen 等(1960)曾对许多液体和液态聚合物的 m 值进行了测定，发现液体的 m 值为 0.3～1.7。非极性液体的 m 值比较接近 1，但随着分子中链的增长而增大，一般聚合物的 m 值都显著地大于 1，含氟化合物的 m 值也比 1 大得多。而随着分子的极性增大，则 m 值变小，醇类液体的 m 值都显著地小于 1，且醇的碳链越短，m 值越小。因此，实际液体的内压力都不同程度地偏离 van der Waals 流体。

14.2 Scatchard-Hildebrand 正规溶液理论的修正

由于实际液体的内压力与 van der Waals 流体的不同仅在于 $m\neq1$，故修正是简便的，只需将实际液体的摩尔热力学能用式(14-2)表示，即用 $-U_{\mathrm{m}}=p_{\mathrm{i}}V_{\mathrm{m}}/m$ 来取代专题 13 中的 $-U_{\mathrm{m}}=p_{\mathrm{i}}V_{\mathrm{m}}$ 就可以了。若正规溶液的形成可表示如下：

组分 1 $n_1,\ T,V_{\mathrm{m},1}$	+	组分 2 $n_2,T,V_{\mathrm{m},2}$	⟶	正规溶液 $n_1+n_2,T,V_{\mathrm{m}}=x_1V_{\mathrm{m},1}+x_2V_{\mathrm{m},2}$

则溶液的超额 Gibbs 自由能应为

$$G^{E}=U^{E}=(n_1+n_2)U_{m}-n_1U_{m,1}-n_2U_{m,2}$$
$$=\frac{n_1\lambda_1^2V_{m,1}}{m_1}+\frac{n_2\lambda_2^2V_{m,2}}{m_2}-\frac{(n_1+n_2)\lambda^2(x_1V_{m,1}+x_2V_{m,2})}{m} \tag{14-4}$$

式中，$\lambda_1=p_{i,1}^{1/2}$；$\lambda_2=p_{i,2}^{1/2}$；$\lambda=p_{i}^{1/2}$。

这里需为正规溶液的内压力 p_i 和特性常数 m 分别引入混合规则，以表示溶液中同种和异种分子间的作用与 p_i 的关系，以及 m_1 和 m_2 与 m 间的关系。鉴于正规溶液的组分混合是随机的，如同专题 13，可以假定

$$p_i=\Phi_1^2p_{i,1}+2\Phi_1\Phi_2\sqrt{p_{i,1}\cdot p_{i,2}}+\Phi_2^2p_{i,2}$$

或者

$$\lambda=\Phi_1\lambda_1+\Phi_2\lambda_2 \tag{14-5}$$

式中，$\Phi_1=x_1V_{m,1}/(x_1V_{m,1}+x_2V_{m,2})$，为组分 1 在溶液中的体积分数；$\Phi_2=x_2V_{m,2}/(x_1V_{m,1}+x_2V_{m,2})$，为组分 2 在溶液中的体积分数。用体积分数表示是考虑到两个组分分子的大小可能相差显著。

同理，假定

$$m=\Phi_1m_1+\Phi_2m_2 \tag{14-6}$$

现将式(14-5)和式(14-6)代入式(14-4)，可得到

$$G^{E}=H^{E}\approx U^{E}$$
$$=\left[\frac{\Phi_1\lambda_1^2}{m_1}+\frac{\Phi_2\lambda_2^2}{m_2}-\frac{(\Phi_1\lambda_1+\Phi_2\lambda_2)^2}{m}\right](n_1V_{m,1}+n_2V_{m,2})$$
$$=\left[\Phi_1\lambda_1^2\left(\frac{1}{m_1}-\frac{\Phi_1}{m}\right)+\Phi_2\lambda_2^2\left(\frac{1}{m_2}-\frac{\Phi_2}{m}\right)-\frac{2\Phi_1\Phi_2\lambda_1\lambda_2}{m}\right](n_1V_{m,1}+n_2V_{m,2})$$
$$=\frac{(n_1V_{m,1}+n_2V_{m,2})\Phi_1\Phi_2m_1m_2}{\Phi_1m_1+\Phi_2m_2}(\Delta_1-\Delta_2)^2 \tag{14-7}$$

式(14-7)就是对 Scatchard-Hildebrand 正规溶液理论的修正结果。式中，$\Delta_1=\lambda_1/m_1$，$\Delta_2=\lambda_2/m_2$，为修正后组分的溶解度参数。不难看出，当 $m_1=m_2=1$ 时，式(14-7)退化为 Scatchard-Hildebrand 正规溶液理论。由于式(14-3)表明，$m=p_i/\delta^2$，故修正后的溶解度参数

$$\Delta=\frac{\lambda}{m}=\frac{\delta^2}{\lambda} \tag{14-8}$$

只要实验测定液体的内压力，Δ 值是可以获得的。表 14-1 是若干液体的 Δ 值，它们的 δ 和 λ 值取自各种文献。

表 14-1　298.15K 时若干纯液体的溶解度参数值

液体	$V_m/(cm^3\cdot mol^{-1})$	$\lambda/(J^{1/2}\cdot cm^{-3/2})$	$\delta/(J^{1/2}\cdot cm^{-3/2})$	m	$\Delta/(J^{1/2}\cdot cm^{-3/2})$
正戊烷	116.3	15.0	14.3	1.10	13.7
正庚烷	147.6	16.0	15.3	1.09	14.6
苯	89.4	19.3	18.8	1.05	18.3
甲苯	106.8	18.8	18.2	1.07	17.6
四氯化碳	97.1	18.3	17.6	1.08	16.9

续表

液体	$V_m/(cm^3 \cdot mol^{-1})$	$\lambda/(J^{1/2} \cdot cm^{-3/2})$	$\delta/(J^{1/2} \cdot cm^{-3/2})$	m	$\Delta/(J^{1/2} \cdot cm^{-3/2})$
氯苯	102.6	19.9	19.4	1.05	18.9
二硫化碳	60.6	19.2	20.5	0.88	21.9
乙酸甲酯	79.9	19.3	19.6	0.97	19.9
呋喃	72.5	17.4	19.2	0.82	21.1
丙酮	74.0	18.2	20.3	0.80	22.6

现若将式(14-7)结合专题13得到的无热溶液理论

$$-TS^E=RT\left(n_1\ln\frac{\Phi_1}{x_1}+n_2\ln\frac{\Phi_2}{x_2}\right) \tag{14-9}$$

则得一完整的超额Gibbs自由能公式

$$G^E=\frac{(n_1V_{m,1}+n_2V_{m,2})\Phi_1\Phi_2m_1m_2}{\Phi_1m_1+\Phi_2m_2}(\Delta_1-\Delta_2)^2+RT\left(n_1\ln\frac{\Phi_1}{x_1}+n_2\ln\frac{\Phi_2}{x_2}\right) \tag{14-10}$$

这个公式不仅能有效地改善聚合物溶液理论，而且也适用于小分子液体混合物。

14.3 式(14-10)的检验

14.3.1 小分子液体混合物的气液平衡

按照热力学关系，当液体混合物达气液平衡时，任一组分在气、液两相的化学势或逸度应该相等，即

$$f_i^{(V)}=f_i^{(L)} \tag{14-11}$$

若考察的是溶剂或组分1，且假定气相压力较低，可视为理想气体，则

$$y_1=p_1^*x_1\gamma_1/p \tag{14-12}$$

式中，p_1^*为组分1的饱和蒸气压；p为气相总压力。故只要已知组分1的活度因子γ_1随液相组成x_1的变化关系式，便可计算出气相的平衡组成y_1随x_1的变化规律。

由热力学关系

$$RT\ln\gamma_i=\left(\frac{\partial G^E}{\partial n_i}\right)_{T,p,n_{j\neq i}} \tag{14-13}$$

将式(14-10)代入，不难得到组分的活度因子为

$$\ln\gamma_1=\frac{V_{m,1}\Phi_2^2m_1m_2^2}{RT\,(\Phi_1m_1+\Phi_2m_2)^2}(\Delta_1-\Delta_2)^2+\ln\frac{\Phi_1}{x_1}+\Phi_2\left(1-\frac{V_{m,1}}{V_{m,2}}\right) \tag{14-14}$$

$$\ln\gamma_2=\frac{V_{m,2}\Phi_1^2m_1^2m_2}{RT\,(\Phi_1m_1+\Phi_2m_2)^2}(\Delta_1-\Delta_2)^2+\ln\frac{\Phi_2}{x_2}+\Phi_1\left(1-\frac{V_{m,2}}{V_{m,1}}\right) \tag{14-15}$$

因此，修正后的理论是能够用来预测气液平衡的。

图14-1～图14-6是对6个有一定代表性的二组分液体混合物的气液平衡预测结果。它们的纯组分液体的溶解度参数数据已由表14-1列出，假定表中的m和Δ值不随温度而变。为与实验结果和修正前的理论相比较，图中也画出了这些结果。其中∘为实验值，分别取自本专题列出的参考文献。虚线为修正前，即$m_1=m_2=1$时理论预测的结

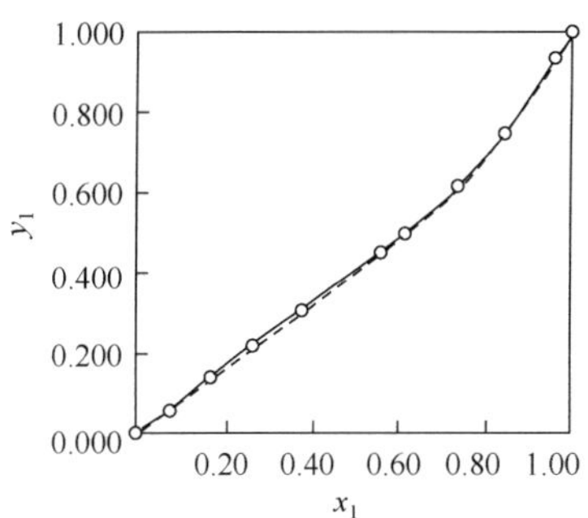

图 14-1　甲苯(1) ＋ 正庚烷(2)的气液平衡(298.15K)

○实验值;—式(14-12)预测值;---修正前预测值

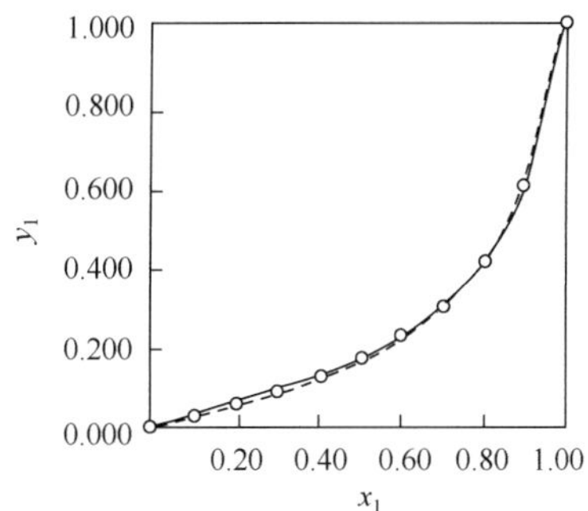

图 14-2　四氯化碳(1) ＋ 呋喃(2)的气液平衡(303.15K)

○实验值;—式(14-12)预测值;---修正前预测值

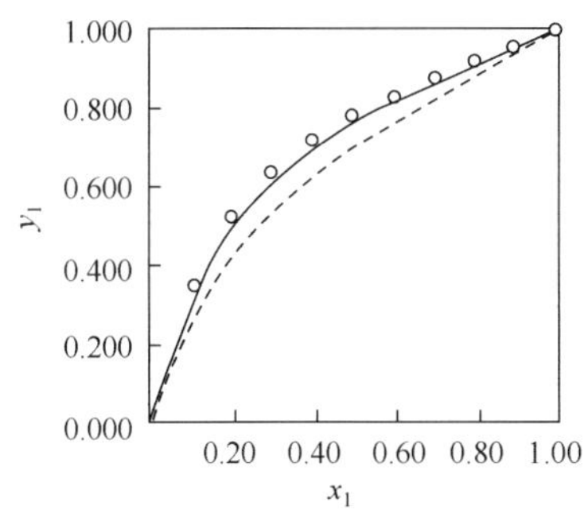

图 14-3　二硫化碳(1) ＋ 苯(2)的气液平衡(303.15K)

○实验值;—式(14-12)预测值;---修正前预测值

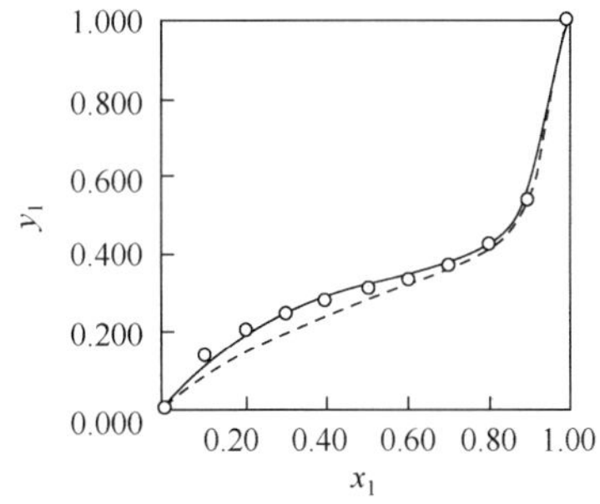

图 14-4　乙酸甲酯(1) ＋ 戊烷(2)的气液平衡(298.15K)

○实验值;—式(14-12)预测值;---修正前预测值

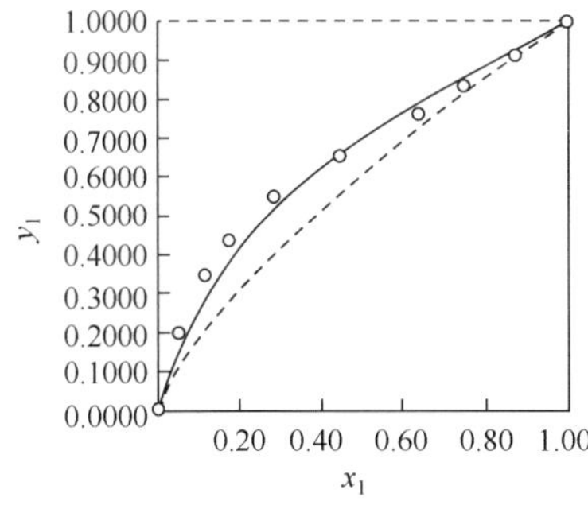

图 14-5　丙酮(1) ＋苯(2)的气液平衡(298.15K)

○实验值;—式(14-12)预测值;---修正前预测值

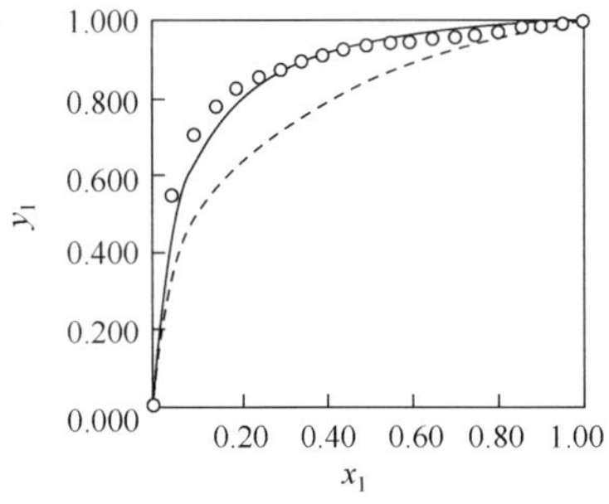

图 14-6　丙酮(1) ＋ 氯苯(2)的气液平衡(313.15K)

○实验值;—式(14-12)预测值;---修正前预测值

果,实线为修正后的预测结果。由这些图可见,实线比虚线更接近实验值,表明修正后的理论比修正前有了较明显的改善。应该指出,修正后的理论依然是一个具有预测性的理论,式(14-14)和式(14-15)中不含任何可调参数,对于这样的理论不能苛求它能对任何系统都给出满意的预测。广泛的检验表明，对于组分极性很强的系统，特别是含有缔合组分的系统以及含有氟烃参与的系统，预测误差仍然很大。对于这些系统，式(14-5)和式(14-6)所示的混合规则似乎过于简单，换句话说，混合物的内压力和 m 要比式(14-5)和式(14-6)表示的复杂得多。

14.3.2 聚合物溶液的 Huggins 参数

对于聚合物溶液，由于液态聚合物在 298.15K 时的内压力实验值不易得到，只能令

$$\xi_{12}=\frac{m_2}{m_1} \tag{14-16}$$

$$A_{12}=m_2\ (\Delta_1-\Delta_2)^2 \tag{14-17}$$

并将它们视为可调参数。于是，式(14-10)可表示为

$$G^{\mathrm{E}}=\frac{n_1 V_{\mathrm{m},1}\Phi_2 A_{12}}{\Phi_1+\Phi_2\xi_{12}}+RT\left(n_1\ln\frac{\Phi_1}{x_1}+n_2\ln\frac{\Phi_2}{x_2}\right) \tag{14-18}$$

据此，可得溶剂相对其参考态的化学势为

$$\frac{\Delta\mu_1}{RT}=\ln\Phi_1+\left(1-\frac{1}{r}\right)\Phi_2+\frac{\xi_{12}V_{m,1}A_{12}\Phi_2^2}{RT\ (\Phi_1+\Phi_2\xi_{12})^2} \tag{14-19}$$

式中，$r=V_{\mathrm{m},2}/V_{\mathrm{m},1}$，为聚合物分子的平均链节数。

将式(14-19)与专题 13 得到的 Flory-Huggins 聚合物溶液理论

$$\frac{\Delta\mu_1}{RT}=\ln\Phi_1+\left(1-\frac{1}{r}\right)\Phi_2+\chi\Phi_2^2 \tag{14-20}$$

进行比较，可见修正后的 Huggins 参数变为

$$\chi=\frac{\xi_{12}V_{\mathrm{m},1}A_{12}}{RT\ (\Phi_1+\Phi_2\xi_{12})^2} \tag{14-21}$$

它的值是随聚合物溶液的浓度而变的，而不像 Flory-Huggins 聚合物溶液理论，其$\chi=Z\Delta\varepsilon_{12}/kT$，是一个与浓度无关的参数。

图 14-7～图 14-9 是 3 个典型的聚合物溶液的 χ 与 Φ_2 关系图。图中■为实验值(Brandrup I et al,1999)，曲线为式(14-21)关联值，参数 A_{12} 和 ξ_{12} 的值列于每个图的图标中。实验表明，χ 是随浓度改变的，但无论 χ 值随 Φ_2 怎样变化，式(14-21)都能满意地关联。

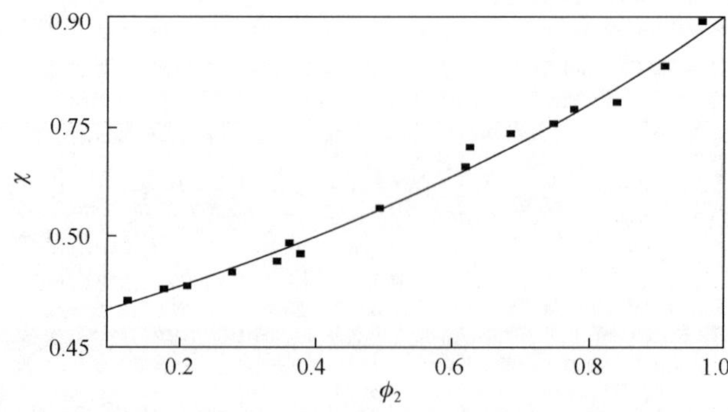

图 14-7　正戊烷(1) ＋ 聚异丁烯(2)的 χ 与 ϕ_2 间的关系(298.15K)

■实验值；—式(14-21)计算值：$A_{12}=13.9703$，$\xi_{12}=0.7248$

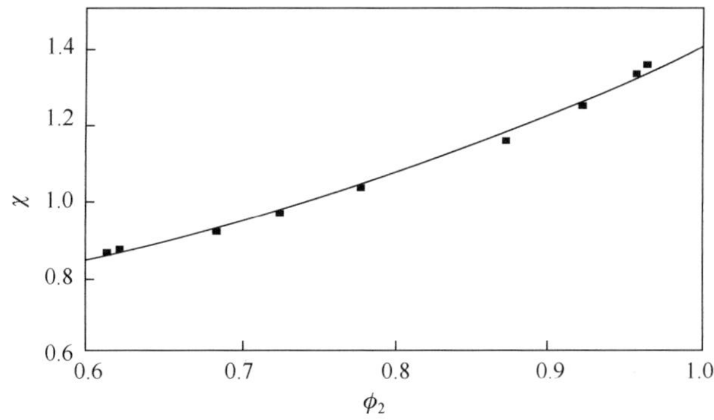

图 14-8 甲乙酮(1) + 天然橡胶(2)的 χ 与 ϕ_2 间的关系(298.15K)

■实验值;—式(14-21)计算值:$A_{12}=22.3098$,$\xi_{12}=0.5823$

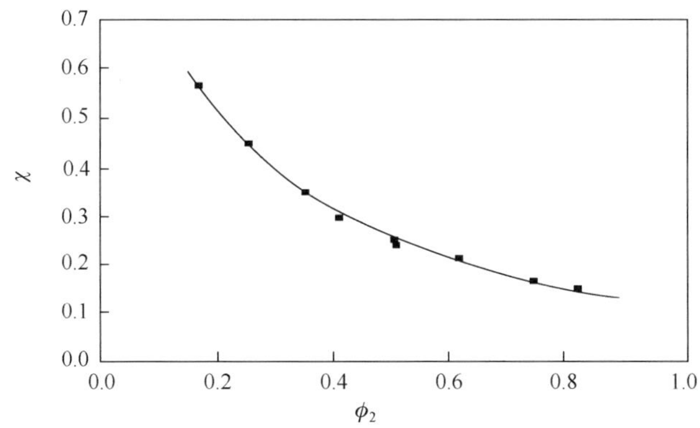

图 14-9 氯仿(1) + 聚苯乙烯(2)的 χ 与 ϕ_2 间的关系(298.15K)

■实验值;—式(14-21)计算值:$A_{12}=10.3558$,$\xi_{12}=2.9744$

综上所述,可以得到这样的结论:液体的内压力对于溶液理论有十分重要的作用。改善液体内压力的表示,能够有效地改进溶液理论。本专题实际上只修正了 Scatchard-Hildebrand 正规溶液理论,或者说,只修正了 Flory-Huggins 聚合物溶液理论中的 H^E,效果已十分显著。对于无热溶液理论或 S^E,尚未予以修正,这是由于无热溶液理论的修正需要更详细的液体内压力或自由体积的知识,专题 15 将研究这个问题。

参考文献

Allen G, Gee G, Wilson G J. 1960. Polymer, 1:456,467.

Ashcroft S J, Clayton A D, Shearn R B J. 1979. Chem Eng Data, 24:195.

Brandrup J, Immergut E H. 1999. Polymer Handbook. 4th ed. New York: John Wiley&Sons.

Campbell A N, Kartzmark E M, Chatterjee R M. 1966. Can J Chem, 44:1183.

Frank H S. 1945. J Chem Phys, 13:493.

Lide D R, Kehiaian H V. 1994. CRC Handbook of Thermophysical and Thermochemical Data. Boca Raton: CRC Press.

Maher P J, Smith B D. 1979. J Chem Eng Data, 24:363.

15 液体的热压力系数与无热溶液理论改进

专题13指出，只要组分可视为 van der Waals 流体，就可利用自由体积的概念，由似晶格模型建立无热溶液理论，此时只需假定两个组分分子的节有相同的大小。然而，实际液体非但不同于 van der Waals 流体，两个组分分子的节也不可能相同，故将无热溶液理论应用于实际溶液时，是必须进行修正的。本专题从研究实际液体的自由体积入手，将原始的无热溶液理论修正成一个更为合理的无热溶液理论。

15.1 液体的自由体积与热压力系数

从热力学观点，一切物质的状态方程都必须遵守

$$p = T\left(\frac{\partial p}{\partial T}\right)_V - \left(\frac{\partial U}{\partial V}\right)_T = T\gamma_V - p_i \tag{15-1}$$

式中，$\gamma_V = (\partial p/\partial T)_V$，为热压力系数；$p_i = (\partial U/\partial V)_T$，为内压力。式(15-1)也称热力学状态方程。

由于实验表明，液体的等容线是很好的直线(Rowlinson J S，1982)，这说明液体应遵守如下广义 van der Waals 状态方程

$$p = \frac{RT}{V_{m,f}} - p_i \tag{15-2}$$

式中，摩尔自由体积 $V_{m,f}$ 和内压力 p_i 都仅是体积的函数。若 $V_{m,f} = V_m - b$，$p_i = a/V_m^2$，则式(15-2)即为熟知的 van der Waals 方程。

比较式(15-1)与式(15-2)不难得到，实际液体的摩尔自由体积与其热压力系数间的关系为

$$V_{m,f} = \frac{R}{\gamma_V} \tag{15-3}$$

由于液体的内压力远大于压力 p，后者相对于前者可以忽略不计，故由式(15-1)可得 $p_i \approx T\gamma_V$，因此，式(15-3)可表示为

$$V_{m,f} = \frac{RT}{p_i} \tag{15-4}$$

所以，归根结底，液体的自由体积也取决于内压力。只要实验测定了液体的热压力系数或内压力，就可由式(15-3)或式(15-4)得到实际液体的摩尔自由体积。

如同 van der Waals 状态方程，式(15-2)也可表示为如下对比形式：

$$p_r = T_r\varphi(V_r) - \theta(V_r) \tag{15-5}$$

式中，$p_r = p/p_c$，$T_r = T/T_c$，$V_r = V_m/V_c$，分别称为对比压力、对比温度和对比体积，其中 p_c、T_c 和 V_c 分别为临界压力、临界温度和临界体积；$\varphi(V_r)$ 和 $\theta(V_r)$ 为两个对比体积的函数。在

体积保持不变的条件下，将式(15-5)对 T_r 求偏导，可得

$$\varphi(V_r)=\left(\frac{\partial p_r}{\partial T_r}\right)_V=\frac{T_c}{p_c}\left(\frac{\partial p}{\partial T}\right)_V \tag{15-6}$$

李鸿仪和刘国杰(1994)发现，各种液体的 $\ln(\partial p_r/\partial T_r)_V$ 与 $1/V_r$ 间呈很好的线性关系，即

$$\ln\left(\frac{\partial p_r}{\partial T_r}\right)_V=A+\frac{B}{V_r} \tag{15-7}$$

式中，A 和 B 分别为直线的截距和斜率，它们是液体的物性常数。故

$$\frac{T_c}{p_c}\left(\frac{\partial p}{\partial T}\right)_V=a\exp\left(\frac{BV_c}{V_m}\right) \tag{15-8}$$

同时，研究还表明，各种液体的物性常数 a 与 B 间存在如下关系

$$aB=\frac{0.569}{Z_c} \tag{15-9}$$

式中，$Z_c=p_cV_c/RT_c$，为液体的临界压缩因子。故若令 $b_0=BV_c$，为一个表征液体分子相对大小的量，则将式(15-9)代入式(15-8)，得

$$\gamma_V=\frac{0.569R}{b_0}\exp\left(\frac{b_0}{V_m}\right) \tag{15-10}$$

这是一个单参数方程，参数即为表征分子相对大小的 b_0。检验结果表明，这是一个很好的方程。图 15-1 是 2,2-二甲基丙烷和正庚烷热压力系数与温度的关系曲线。图 15-1 中各点为热压力系数的实验值，包括从三相点到临界点完整的液体热压力系数实验值(Few G A et al,1975;Rowlinson J S,1982)；曲线为式(15-10)计算值，参数 b_0 的值见表 15-1。由图 15-1 可以看出，计算值与实验值间的一致性是令人满意的。

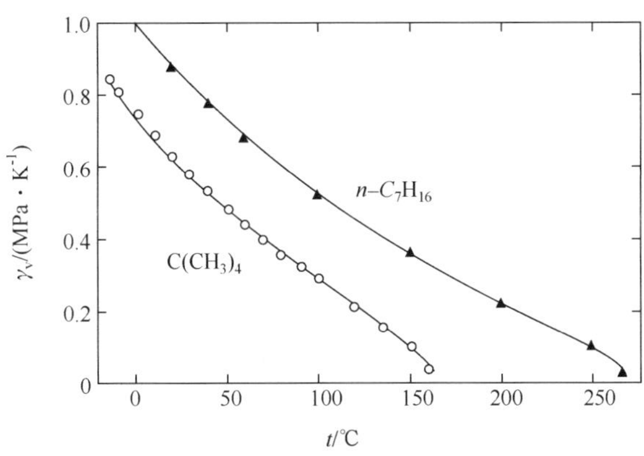

图 15-1　液体的热压力系数与温度的关系

○ $C(CH_3)_4$ 实验值；▲ n-C_7H_{16} 实验值；— 式(15-10)计算值

表 15-1　式(15-10)对若干液体热压力系数的关联结果

液体	N	温度范围/K	b_0/(cm^3·mol^{-1})	σ/(MPa·K^{-1})	数据来源
N_2	14	63～126	136.1	0.01	Rowlinson,1959
C_6H_6	10	278～562	421.9	0.02	Rowlinson,1959

续表

液体	N	温度范围/K	b_0/($cm^3 \cdot mol^{-1}$)	σ/($MPa \cdot K^{-1}$)	数据来源
CCl_4	15	250～556	457.4	0.016	Rowlinson,1959
$C(CH_3)_4$	17	258～433	516.6	0.01	Few,1975
n-C_7H_{16}	10	273～540	717.6	0.005	Rowlinson,1982
$(C_2H_5)_2O$	11	273～466	465.6	0.01	Rowlinson,1959
$(CH_3)_2CO$	8	298～368	319.1	0.002	Bagley,1971
CH_3OH	8	298～368	133.7	0.008	Bagley,1971

表 15-1 是式(15-10)对 8 种有代表性的液体热压力系数的关联结果,并列出了关联的标准偏差和参数值,其中标准偏差 σ 由下式表示

$$\sigma = \sqrt{\sum (\gamma_{V,\mathrm{cal}} - \gamma_{V,\mathrm{exp}})^2 / N} \tag{15-11}$$

式中,N 为实验点数;$\gamma_{V,\mathrm{cal}}$ 和 $\gamma_{V,\mathrm{exp}}$ 分别为热压力系数计算值和实验值。

由表 15-1 可见,无论是非极性液体、极性液体还是缔合液体,式(15-10)都能满意地关联,在较宽的温度范围,标准偏差 σ 不超过 0.02MPa·K^{-1}。但应指出,式(15-10)不适用于水。

将式(15-10)代入式(15-3),可得液体的摩尔自由体积表示式

$$V_{\mathrm{m,f}} = \frac{b_0}{0.569}\exp\left(-\frac{b_0}{V_{\mathrm{m}}}\right) \tag{15-12}$$

可见,实际液体与 van der Waals 流体的摩尔自由体积表示式有明显的不同。

15.2 无热溶液理论的修正

若无热溶液的形成可表示为

组分 1 $n_1, T, V_{\mathrm{m},1}$	+	组分 2 $n_2, T, V_{\mathrm{m},2}$	→	无热溶液 $n_1+n_2, T, x_1V_{\mathrm{m},1}+x_2V_{\mathrm{m},2}$

则按照 Hildebrand 方法(黄子卿,1973),混合熵可由下式计算

$$\Delta_{\mathrm{mix}}S = n_1R\ln\frac{V_{\mathrm{f}}}{V_{\mathrm{f},1}} + n_2R\ln\frac{V_{\mathrm{f}}}{V_{\mathrm{f},2}} \tag{15-13}$$

或

$$\Delta_{\mathrm{mix}}S_{\mathrm{m}} = x_1R\ln\frac{V_{\mathrm{m,f}}}{x_1V_{\mathrm{m,f_1}}} + x_2R\ln\frac{V_{\mathrm{m,f}}}{x_2V_{\mathrm{m,f_2}}} \tag{15-14}$$

将式(15-12)代入式(15-14),则有

$$\begin{aligned} V_{\mathrm{m,f}} &= x_1V_{\mathrm{m,f_1}} + x_2V_{\mathrm{m,f_2}} \\ &= \frac{1}{0.569}\left[x_1b_{0,1}\exp\left(-\frac{b_{0,1}}{V_{\mathrm{m},1}}\right) + x_2b_{0,2}\exp\left(-\frac{b_{0,2}}{V_{\mathrm{m},2}}\right)\right] \end{aligned} \tag{15-15}$$

$$\frac{V_{\mathrm{m,f}}}{x_1 V_{\mathrm{m,f_1}}}=1+\frac{x_2 b_{0,2}}{x_1 b_{0,1}}\exp\left(\frac{b_{0,1}}{V_{\mathrm{m},1}}-\frac{b_{0,2}}{V_{\mathrm{m},2}}\right) \tag{15-16}$$

$$\frac{V_{\mathrm{m,f}}}{x_2 V_{\mathrm{m,f_2}}}=1+\frac{x_1 b_{0,1}}{x_2 b_{0,2}}\exp\left(\frac{b_{0,2}}{V_{\mathrm{m},2}}-\frac{b_{0,1}}{V_{\mathrm{m},1}}\right) \tag{15-17}$$

将式(15-16)和式(15-17)代入式(15-14),可得

$$\Delta_{\mathrm{mix}} S_{\mathrm{m}}=x_1 R\ln\left[1+\frac{x_2 b_{0,2}}{x_1 b_{0,1}}\exp\left(\frac{b_{0,1}}{V_{\mathrm{m},1}}-\frac{b_{0,2}}{V_{\mathrm{m},2}}\right)\right]+x_2 R\ln\left[1+\frac{x_1 b_{0,1}}{x_2 b_{0,2}}\exp\left(\frac{b_{0,2}}{V_{\mathrm{m},2}}-\frac{b_{0,1}}{V_{\mathrm{m},1}}\right)\right] \tag{15-18}$$

若令 $\alpha_1=\frac{b_{0,1}}{V_{\mathrm{m},1}}$, $\alpha_2=\frac{b_{0,2}}{V_{\mathrm{m},2}}$,则

$$\Delta_{\mathrm{mix}} S_{\mathrm{m}}=x_1 R\ln\left(1+\frac{x_2 V_{\mathrm{m},2}}{x_1 V_{\mathrm{m},1}}\cdot\frac{\alpha_2}{\alpha_1}\exp(\alpha_1-\alpha_2)\right)+x_2 R\ln\left(1+\frac{x_1 V_{\mathrm{m},1}}{x_2 V_{\mathrm{m},2}}\cdot\frac{\alpha_1}{\alpha_2}\exp(\alpha_2-\alpha_1)\right) \tag{15-19}$$

再令 $\beta=\frac{\alpha_1}{\alpha_2}\exp(\alpha_2-\alpha_1)$,则式(15-19)可表示为

$$\begin{aligned}\Delta_{\mathrm{mix}} S_{\mathrm{m}}&=x_1 R\ln\left(1+\frac{x_2 V_{\mathrm{m},2}}{x_1 \beta V_{\mathrm{m},1}}\right)+x_2 R\ln\left(1+\frac{x_1 \beta V_{\mathrm{m},1}}{x_2 V_{\mathrm{m},2}}\right)\\&=-x_1 R\ln\left[\frac{x_1 \beta V_{\mathrm{m},1}}{x_1 \beta V_{\mathrm{m},1}+x_2 V_{\mathrm{m},2}}\right]-x_2 R\ln\left[\frac{x_2 V_{\mathrm{m},2}}{x_1 \beta V_{\mathrm{m},1}+x_2 V_{\mathrm{m},2}}\right]\end{aligned} \tag{15-20}$$

这就是修正后的无热溶液理论。

不难看出,当 $\beta=1$ 时,式(15-20)是原始的无热溶液理论。由此可见,原始的无热溶液理论只不过是式(15-20)的一个特殊情况。此时

$$\beta=\frac{\alpha_1}{\alpha_2}\exp(\alpha_2-\alpha_1)=1 \tag{15-21}$$

即

$$\alpha_1=\alpha_2 \quad 或 \quad \frac{b_{0,1}}{V_{\mathrm{m},1}}=\frac{b_{0,2}}{V_{\mathrm{m},2}} \tag{15-22}$$

前面已述,b_0 是一个表征液体分子相对大小的参数,其值正比于分子的体积。故式(15-22)实际上意味着在无热溶液的似晶格模型中,每个格胞所占的两个组分分子的节的大小相同。这正是专题 13 推导无热溶液理论时所作的一个重要假定。显然,这个假定是近似的。实际上,在多数情况下,格胞中两个组分分子的节的大小是不相等的,这会显著地影响自由体积,从而引起混合熵的偏差,参数 β 即是对此所作的修正。因此,式(15-20)是更为合理的无热溶液理论。

15.3 比较与讨论

表 15-2 列出了一些常见液体在 298.15K 时的 b_0/V_{m}。如同表 15-1 所示,它们的 b_0 值由热压力系数实验值拟合得到。

表 15-2　298.15K 时若干液体的 b_0/V_m 值

液体	$V_m/(cm^3\cdot mol^{-1})$	$b_0/(cm^3\cdot mol^{-1})$	b_0/V_m
C_6H_6	89.4	421.9	4.72
CCl_4	97.1	457.4	4.71
c-C_6H_{12}	108.7	513.0	4.72
n-C_6H_{14}	131.6	612.9	4.66
n-C_7H_{16}	147.6	717.6	4.86
$C_6H_5CH_3$	106.9	520.4	4.87
c-$C_6H_{11}CH_3$	128.3	625.1	4.87
p-$(CH_2)_4O_2$	85.7	418.6	4.88
$CHCl_3$	80.7	367.8	4.55
$(C_2H_5)_2O$	104.8	465.6	4.44
$(CH_3)_2CO$	74.0	319.1	4.31
CH_3OH	40.7	133.7	3.29

由表 15-2 可见，非极性液体有较接近的 b_0/V_m 值（即 α 值），这表明原始的无热溶液理论近似地适用于非极性溶液。但是，随着液体极性的增大，b_0/V_m 减小，缔合液体 CH_3OH 的 b_0/V_m 值最小。因此，组分间极性相差越大，由原始的无热溶液理论算得的混合熵偏差越显著。

图 15-2 和图 15-3 是 2 个无热溶液的超额熵 S_m^E/R 与 x_1 的关系图，图中实线由下式算得：

$$S_m^E/R=x_1\ln\left(x_1+\frac{x_2V_{m,2}}{\beta V_{m,1}}\right)+x_2\ln\left(x_2+\frac{x_1\beta V_{m,1}}{V_{m,2}}\right) \tag{15-23}$$

此即本工作所得结果，式中 β 由表 15-2 列出的数据得到。图中的虚线是 $\beta=1$ 时的计算结果，即原始无热溶液理论算得的结果。

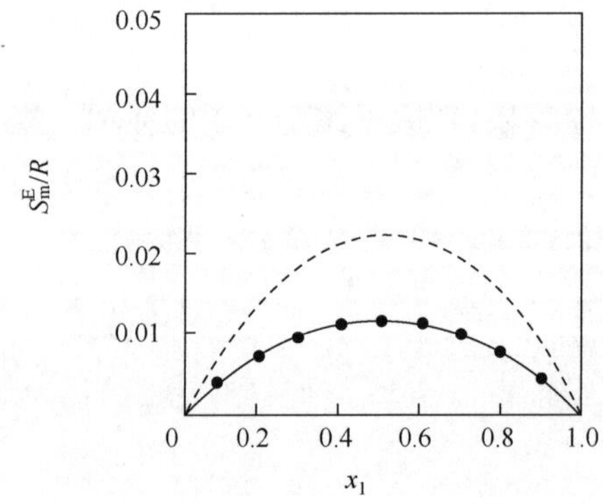

图 15-2　298.15K 时 $CCl_4(1)+n$-$C_7H_{16}(2)$ 的摩尔超额熵与组成的关系

—●— 式(15-23)计算值(β=1.126)；--- 原始无热溶液理论计算值

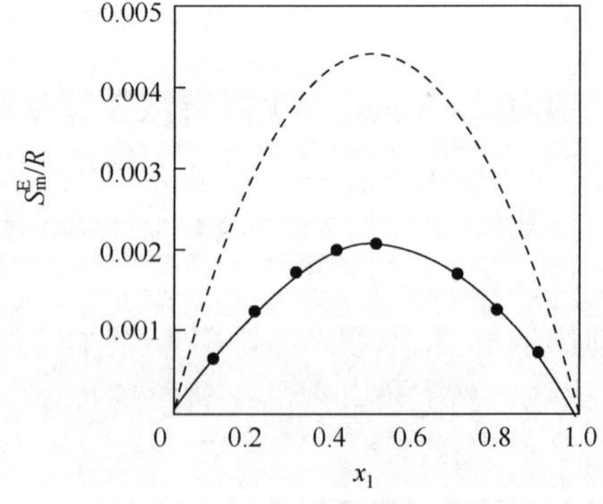

图 15-3　298.15K 时 $C_6H_6(1)+(CH_3)_2CO(2)$ 的摩尔超额熵与组成的关系

—●— 式(15-23)计算值(β=0.727)；--- 原始无热溶液理论计算值

由图可见，引入 β 会对 S_m^E/R 产生显著影响。当 $|\beta V_{m,1}-V_{m,2}|$ 与 $|V_{m,1}-V_{m,2}|$ 之比小于 1 时，虚线在实线之上；当 $|\beta V_{m,1}-V_{m,2}|$ 与 $|V_{m,1}-V_{m,2}|$ 之比大于 1 时，虚线在实线之下。

式(15-23)还可进一步简化。若令 $M=\beta V_{m,1}/V_{m,2}$，则式(15-23)可表示为

$$\begin{aligned} S_m^E/R &= x_1\ln\left[x_1+\frac{x_2}{M}\right]+x_2\ln[x_2+x_1M] \\ &= x_1\ln\left[1-\left(1-\frac{1}{M}\right)x_2\right]+x_2\ln[1-(1-M)x_1] \end{aligned} \tag{15-24}$$

若进一步令 $\Lambda=1-M$，则可得到更简洁的形式：

$$S_m^E/R=\ln(1-\Lambda x_1)-x_1\ln(1-\Lambda) \tag{15-25}$$

由于液体的热压力系数或内压力实验数据比较缺乏(特别是聚合物)，故将式(15-25)中的 Λ 作为可调参数是一个很好的选择。这样既可免去难以得到的 γ_V 或 p_i 实验值，又可使式(15-25)的应用变得更加灵活和简便，适用范围也更广。

参考文献

黄子卿. 1973. 非电解质溶液理论导论. 北京：科学出版社.

李鸿仪，刘国杰. 1994. Chinese J Chem Eng，2：49.

刘国杰，李鸿仪. 1995. 华东理工大学学报，21：606.

Bagley E B，Nelson T P，Scigliano J M. 1971. J Paint Technol，43：35.

Few G A，Rigby M. 1975. J Phys Chem，79：1543.

Rowlinson J S. 1959；1982. Liquids and Liquid Mixtures. London：Butterworth.

16 理想稀溶液的分子模型与 Henry 常数

已知在无限稀释的溶液中，溶剂服从 Raoult 定律，溶质服从 Henry 定律。根据这个事实，物理化学建立了两个理想模型——理想混合物和理想稀溶液模型。前者是在任何温度和压力下所有组分都遵守 Raoult 定律的混合物；后者是溶剂遵守 Raoult 定律，溶质遵守 Henry 定律的稀溶液。这两个模型是进一步研究多组分系统的热力学和溶液理论的出发点。本专题将专注于理想稀溶液的溶质，从分子模型入手，研究 Henry 定律，旨在给 Henry 常数以定量的描述。

16.1 理想稀溶液的分子模型

在一无限稀释的溶液中，因溶质分子②与溶剂分子①间的相互作用，可以认为，每个溶质分子都被溶剂分子所包围，分子②犹如囚禁在分子①构成的“笼子”里。图 16-1(a)可认为是理想稀溶液的分子模型。

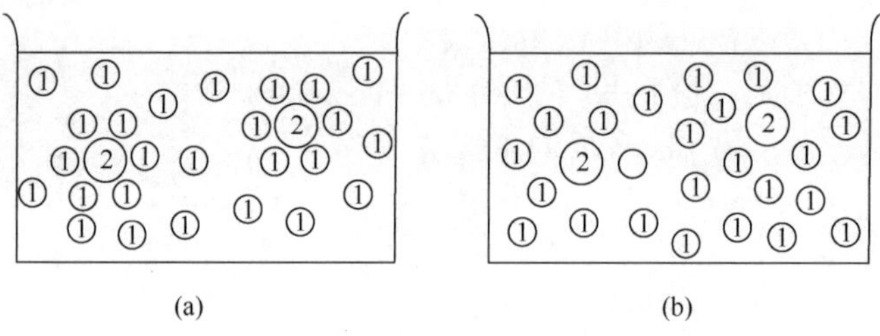

图 16-1　无限稀释溶液的微观模型示意

现假定溶质分子与溶剂分子间不再相互作用，那么溶质分子②就完全处在自由状态[图 16-1(b)]。由于溶质分子②不与溶剂分子①作用，而且溶质分子间的作用以及溶质的体积相比于溶液也因无限稀释而可忽略不计，故此时溶质分子②如同理想气体分子。倘若溶液的体积为 V，温度为 T，溶剂和溶质分子数分别为 N_1 和 N_2，则由理想气体状态方程可得溶液中溶质产生的压力为

$$p_2=\frac{N_2kT}{V} \tag{16-1}$$

式中，k 为 Boltzmann 常量。

于是，按照 Boltzmann 能量分布定律，不难得到，当溶质与溶剂分子间存在相互作用[如图 16-1(a)]时，处于完全自由状态的溶质分子数 N'_2 为

$$N'_2=N_2\exp[-(\varepsilon-0)/kT]=N_2\exp\left(-\frac{\varepsilon}{kT}\right) \tag{16-2}$$

式中，ε 为克服溶剂分子的包围而变成完全自由的溶质分子所需的能量。式(16-2)意即图 16-1 中(a)与(b)拥有的自由溶质分子数之比，其值等于它们的 Boltzmann 因子之比。

因此，无限稀释溶液中溶质产生的压力应为

$$p_2=\frac{N'_2kT}{V}=\frac{N_2kT}{V}\exp\left(-\frac{\varepsilon}{kT}\right) \tag{16-3}$$

因溶液中溶剂和溶质的分子总数 $N=N_1+N_2$，溶质的摩尔分数 $x_2=N_2/N$，在无限稀释溶液中，一个溶剂分子所占的体积 $v_1=V_1/N_1\approx V/N$，将这些条件代入式(16-3)，得

$$\frac{p_2}{x_2}=\frac{kT}{v_1}\exp\left(-\frac{\varepsilon}{kT}\right)=K_{\mathrm{H}} \tag{16-4}$$

式中，K_{H} 为 Henry 常数。由此可见，只要解决 ε 的计算问题，就可获得 Henry 常数。

16.2 溶剂压与 Henry 常数

ε 是克服溶剂分子包围而变成完全自由的溶质分子所需的能量。不难想象，当一个溶质分子获得 ε 能量而跃出溶剂分子包围的"笼子"时，犹如在溶剂中制造了一个空腔。$-\varepsilon$ 则相当于将一个完全自由的溶质分子引入空腔需做的可逆功，即 Gibbs 自由能增量 δG。因此，在恒温、恒压和各组分物质的量不变的条件下，有

$$\delta G=\frac{\partial G}{\partial A_{\mathrm{s}}}\cdot\frac{\partial A_{\mathrm{s}}}{\partial V}\cdot\delta V=\sigma\cdot\frac{\partial A_{\mathrm{s}}}{\partial V}\cdot v_2 \tag{16-5}$$

式中，A_{s} 为空腔的面积；δV 为一个空腔的体积，其值等于一个溶质分子所占的溶液体积 v_2；σ 为空腔的界面张力。故式(16-4)中，

$$-\frac{\varepsilon}{kT}=\frac{\delta G}{kT}=\sigma\cdot\frac{\partial A_{\mathrm{s}}}{\partial V}\cdot\frac{\bar{V}_2}{RT} \tag{16-6}$$

式中，$\bar{V}_2=Lv_2$，为溶液中溶质的偏摩尔体积。由界面现象中的 Laplace(拉普拉斯)方程可知，由于空腔的弯曲界面，式(16-6)中的 $\sigma\partial A_{\mathrm{s}}/\partial V$ 是空腔或溶质分子承受的附加压力，即

$$\Delta p=\sigma\cdot\frac{\partial A_{\mathrm{s}}}{\partial V} \tag{16-7}$$

这个压力来自于紧邻溶质分子的溶剂，故也称为溶剂压。

Rosseinsky(1977)已由热力学关系 $G=H-TS\approx U-TS$ 给出，在恒温、恒压和恒物质的量的条件下，

$$\begin{aligned}\sigma &\approx U_{A_{\mathrm{s}}}-TS_{A_{\mathrm{s}}}=U_{A_{\mathrm{s}}}(1-TS_{A_{\mathrm{s}}}/U_{A_{\mathrm{s}}})\\ &=\frac{\partial U}{\partial V}\cdot\frac{\partial V}{\partial A_{\mathrm{s}}}(1-TS_{A_{\mathrm{s}}}/U_{A_{\mathrm{s}}})\end{aligned} \tag{16-8}$$

式中，$U_{A_{\mathrm{s}}}$ 和 $S_{A_{\mathrm{s}}}$ 分别为空腔的比表面热力学能和比表面熵；$\partial U/\partial V$ 为空腔周围溶剂的内压力 p_{i}。式(16-8)也可表示为

$$\Delta p=\sigma\cdot\frac{\partial A_{\mathrm{s}}}{\partial V}=\frac{p_{\mathrm{i}}}{\beta} \tag{16-9}$$

式中，$\beta=1/(1-TS_{A_{\mathrm{s}}}/U_{A_{\mathrm{s}}})$。由于界面张力 σ 总大于零，即 $\sigma\approx U_{A_{\mathrm{s}}}-TS_{A_{\mathrm{s}}}>0$，$U_{A_{\mathrm{s}}}>TS_{A_{\mathrm{s}}}$，且界面张力随温度升高而减小，比表面熵 $S_{A_{\mathrm{s}}}$ 也大于零，故 $\beta>1$，且 β 是一个温度的弱函数。

现将式(16-9)代入式(16-6),则得

$$-\frac{\varepsilon}{kT}=\frac{p_i\bar{V}_2}{\beta RT} \tag{16-10}$$

因此,由式(16-10)和式(16-4)得 Henry 常数的表示式为

$$K_H=\frac{RT}{\bar{V}_1}\exp\left(\frac{p_i\bar{V}_2}{\beta RT}\right) \tag{16-11}$$

式中,$\bar{V}_1=Lv_1$,为溶液中溶剂的偏摩尔体积。由此可见,Henry 常数与空腔周围溶剂的内压力或溶质分子所承受的溶剂压密切相关。

这里,可有以下两种情况:一是溶质分子与其周围的溶剂分子作用较弱,即它们之间的吸引力较弱,则空腔或溶质分子周围的溶剂分子不是排列得很紧密,如图 16-2(a)所示。此时溶剂分子间的作用是以吸引力占优,内压力和溶剂压都是正值。于是,按照热力学关系$(\partial\mu/\partial p)_T=V_m$,溶质分子的化学势因受溶剂压作用而增大,这使溶质分子逸出“笼子”的能力增加,故 Henry 常数随之增大,且因此时式(16-11)中 Boltzmann 因子大于 1,$K_H>RT/\bar{V}_1$。

图 16-2　溶质分子与其周围溶剂分子的作用状况

(a) 弱作用;(b)强作用

二是溶质分子与其周围的溶剂分子作用较强,即它们间的吸引力较强,则空腔或溶质分子周围的溶剂分子排列紧密,如图 16-2(b)所示。此时,溶剂分子间的作用变成排斥力占优,内压力和溶剂压都呈负值,溶质分子的化学势便因承受负的溶剂压而减小,它逸出“笼子”的能力和 Henry 常数因此而减小,且因此时式(16-11)中的 Boltzmann 因子小于 1,$K_H<RT/\bar{V}_1$。

16.3　模型的检验

已知分子间的作用势能 $u(r)$与分子间距 r 的关系可由下式表示:

$$u(r)=-A/r^m+B/r^n \tag{16-12}$$

式中,等号右边两项分别为吸引力和排斥力对作用势能的贡献。Hildebrand(1929)由式(16-12)出发,建立了如下液体内压力的公式:

$$p_i=\frac{Ma}{V_m^{M+1}}\left[1-\left(\frac{V_{m,0}}{V_m}\right)^{N-M}\right] \tag{16-13}$$

式中,$M=m/3$;$N=n/3$;$a\propto A$,为引力常数;V_m 为液体的摩尔体积;$V_{m,0}$为 $p_i=0$ 时液体的摩尔体积。现假定这个公式也适用于空腔周围的溶剂。则将式(16-11)取对数,并将式(16-13)代入其中,可得

$$\ln K_H=\frac{C}{RTV_{m,1}^M}\left[1-\left(\frac{V_{m,0}}{V_{m,1}}\right)^{N-M}\right]+\ln\frac{RT}{V_{m,1}} \tag{16-14}$$

式中,$V_{m,1}$为溶剂的摩尔体积;$V_{m,0}$为 $p_i=0$ 时溶剂的摩尔体积;$C=Ma\bar{V}_2/\beta\bar{V}_1$,由于 β 和 $\bar{V}_2/\bar{V}_1$ 都是温度的弱函数,对于指定的无限稀释溶液,C 可视为常数。此外,对于无限稀释的溶液,$\bar{V}_1\approx V_{m,1}$。可见式(16-14)包含 C、$V_{m,0}$、N 和 M 四个参数,其中 N 和 M 是溶

剂的势能参数，它们可由以下方法指定：假定溶剂分子间的吸引力可由 van der Waals 引力表示，则式(16-13)内压力的引力项应与 van der Waals 内压力相一致，这决定了 $M=1$。至于 N，因式(16-12)中排斥项的 n 通常可取 9～18 间的任意值，令溶剂的 $N=3.37$，这相当于取 $n\approx10$。其实，N 在 3～6 区间内都能得到较满意的结果。这样，式(16-14)只有两个可调参数即 C 和 $V_{m,0}$。

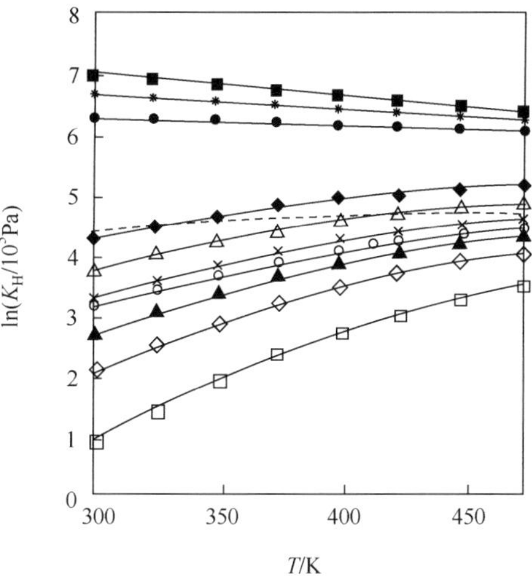

图 16-3　若干气体在正十六烷中 Henry 常数与温度的关系

△ NH_3；▲ SO_2；* N_2；○ H_2S；◆ CO_2；◇ C_3H_8；● CO；■ H_2；× C_2H_6；□ n-C_4H_{10}

图 16-3 是溶质 H_2、N_2、CO、CO_2、SO_2、H_2S、NH_3、C_2H_6、C_3H_8 和 n-C_4H_{10} 在溶剂正十六烷(n-$C_{16}H_{34}$)中 Henry 常数随温度的变化关系。它们得自参考文献中的上述 10 种气体在正十六烷中溶解度数据。图 16-3 中数据点为实验值，曲线为式(16-14)关联值。可见，不管 Henry 常数是随温度升高而增大还是减小，式(16-14)都能够满意地关联。表 16-1 是关联得到的参数值和 $\ln K_H$ 的拟合标准偏差 σ，其定义为

$$\sigma=\sqrt{\frac{1}{\mathcal{N}}\sum\left[(\ln K_H)_{cal}-(\ln K_H)_{exp}\right]^2} \tag{16-15}$$

式中，$\mathcal{N}$为参与拟合的实验数据点的数目。

表 16-1　式(16-14)参数值与拟合的标准偏差

气体/溶剂	温度范围/K	$\mathcal{N}$	$C/(J\cdot cm^3\cdot mol^{-2})$	$V_{m,0}/(cm^3\cdot mol^{-1})$	σ
H_2/n-$C_{16}H_{34}$	300～475	8	3.044	193.79	0.013
N_2/n-$C_{16}H_{34}$	300～475	8	3.077	212.46	0.007
CO/n-$C_{16}H_{34}$	300～475	8	2.806	221.33	0.011
CO_2/n-$C_{16}H_{34}$	300～475	8	2.066	298.27	0.015
NH_3/n-$C_{16}H_{34}$	300～475	8	1.525	326.39	0.017
C_2H_6/n-$C_{16}H_{34}$	300～475	8	1.337	359.76	0.017
H_2S/n-$C_{16}H_{34}$	300～475	8	0.544	441.63	0.008
SO_2/n-$C_{16}H_{34}$	300～475	8	1.010	412.07	0.020
C_3H_8/n-$C_{16}H_{34}$	300～475	8	0.636	507.76	0.007
n-C_4H_{10}/n-$C_{16}H_{34}$	300～475	8	0.002	6703.7	0.026

16.4　讨论

在图 16-3 中有一条虚线，这就是 $K_H=RT/V_{m,1}$ 线。在 300～475K 温度范围内，H_2、N_2 和 CO 的 Henry 常数都在这条虚线的上面，表示它们的 $K_H>RT/V_{m,1}$，这说明在无限稀释溶液中，这 3 种溶质分子与溶剂 n-$C_{16}H_{34}$的作用较弱，它们承受着正的溶剂压，

具有较大的逸出“笼子”的能力。C_2H_6、H_2S、SO_2、C_3H_8 和 n-C_4H_{10}的 Henry 常数则在虚线的下面，表明它们的分子与溶剂有较强的作用，特别是 n-C_4H_{10}和 C_3H_8，这是因为它们与溶剂都是烃类分子，且随着碳原子数的增多，作用迅速增强。故它们都承受着负的溶剂压，较难从“笼子”中逸出，即 $K_H<RT/V_{m,1}$。其余 2 种溶质则介于其间，它们的 Henry 常数在温度较低时在虚线的下面，温度较高时在虚线的上面，表明它们的分子与溶剂的作用随温度升高而变弱。

应该指出，根据上述模型，表 16-1 中参数 $V_{m,0}$应有相同的数值，因为 $V_{m,0}$为溶剂在 $p_i=0$ 时的摩尔体积，其值仅与溶剂本性有关。但是表 16-1 拟合结果与溶质有很大关系，尤其是溶质为 C_3H_8 和 n-C_4H_{10} 时，$V_{m,0}$ 值远大于其他溶液，这要归因于在用式(16-13)计算溶质分子周围溶剂的内压力时，采用了体相溶剂的摩尔体积 $V_{m,1}$，这是因为无法知道溶质分子周围溶剂的密度。其实，溶质分子周围溶剂的密度与体相溶剂的密度有显著的区别，溶质分子与溶剂的作用越强，两者的差别越大。在统计力学中，两者的比值相当于溶质分子的第一配位圈的径向分布函数值。径向分布函数，是距离指定分子为 r 处，分子的局部数密度与平均数密度之比(胡英等，1990)，即 $g(r)=\rho(r)/\rho$。对于无限稀释溶液，它可由图 16-4 表示。

如果指定分子为一个溶质分子，则其周围的溶剂分子即代表第一配位圈，它的径向分布函数值相当于图 16-4 中曲线的第一个峰值，$g(r)$明显地大于 1.0。可见，该处溶剂的局部数密度显著地高于平均数密度(即体相数密度)。由于径向分布函数只有通过 X 射线或中子衍射等实验才能测得，故本专题用溶剂的体相摩尔体积来取代溶质分子周围溶剂的摩尔体积，这使表 16-1 中参数 $V_{m,0}$的值不再相同，而是随溶质分子与其周围溶剂分子作用的增强而变大。

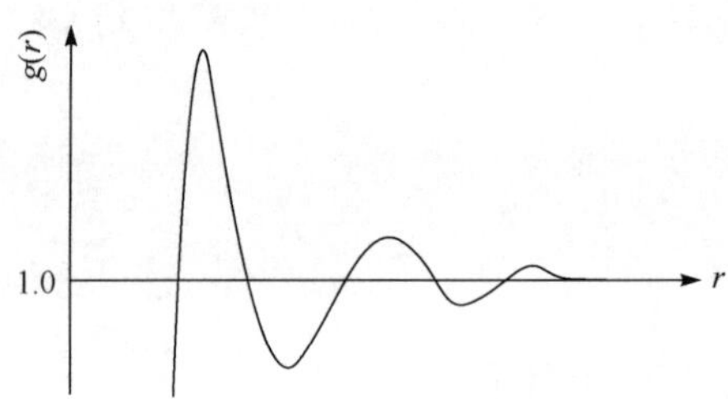

图 16-4　液体的径向分布函数随分子间距的变化

参 考 文 献

胡英，刘国杰，徐英年，等. 1990. 应用统计力学——流体物性的研究基础. 北京：化学工业出版社.

Hildebrand J H. 1929. Phys Rev，34：984.

Prausnitz J M，Chappslow L L. 1974. AIChE J，20：1097.

Rosseinsky D R. 1977. J Phys Chem，81：1578.

Tremper K K，Prausnitz J M. 1976. J Chem Eng Data，21：295.

Young C L. 1981. Solubility Data Series，vol 5/6. Oxford：Pergamon Press：145.

相平衡与化学平衡

17 临界点和会溶点的相律

相律是一个简洁而又实用的规律，它能方便地指出平衡系统中有多少个强度性质能在一定的范围内变动，而不引起旧相消失、新相形成。故相律对相平衡实验和相图的制作具有重要的指导作用。

相律可简单地表示为

$$F=C-\pi+2 \tag{17-1}$$

式中，C 为组分数；π 为相数；2 代表温度和压力；F 为系统的自由度。其中组分数的定义为

$$C=K-R-R' \tag{17-2}$$

式中，K 为化学物质数或物种数；R 为独立的化学反应数；R'为独立的其他限制条件数。

相律建立在平衡态热力学基础上，它能适用于各种相图中的点、线和面，在物理化学教材和专著中，都有详细的介绍，但相律对各种临界点的应用却很少涉及。本专题试图专门讨论这个问题，并提出作者的看法。

17.1 相律对纯物质临界点的应用

对于单组分系统，相律可表示成 $F=3-\pi$，因为它既没有化学反应，也没有其他限制，故组分数为 1。这个表示式可以说明图 17-1 所示单组分相图中的所有点、线和面。例如，三相点 o 的自由度为零，气液、气固和液固平衡曲线上的自由度为 1，气、液、固相平面上自由度为 2。但是，图 17-1 中还有一个点，那就是气液平衡曲线的端点 c，它称为临界点，相律是否也适用于它呢？答案是肯定的，因为相律严格建立在热力学基础上，其普适性是毋庸置疑的。于是，对于指定的纯物质，由于其临界温度和临界压力都是定值，临界点的自由度应该等于零。现在的问题是，相律怎样说明这个事实呢？

基于临界点是气液平衡曲线的端点，有的文献认为，系统趋于临界状态时，可将气液两相密度相等视为一个浓度限制条件，即临界点的相数为 2，但存在一个异相间的浓度限制条件。这个限制条件是一个“额外的”限制条件 R''，它不能计入组分数的定义式，但在计算自由度时，却必须考虑进去。因此，由相律可得

$$C=K-R-R'=1-0-0=1$$

$$F=C-\pi+2-R''=1-2+2-1=0$$

上述看法似乎很说明问题，但仔细研究，其存在一个难以克服的矛盾。因为按照定义，相是指系统中具有完全相同的物理性质和化学组成的均匀部分。当系统趋于临界状态时，不仅气液两相密度趋于相等，而且它们的所有物理性质和化学组成都随之趋于相同。这就是说，如果承认临界点气液密度相等，系统就只有一个相，反之，如果认为临界点是两个相，那么气液两相的密度就不会相等。因此，上述看法是自相矛盾的。此外，纯物质独立的强度性质只有温度和压力，将物质的密度视为浓度，且作为系统独立的强度性质

也不妥当。

作者的观点是，当物质处在临界点时，气液两相合二为一，相数只有一个。但是它要受热力学稳定条件的制约，按照机械稳定条件，纯物质的临界点必须服从如下条件(Prigogine I et al，1954；郭润生，1989)

$$\left(\frac{\partial p}{\partial V}\right)_{T_c}=0 \qquad \left(\frac{\partial^2 p}{\partial V^2}\right)_{T_c}=0 \qquad \left(\frac{\partial^3 p}{\partial V^3}\right)_{T_c}<0 \tag{17-3}$$

式中，下标 T_c 为临界温度，这个条件相当于图 17-2 中临界等温线在 c 点切线斜率等于零，而且该点是一个拐点。倘若已知纯物质的状态方程，则由式(17-3)中的两个等式便能得到两个 T_c 与 p_c 间的独立关系式，这两个关系式就是纯物质临界点必须遵循的独立限制条件。例如，当纯物质服从 van der Waals 状态方程时，由式(17-3)中的两个等式，可得

$$\frac{-RT_c}{(V_c-b)^2}+\frac{2a}{V_c^3}=0 \tag{17-4}$$

$$\frac{2RT_c}{(V_c-b)^3}-\frac{6a}{V_c^4}=0 \tag{17-5}$$

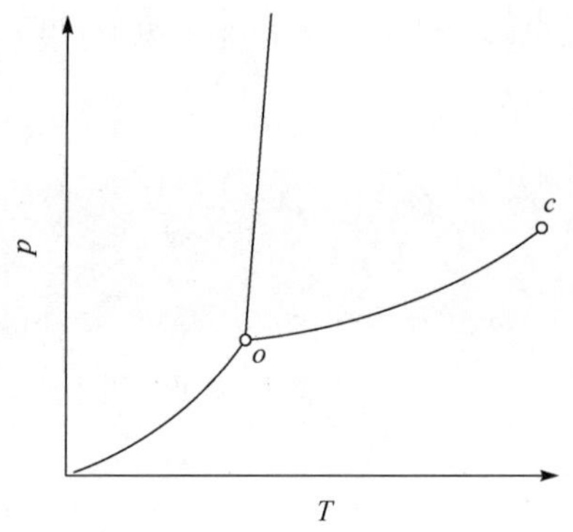

图 17-1　纯物质的相图

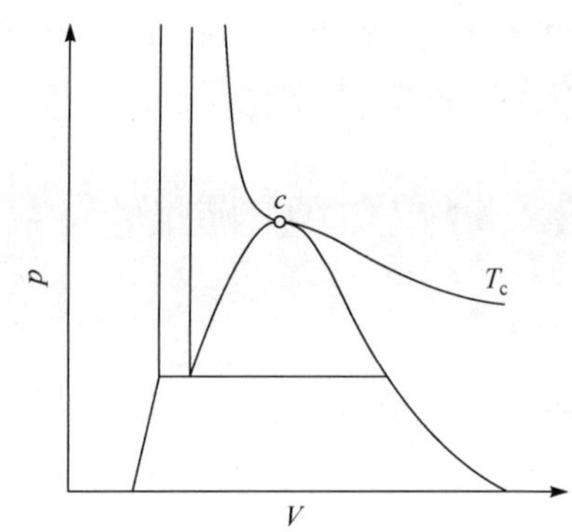

图 17-2　纯物质的 p-V 图

已知 van der Waals 流体在临界点时遵循如下关系

$$V_c=\frac{3RT_c}{8p_c} \tag{17-6}$$

故将式(17-6)代入式(17-4)和式(17-5)，可分别得到

$$16ap_c(3RT_c-8bp_c)^2-27(RT_c)^4=0 \tag{17-7}$$

$$27(RT_c)^5-8ap_c(3RT_c-8bp_c)^3=0 \tag{17-8}$$

这就是强度性质 T_c 与 p_c 间的两个独立的限制条件。这两个限制由于既非离子间的电中性条件，又非化学反应计量关系，故为 2 个“额外的”限制条件 R''。

因此，可以认为，纯物质的临界点相律应为

$$C=K-R-R'=1-0-0=1$$

$$F=C-\pi+2-R''=1-1+2-2=0$$

17.2 相律对二组分液液部分互溶系统会溶点的应用

二组分液液部分互溶系统的典型相图如图 17-3 所示。图中 A 和 B 代表液液部分互溶系统中平衡的共轭两相，它们的组成随着温度的升高而变化，当温度升至 T_c 时，两相合二为一，c 点即为临界点或称会溶点。与单组分系统的临界点相仿，相律对它的应用报道不多。由于该点是两个液相会溶点，有的文献认为，它的相数也应视为 2，但因两相浓度趋于相等，存在一个异相间的浓度限制条件，这个限制条件也是“额外”或“附加”的，不能计入组分数的定义式，但在自由度的计算中必须考虑。因此

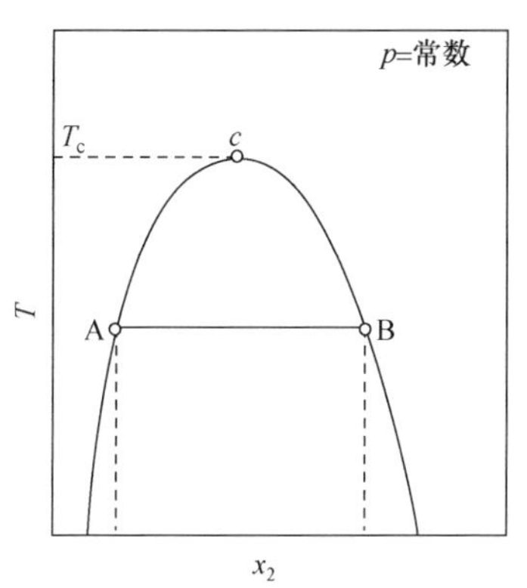

图 17-3 二组分部分互溶系统相图示意

$$C=K-R-R'=2-0-0=2$$

$$F=C-\pi+1-R''=2-2+1-1=0$$

可是，这样处理同样是自相矛盾的。由于当两个液相趋于会溶点时，不只是两相浓度趋于相等，它们的所有物理性质和化学组成都随之趋于相同，故按照上述相的定义，它们已变成了同一个相。这就是说，若要承认浓度相同，就必须放弃是两个不同的相。反之，若要承认存在两个相，就不可能有异相间浓度相等的限制条件。

作者的观点是，会溶点也只有 1 个相。它也有 2 个“额外的”独立限制条件 R''，来自稳定性条件。但对于二组分系统，上述机械稳定条件不再起作用，起作用的则是扩散稳定性条件(Prigogine I et al，1954；郭润生，1989)。按照这个稳定条件，会溶点应遵守

$$\left(\frac{\partial \mu_1}{\partial x_2}\right)_c=0 \qquad \left(\frac{\partial^2 \mu_1}{\partial x_2^2}\right)_c=0 \qquad \left(\frac{\partial^3 \mu_1}{\partial x_2^3}\right)_c<0 \tag{17-9}$$

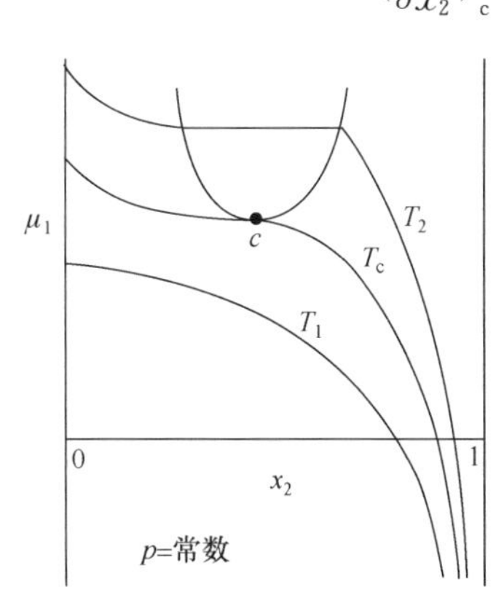

图 17-4 部分互溶系统的化学势随组成的变化

式中，μ_1 为组分 1 的化学势；x_2 为组分 2 的摩尔分数。

图 17-4 表示在恒温恒压下组分 1 的化学势随组成 x_2 的变化曲线。图中有 3 条等温线，其中 $T_1>T_c>T_2$。在 T_2 时，系统是液液部分互溶的，在部分互溶区曲线呈平行于横坐标的直线。而在互溶区，曲线随 x_2 增大而单调地下降。图中 c 点即会溶点，在该点处不仅临界等温线 T_c 的切线斜率等于零，而且是一个拐点。式(17-9)就是其数学表示式。

显然，式(17-9)中的两个等式是两个临界温度与临界组成间的关系式，由这两个等式能够解得会熔点的温度和组成。例如，二组分系统为正规溶液时，由组分的活度因子方程

$$RT\ln\gamma_1=\alpha x_2^2 \tag{17-10}$$

$$RT\ln\gamma_2=\alpha(1-x_2)^2 \tag{17-11}$$

可得组分的化学势

$$\mu_1=\mu_1^*+RT\ln(1-x_2)+\alpha x_2^2 \tag{17-12}$$

$$\mu_2=\mu_2^*+RT\ln x_2+\alpha(1-x_2)^2 \tag{17-13}$$

式中，μ_1^* 和 μ_2^* 分别为两个纯组分液体或固体的化学势；α 为一个常数。

所以

$$\left(\frac{\partial\mu_1}{\partial x_2}\right)_c=-\frac{RT_c}{1-x_{2,c}}+2\alpha x_{2,c}=0 \tag{17-14}$$

$$\left(\frac{\partial^2\mu_1}{\partial x_2^2}\right)_c=-\frac{RT_c}{(1-x_{2,c})^2}+2\alpha=0 \tag{17-15}$$

式中，T_c 和 $x_{2,c}$分别为会溶点的温度和组成。于是，由式(17-14)和式(17-15)可解得

$$x_{2,c}=0.5 \tag{17-16}$$

$$T_c=\frac{\alpha}{2R} \tag{17-17}$$

故式(17-14)和式(17-15)也是两个"额外的"独立限制条件。

据此，可以得到二组分部分互溶系统的临界点相律为

$$C=K-R-R'=2-0-0=2$$

$$F=C-\pi+1-R''=2-1+1-2=0$$

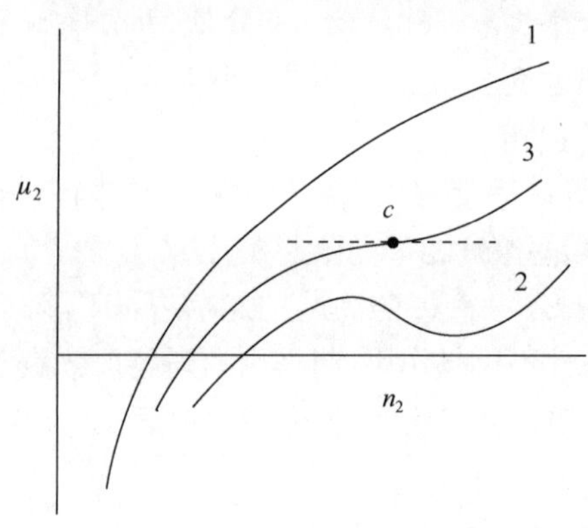

图 17-5　在 T、p、μ_1、n_3 恒定时三组分系统的 μ_2 与 n_2 的关系

应该指出，类似的解释也适用于三组分临界现象。假如已知三组分系统中组分 2 的所有状态(包括稳定和不稳定状态)的化学势，那么，在恒定 T、p、μ_1、n_3 时，其化学势 μ_2 与物质的量 n_2 间的关系就如图 17-5 所示(Prigogine I et al,1954)。当 μ_2 随 n_2 增加而单调增大时，就如曲线 1 所示，此时系统是稳定的。而当 μ_2 随 n_2 的变化如曲线 2 所示时，系统便出现了不稳定状态。它们间的过渡就如曲线 3 所示，在 c 点出现了一个切线斜率为零的拐点，该点即临界点(会溶点)。

Gibbs 导得，该点服从如下关系式

$$\left(\frac{\partial\mu_2}{\partial n_2}\right)_{T,p,\mu_1,n_3}=0\qquad\left(\frac{\partial^2\mu_2}{\partial n_2^2}\right)_{T,p,\mu_1,n_3}=0\qquad\left(\frac{\partial^3\mu_2}{\partial n_2^3}\right)_{T,p,\mu_1,n_3}\neq 0 \tag{17-18}$$

因此，其会溶点也只有一个相和两个"额外的"独立限制条件。会溶点的相律为

$$C=K-R-R'=3-0-0=3$$

$$F=C-\pi+0-R''=3-1+0-2=0$$

17.3　结论

综上所述，可得如下结论：

(1) 不管是纯物质的临界点，还是二组分和三组分系统的会溶点，系统只有一个相。这是因为当两相密度或浓度趋于相等时，两相的所有物理性质和化学组成都趋于相同，按

照热力学中相的定义，此时已变成一个相。

(2) 不管是纯物质的临界点，还是二组分和三组分系统的会溶点(又称临界点)，系统都有两个“额外的”独立限制条件，它们都来自临界点的热力学稳定性条件。由于这些临界点都是相应曲线的拐点，且在该点处曲线的切线斜率等于零，因此，相应的一阶和二阶偏导数必等于零，这就成了这些临界点的两个“额外”且独立的限制条件。

参考文献

郭润生. 1989. 化学热力学. 北京：高等教育出版社.

Prigogine I, Defay R. 1954. Chemical Thermodynamics. London：Longmans Green.

18 相律中的其他限制条件

在相平衡研究中，Gibbs 相律起着重要的指导作用。在系统不受广义力作用，且没有绝热壁、刚性壁和半透膜的条件下，相律可由下式表示：

$$F=K-\pi+2-R-R' \tag{18-1}$$

式中，K 为化学物质或物种数；π 为相数；2 代表系统的温度和压力；R 为独立的化学反应数；R'为其他限制条件数；F 为系统的自由度。

实质上相律是依据下式导得：

$$\text{系统的自由度}=\text{系统的强度性质数}-\text{它们间的独立关系式数} \tag{18-2}$$

对于由 K 种化学物质和 π 个相构成的相平衡系统，其强度性质应为

$$\left.\begin{array}{l} T^{(1)},p^{(1)},x_1^{(1)},x_2^{(1)},\cdots,x_{K-1}^{(1)} \\ T^{(2)},p^{(2)},x_1^{(2)},x_2^{(2)},\cdots,x_{K-1}^{(2)} \\ \qquad\qquad\vdots \\ T^{(\pi)},p^{(\pi)},x_1^{(\pi)},x_2^{(\pi)},\cdots,x_{K-1}^{(\pi)} \end{array}\right\} \tag{18-3}$$

式中，T 为温度；p 为压力；x_i 为以摩尔分数表示的物质 i 的浓度。

由于系统是处在热力学平衡状态中，这些强度性质间应遵守热平衡、力平衡、相平衡和化学平衡关系。倘若除了这些平衡关系式外，还有其他独立的限制条件 R'个，则按式(18-2)不难导得式(18-1)（刘国杰等，2008）。那么，式中的其他独立限制条件是指什么呢？一般物理化学教材没有详细讨论，本专题试图对此进行深入的分析。

18.1 五种其他限制条件

式(18-3)列出的这些强度性质间除了遵守热平衡、力平衡、相平衡和化学平衡关系式外，还可能有另外的关系式，但这些关系式不外乎有如下五种：

1. 同一相中 $K-1$ 个浓度间的关系式

这是 R'中最常见的关系式，其中最主要的是由化学反应计量关系和离子溶液中的电中性关系引起的。对于前者，如PCl_5的气相分解反应：

$$PCl_5(g) \rightleftharpoons PCl_3(g)+Cl_2(g)$$

这个系统共有 3 种化学物质和 1 个相，并有 1 个独立的化学反应。倘若开始时，容器中只有PCl_5气体，则反应达化学平衡时，系统中存在的$PCl_3(g)$和$Cl_2(g)$的浓度之比必定与上述反应方程式中的计量系数之比相一致：$x_{PCl_3} : x_{Cl_2}=1:1$，即 $x_{PCl_3}=x_{Cl_2}$。这成为同一相中的浓度限制条件，故 $R'=1$。根据相律，其自由度应为

$$F=K-\pi+2-R-R'=3-1+2-1-1=2$$

对于后者，一个简单的例子是含有 NaCl 和 KNO_3的水溶液。由于 NaCl 和 KNO_3在水中会电离成离子Na^+、Cl^-、K^+和NO_3^-，这个系统共有 5 种化学物质和 1 个相，但不会

发生化学反应。然而，NaCl 和 KNO_3 的电离总是保持电中性的，即 $x_{Na^+}=x_{Cl^-}$ 和 $x_{K^+}=x_{NO_3^-}$，这便是同一相中的两个浓度限制条件，故 $R'=2$。根据相律，其自由度应为

$$F=K-\pi+1-R-R'=5-1+1-0-2=3$$

式中，+1 是因为凝聚系统中压力的影响可以忽略不计。

2. 强度性质 p 与 T 间的关系式

这种关系式存在于纯物质的临界点。临界点是纯物质相图中气液平衡曲线的端点，也是 p-V 图(图 18-1)中所示的 c 点。图中的破折线(—·—) 为临界等温线，它不仅与双节线(---)相切于 c 点，而且 c 点还是一个拐点。由热力学稳定性原理得知，它可由如下数学式表示：

$$\left(\frac{\partial p}{\partial V}\right)_{T_c}=0 \quad \left(\frac{\partial^2 p}{\partial V^2}\right)_{T_c}=0 \quad \left(\frac{\partial^3 p}{\partial V^3}\right)_{T_c}<0 \tag{18-4}$$

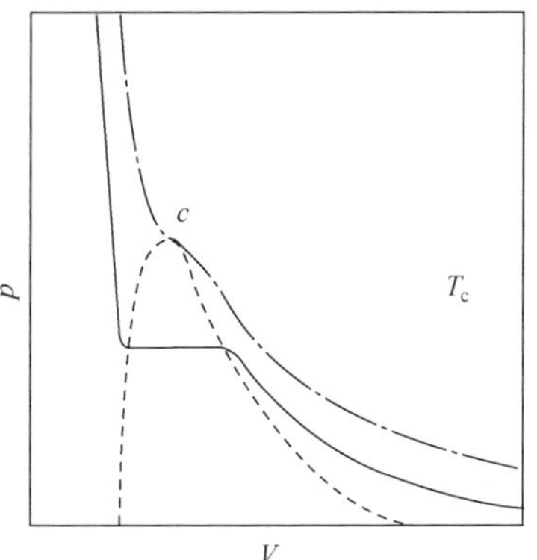

图 18-1　纯物质的 p-V 图

其中，不等式表明，临界点代表了稳定机械平衡中的一个相(Prigogine I et al，1954)。故系统处于临界点时，只有一个相，且要受式(18-4)中两个等式的制约。当物质的状态方程已知时，这两个等式是强度性质 p_c 和 T_c 间的两个独立的限制条件。因此，由相律可得临界点的自由度为

$$F=K-\pi+2-R-R'=1-1+2-0-2=0$$

3. 强度性质 T 与 x_i 间的关系式

这种关系式存在于二组分液液部分互溶系统中。图 18-2 是这种系统的相图示意图，c 点为会溶点(也称临界点)，由于 c 点是两个共轭的液相合二为一之处，系统在会溶点只有一个相。但是，由热力学扩散稳定性条件(Prigogine I et al，1954)得知，该点必须满足如下关系：

$$\left(\frac{\partial \mu_A}{\partial x_B}\right)_c=0 \quad \left(\frac{\partial^2 \mu_A}{\partial x_B^2}\right)_c=0 \quad \left(\frac{\partial^3 \mu_A}{\partial x_B^3}\right)_c<0 \tag{18-5}$$

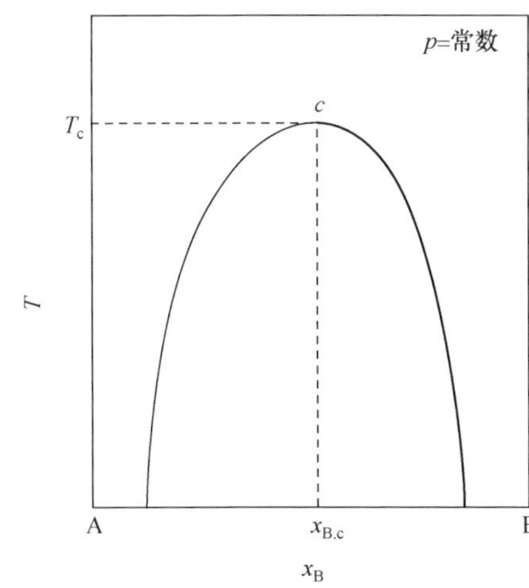

图 18-2　二组分液液平衡相图

式中，μ_A 为组分 A 的化学势；x_B 为组分 B 的摩尔分数。T_c 和 $x_{B,c}$ 分别为会溶点的温度和组成。

由此可见，式(18-5)中的两个等式也是会溶点的两个独立的限制条件，它们代表了 T_c 和 $x_{B,c}$ 间的 2 个独立的关系式。于是，由相律可得其自由度为

$$F=K-\pi+1-R-R'=2-1+1-0-2=0$$

式中，+1 是因为这是一个凝聚系统，压力的影响可以忽略不计。

4. 强度性质 p 与 x_i 间的关系式

这种关系式存在于二组分混合物的气液临界点中。以乙烷(1)+正庚烷(2)二组分混合物的气液平衡为例，当混合物的组成不同时，其临界点是不相同的，图 18-3 是两个纯组分和五个不同组成混合物的气液平衡 p-T 图(胡英，1994)，其中 c_1 和 c_2 分别为纯组分乙烷和正庚烷的临界点，c_3～c_7 为 5 个不同组成混合物的临界点，实线为液相线，虚线为气相线，破折线为不同组成混合物的临界点轨迹线，它表明混合物气液临界点的压力和温度是随组成而变的。当温度指定时，临界点的压力是混合物组成的函数。图 18-4 是 422K 时乙烷(1)-正庚烷(2) 的 p-(x,y)图(胡英，1994)，图中实线为液相线，虚线为气相线，它们的交点 c 是临界点，其压力 p_c 为 8.79MPa，组成 $x_{1,c}=0.760$。图 18-4 与图 18-2 很类似，只不过前者是气液平衡的恒温相图，后者是液液平衡的恒压相图，在它们的临界点都只有一个相，且都有两个独立的其他限制条件，显然，图 18-4 中的限制条件应是 p_c 与 $x_{1,c}$间的两个独立的关系式。故临界点的相律同样是

$$F=K-\pi+1-R-R'=2-1+1-0-2=0$$

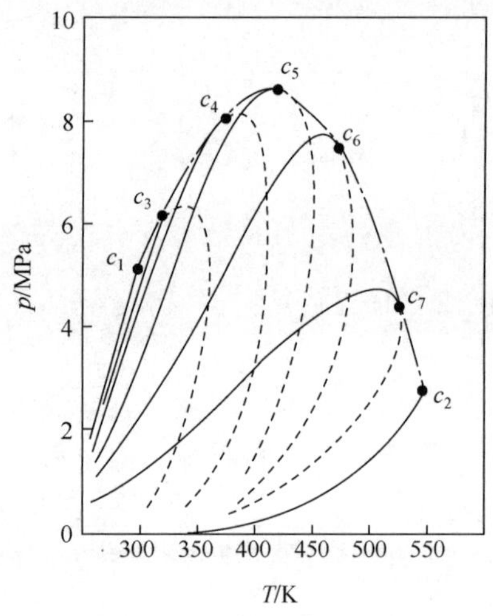

图 18-3　乙烷(1)-正庚烷(2)的 p-T 图

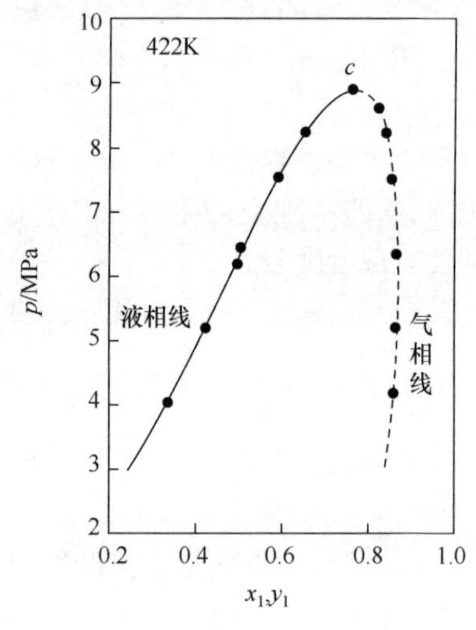

图 18-4　乙烷(1)-正庚烷(2)422 K 时的 p-(x,y)图

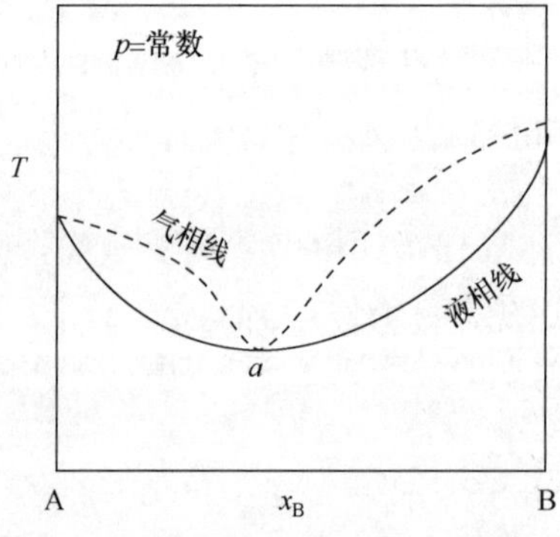

图 18-5　二组分气液平衡的恒沸点

5. 异相中化学物质浓度间的关系式

作为这种情况的一个熟知的例子是二组分气液平衡中的恒沸点，如图 18-5 中的 a 点。

由于在 a 点处气相线与液相线相交，故 $x_B^{(g)}=x_B^{(l)}$，这便形成了异相中组分 B 浓度相等的限制条件。但是 a 点代表的系统不是化合物，而是一个组成随压力而变的恒沸混合物，因此，系统的 $K=2$，$\pi=2$，其相律应为

$$F=K-\pi+1-R-R'=2-2+1-0-1=0$$

即在恒压下，二组分气液平衡的恒沸点有确定的组成和温度值。

18.2 R'的分类

仔细研究不难发现，上述五种限制条件对相律的影响可以分成两种类型：第一类不仅影响系统的自由度，而且还影响系统的独立组分数；第二类只影响系统的自由度，而不影响系统的独立组分数。这里的独立组分数 C，是指足以表示平衡系统中各相组成所需的最少独立化学物质数。它可定义为

$$C \stackrel{\text{def}}{=} K-R-R' \tag{18-6}$$

按照这个表示式不难看出，属于第一类的只有第 1 种其他限制条件。例如，在预先抽空的容器中PCl_5 的气相分解反应：$PCl_5(g)$ ══ $PCl_3(g)+Cl_2(g)$，$R'=1$，于是，由式(18-6)可以算得 $C=3-1-1=1$，这表明系统中只要有PCl_5 一种化学物质就足以表示平衡时系统各相的组成。又如，NaCl 和KNO_3 的水溶液，该系统 $R'=2$，由式(18-6)可以算得 $C=5-0-2=3$，即只要有Na^+、K^+和 H_2O 或Cl^-、NO_3^- 和 H_2O 三种化学物质就足以表示系统平衡时各相的组成。上述这些结果都与实际十分吻合，故将式(18-6)代入式(18-1)，相律也可表示为

$$F=C-\pi+2 \tag{18-7}$$

可见，一般物理化学教材中介绍的相律是对第 1 种其他限制条件而言。

然而，第 2～5 种其他限制条件不是这样，若将上面所述的 R' 值分别代入式(18-6)，可以算得它们的独立组分数为

第 2 种限制：$C=1-0-2=-1$

第 3 种限制：$C=2-0-2=0$

第 4 种限制：$C=2-0-2=0$

第 5 种限制：$C=2-0-1=1$

对于前三种限制，算得的 C 值非但不合理，而且失去了物理意义。对于第 5 种限制，其结果也不合理，因为系统在恒沸点时不是以化合物存在，而是恒沸混合物，合理的独立组分数应等于 2，故第 2～5 种限制条件属于第二类。为了区别两类其他限制条件，可将第一类和第二类其他限制条件分别用 R'_1 和 R'_2 表示，通常称 R'_2 为“附加”或“额外”的限制条件，这是因为第二类其他限制条件通常只存在于临界点、会溶点、恒沸点等特殊情况，在一般物理化学教材中都不予介绍。故式(18-1)的更完整表示应为(Oonk H A J, 1987)

$$\begin{aligned} F &= K-\pi+2-R-R'_1-R'_2 \\ &= C-\pi+2-R'_2 \end{aligned} \tag{18-8}$$

式中的独立组分数

$$C=K-R-R'_1 \tag{18-9}$$

18.3 结论

综上所述，可以得到如下三点结论：

(1) 相律中的其他限制条件不只是同一相中化学物质浓度间的关系式，还包括强度性质 T 与 p 间、T 与 x_i 间、p 与 x_i 间和异相中化学物质浓度间的相关。

(2) 这些其他限制条件，按照它们对相律影响的不同，可以分成两类：第一类表现为同一相中化学物质浓度间的相关（除多组分液液平衡系统的会溶点外）。这类限制不仅会影响系统的自由度，而且还会影响系统的独立组分数，以 R'_1 表示。其余则属于第二类限制，它们只影响系统的自由度，而不影响系统的独立组分数，这类限制一般存在于临界点、会溶点、恒沸点等特殊的情况，可用 R'_2 表示，通常称为"附加"或"额外"的限制条件。

(3) 式(18-1)的更完整表示为

$$F=C-\pi+2-R'_2$$

其中独立组分数

$$C=K-R-R'_1$$

参 考 文 献

黑恩成，刘国杰. 2008. 大学化学，23(5)：58.

胡英. 1994. 近代化工热力学. 上海：上海科学技术文献出版社.

刘国杰，黑恩成. 2008. 物理化学导读. 北京：科学出版社.

Oonk H A J. 1987. 相理论. 施印华，译. 北京：科学出版社.

Prigogine I, Defay R. 1954. Chemical Thermodynamics. London: Longmans Green.

19 对浓度限制条件 R' 的几点看法

专题18已较详细地讨论了相律中的各种其他限制条件。可是，在现有的一些物理化学教材中，更关心的是浓度限制条件 R'，并将 R' 表述为“在化学平衡中同一相中的浓度限制条件数”。即浓度限制条件是由化学平衡所致，且只限于同一相中才有。对于这样的表述，本专题要提出如下几点不同的看法。

(1) 浓度限制并非都是由化学平衡所致。

已知引起同一相浓度限制条件主要有两个原因：一是由化学反应的计量关系所致，如 NH_4Cl 固体的分解

$$NH_4Cl(s) \rightleftharpoons NH_3(g) + HCl(g)$$

若容器中原先没有 $NH_3(g)$ 和 $HCl(g)$，则按上式的化学计量关系，在 $NH_4Cl(s)$ 部分分解产物中，$NH_3(g)$ 与 $HCl(g)$ 的物质的量必定相等，这便形成了一个浓度限制条件，即 $R'=1$。显然，这个浓度限制条件是完全由化学平衡引起的。根据 Gibbs 相律，这个平衡系统的物种数 $K=3$，相数 $\pi=2$，独立的化学反应数 $R=1$，故系统的自由度 F 为

$$F = K - R - R' - \pi + 2 = 3 - 1 - 1 - 2 + 2 = 1$$

另一个原因是离子的电中性条件。例如，NaCl 和 KNO_3 的水溶液，系统中包含 Na^+、Cl^-、K^+、NO_3^- 和 H_2O 五个物种和一个相，它们间没有化学反应，但却有两个浓度限制条件，即 $x_{Na^+} = x_{Cl^-}$ 和 $x_{K^+} = x_{NO_3^-}$，故按照相律

$$F = K - R - R' - \pi + 1 = 5 - 0 - 2 - 1 + 1 = 3$$

当然，这个系统也可以认为包含 Na^+、Cl^-、K^+、NO_3^-、H^+、OH^- 和 H_2O 7 个物种和 1 个相，但这时就有一个化学反应

$$H_2O \rightleftharpoons H^+ + OH^-$$

和 3 个浓度限制条件，即

$$x_{H^+} = x_{OH^-} \quad x_{Na^+} = x_{Cl^-} \quad x_{K^+} = x_{NO_3^-}$$

相律计算结果是相同的。

有些教材认为，$NaCl \rightleftharpoons Na^+ + Cl^-$ 和 $KNO_3 \rightleftharpoons K^+ + NO_3^-$ 也是两个化学平衡关系，其实这是不存在的。因为 NaCl 和 KNO_3 都是强电解质，二者的水溶液属于第一类电解质溶液，它们在水中是完全电离的，水溶液中没有未电离的 NaCl 和 KNO_3（胡英等，2007），故不存在化学平衡关系。所以，上述 3 个浓度限制条件中，只有 $x_{H^+} = x_{OH^-}$ 是由化学平衡所致，另外两个则与化学平衡无关。

(2) Gibbs 相律是平衡态热力学中的一个普遍规律，它适用于各种相平衡系统，故不管是同一相还是异相中组分浓度间的相关，都应成为浓度限制条件。

相平衡研究，实际上就是要指出，当系统达到热力学平衡时，各相强度性质的值，这与广延性质是无关的。如果不考虑外场，诸如电磁场、重力场和表面张力等的影响，则强度性质是系统中各相的 T、p 和 x_i，即各相的温度、压力和组分的浓度。对于由 K 个化学物种和 π 个相构成的系统，其强度性质为

$$T^{(1)},p^{(1)},x_1^{(1)},x_2^{(1)},\cdots,x_{K-1}^{(1)}$$
$$T^{(2)},p^{(2)},x_1^{(2)},x_2^{(2)},\cdots,x_{K-1}^{(2)}$$
$$\vdots$$
$$T^{(\pi)},p^{(\pi)},x_1^{(\pi)},x_2^{(\pi)},\cdots,x_{K-1}^{(\pi)}$$

Gibbs 相律中的自由度(F),实际上是要表明,这些强度性质中有几个可在一定范围内自由改变,而不引起系统新相形成和旧相消失。相律导出的主要依据为

自由度(F)=系统的强度性质数-它们间的独立关系式数

这是鉴于系统达热力学平衡时,在上述强度性质间能够建立起很多独立的关系式,除了必须满足热平衡、力平衡、相平衡和化学平衡关系外,还有其他限制条件,诸如同一相中组分浓度间的相关、强度性质 T 与 p 间的相关、T 与 x_i 间的相关、p 与 x_i 间的相关,以及异相中组分浓度间的相关。这就是说,浓度限制条件不仅限于同一相中,而且也包括异相中组分浓度间的相关,这些关系的存在都会使系统的自由度减少。

应该指出,异相中组分浓度间的相关并不多见,二组分恒沸混合物的气液平衡则是一个例子。在这个平衡系统中,任一组分的气液两相浓度是相等的,如 $x_1^{(V)}=x_1^{(L)}$,这个等式就构成了异相中组分浓度的限制条件,它同样要使系统的自由度减少。但不同于同一相中组分浓度间的相关,这个浓度限制只影响系统的自由度,而不影响系统的独立组分数。以前,这个例子是作为特例来处理(王文亮,1981),其实这是没有必要的,只需将浓度限制条件数表示为

$$R'=R'_1+R'_2$$

式中,R'_1 为同一相中组分浓度的限制条件数;R'_2 为异相中组分浓度的限制条件数。将该式代入 Gibbs 相律,得

$$F=K-R-R'_1-R'_2-\pi+2$$

现若定义独立组分数为

$$C\overset{\text{def}}{=}K-R-R'_1$$

则 Gibbs 相律可表示为

$$F=C-\pi+2-R'_2$$

相律的这种表示更加一般和完整,其中 R'_2 也能代表强度性质 T 与 p 间、T 与 x_i 间和 p 与 x_i 间的相关(见专题 18)。

(3) 为与上述$NH_4Cl(s)$的部分分解反应相对比,教材中常以反应

$$CaCO_3(s)\rightleftharpoons CaO(s)+CO_2(g)$$

为例,试图证明即使系统中分解产物 $CaO(s)$与$CO_2(g)$物质的量相等,也没有浓度限制条件。这些教材首先认为,只有同一相中组分浓度间相关才是浓度限制条件。但是由于$CaO(s)$处于固相,而$CO_2(g)$处于气相,$CO_2(g)$的分压与 $CaO(s)$的饱和蒸气压之间没有任何关系,故这个系统是没有浓度限制条件的。其实用这种迂回的方法来证明是没有必要的,因为从相律的角度来分析,这个系统的 3 个物种分别处在 3 个相中,每个相中只有 1 个物种。由于同一相中 $\sum_S x_S=1$,这个系统的强度性质只有温度和压力,不存在浓度,因此无论是同一相中还是异相中,都不可能有组分浓度间的相关,即 R'_1 和 R'_2 都等于零。故这个系统的独立组分数应为

$$C=K-R-R'_1=3-1-0=2$$

系统的自由度应为

$$F=C-\pi+2-R'_2=2-3+2-0=1$$

也就是说，$CaCO_3$(s)部分分解反应本来就不存在异相中组分浓度间的相关。

综上所述，作者认为，R'是热力学平衡系统中组分浓度的限制条件数。其中热力学平衡包括热平衡、力平衡、相平衡和化学平衡，而不只是化学平衡；而组分浓度的限制条件数则包括同一相和异相中的浓度限制条件数，而非只有同一相中组分浓度的限制条件数。

参考文献

胡英，吕瑞东，刘国杰，等. 2007. 物理化学. 5版. 北京：高等教育出版社.

王文亮. 1981. 化学教育，增刊1:60.

20 Clausius-Clapeyron 方程的统计力学修正

对于纯物质的相平衡，已由热力学导得一个关系式

$$\frac{\mathrm{d}p}{\mathrm{d}T}=\frac{\Delta H_{\mathrm{m}}}{T\Delta V_{\mathrm{m}}} \tag{20-1}$$

该式称为 Clapeyron 方程。这个方程虽能严格地用来描述纯物质的各种相平衡，但这是一个微分方程，当用它来处理实际的相平衡问题时，常需转变成积分形式。例如，对于气液平衡，最为熟知和简单的积分形式是

$$\ln\{p\}=-\Delta_{\mathrm{vap}}H_{\mathrm{m}}/RT+C \tag{20-2}$$

此式也称 Clausius-Clapeyron 方程。然而，由式(20-1)到式(20-2)的转变需要引入三个假设：①液相的摩尔体积相比于气相可以忽略不计；②蒸气可视为理想气体；③蒸发焓不随温度改变。这使式(20-2)在应用上有很大的局限性。本专题试图用统计热力学方法建立一个纯物质气液平衡方程。它实际上可视为对式(20-2)的有效修正，使适用范围有了显著的扩展。

20.1 模型推导

在专题 11 中，已由胞腔理论建立了一个普遍化 van der Waals 正则配分函数

$$Z=\frac{1}{N!}\left(\frac{V_{\mathrm{f}}}{\Lambda^3}\right)^N\left[\exp\left(-\frac{\varphi}{2kT}\right)\right]^N(q_{\mathrm{I}})^N \tag{20-3}$$

式中，N 为分子数；V_{f} 为自由体积；k 为 Boltzmann 常量；$\varphi/2$ 为一个分子的势能；q_{I} 为分子的内配分函数；$\Lambda=h/(2\pi mkT)^{1/2}$，为 de Broglie 热波长，其中 h 为 Planck 常量，m 为分子的质量。这个配分函数能同时适用于气体和液体，因此可以用于纯物质气液平衡中平衡的两相。

20.1.1 液相分子的化学势

对于液相，由推广的 van der Waals 状态方程$(p+p_{\mathrm{i}})V_{\mathrm{f}}=NkT$ 可得

$$V_{\mathrm{f}}\approx N_{\mathrm{l}}kT/p_{\mathrm{i}} \tag{20-4}$$

式中，$p_{\mathrm{i}}=(\partial U/\partial V)_T$，为液体的内压；$N_{\mathrm{l}}$为液相分子数。外压 p 相比内压 p_{i}可以忽略。

液体分子的内配分函数应可表示为

$$q_{\mathrm{l}}=\sigma\, q_{\mathrm{l},0} \tag{20-5}$$

式中，$q_{\mathrm{l},0}$为独立子的内配分函数，它仅是温度的函数；σ 为一个小于 1 的因子，它仅取决于液体的密度，密度越高，σ 值越小。式(20-5)意味着在高密度的液体里，分子的内部运动(转动和振动)已不如独立子那样自由。由于液体分子间的相互作用，其内部运动受到了阻碍，因此 σ 也可称为阻障因子。理论上，仅当密度趋近于零或 V 趋近于无穷大时，σ 才等于 1，即

$$\lim_{V\to\infty}\sigma=1 \tag{20-6}$$

故液相的正则配分函数可表示为

$$Z_l=\frac{1}{N_l!}\left(\frac{N_lkT}{\Lambda^3 p_i}\right)^{N_l}\left[\exp\left(-\frac{\varphi_l}{2kT}\right)\right]^{N_l}(\sigma q_{1,0})^{N_l} \tag{20-7}$$

于是，由统计力学方法可得液相的 Helmholtz 自由能

$$A_l=-kT\ln Z_l=-N_lkT\ln\left[\frac{e\sigma q_{1,0}kT}{\Lambda^3 p_i}\exp\left(-\frac{\varphi_l}{2kT}\right)\right] \tag{20-8}$$

液相分子的化学位为

$$\mu_l=\frac{G_l}{N_l}=\frac{A_l}{N_l}+pv_l=-kT\left[1+\ln\left\{\frac{1}{\Lambda^3}\right\}+\ln\sigma+\ln q_{1,0}+\ln\left\{\frac{kT}{p_i}\right\}-\frac{\varphi_l}{2kT}-\frac{pv_l}{kT}\right] \tag{20-9}$$

式中，v_l 为一个分子所占液体的体积。

20.1.2 气相分子的化学势

对于气相，假定其可视为 van der Waals 气体，则一个分子的作用势能(Prausnitz J M,1979)为

$$\frac{\varphi_g}{2}=\frac{1}{2}\int_d^{\infty}\varepsilon_p(r)\frac{N_g}{V_g}4\pi r^2\mathrm{d}r=-\frac{N_g a'}{V_g} \tag{20-10}$$

式中，$a'=-2\pi\int_d^{\infty}\varepsilon_p(r)r^2\mathrm{d}r$，其中 $\varepsilon_p(r)$ 为具有吸引力的硬球势能函数；d 为硬球直径。

已知 van der Waals 气体的排斥体积是一个常数，若以 b' 表示一个分子的排斥体积，则其自由体积应为

$$V_{f,g}=V_g-N_gb' \tag{20-11}$$

又因在一般情况下，气相的体积要比液相的大得多，以致气相的阻障因子 σ 可近似认为等于 1，故气相的正则配分函数可表示为

$$Z_g=\frac{1}{N_g!}\left(\frac{V_g-N_gb'}{\Lambda^3}\right)^{N_g}\left[\exp\left(\frac{N_ga'}{V_gkT}\right)\right]^{N_g}q_{1,0}{}^{N_g} \tag{20-12}$$

相应的 Helmholtz 自由能为

$$A_g=-kT\ln Z_g=-N_gkT\ln\left[\frac{eq_{1,0}(V_g-N_gb')}{N_g\Lambda^3}\exp\left(\frac{N_ga'}{V_gkT}\right)\right] \tag{20-13}$$

气相分子的化学位应为

$$\mu_g=(\partial A_g/\partial N_g)_{V,T}=-kT\left[\ln((V_g-N_gb')/\Lambda^3)+\ln q_{1,0}-\ln N_g+\frac{2N_ga'}{V_gkT}\right] \tag{20-14}$$

20.1.3 液体的蒸发焓

当气液平衡时，因 $\mu_g=\mu_l$，由式(20-9)和式(20-14)不难得到

$$\ln\left\{kT\Big/\left(p+\frac{N_g^2a'}{V_g^2}\right)\right\}=1+\ln\sigma+\ln\left\{\frac{kT}{p_i}\right\}-\frac{\varphi_l}{2kT}-\frac{pv_l}{kT}-\frac{2N_ga'}{V_gkT} \tag{20-15}$$

式(20-15)利用了 van der Waals 状态方程$(p+N_g^2a'/V_g^2)(V_g-N_gb')=N_gkT$。它也可

表示成

$$\ln\left\{RT\Big/\left(p+\frac{a}{V_{m,g}^2}\right)\right\}=1+\ln\left\{\frac{\sigma RT}{p_i}\right\}-\frac{L\varphi_l}{2RT}-\frac{pV_m}{RT}-\frac{2a}{V_{m,g}RT} \tag{20-16}$$

式中，$a=L^2a'$，其中 L 为 Avogadro 常量；V_m 和 $V_{m,g}$ 分别为液相和气相的摩尔体积。

液体的摩尔蒸发焓应为

$$\Delta_{vap}H_m=\Delta_{vap}U_m+\Delta(pV_m)=-\frac{a}{V_{m,g}}-\frac{L\varphi_l}{2}+pV_{m,g}-pV_m$$

$$\approx-\frac{a}{V_{m,g}}-\frac{L\varphi_l}{2}+RT-\frac{a}{V_{m,g}}-pV_m \tag{20-17}$$

式中应用了近似关系 $pV_{m,g}\approx RT-a/V_{m,g}$。这相当于忽视了 van der Waals 状态方程中排斥体积的作用。在气体的压力不十分高的情况下，不致引起显著的误差。故将式(20-17)代入式(20-16)，可得

$$\ln\left\{p+\frac{a}{V_{m,g}^2}\right\}=-\frac{\Delta_{vap}H_m}{RT}+\ln\{p_i\}-\ln\sigma \tag{20-18}$$

式(20-18)是导得的纯物质气液平衡方程。与式(20-2)比较，不难看出，它既考虑了气相分子间的作用，即内压 $a/V_{m,g}^2$，也计及液相分子间的作用 p_i，以及这种作用对液相分子内配分函数的阻障 σ。

20.1.4 液体的内压力和阻障因子

在先前的工作中(刘国杰等，1985)，已经得到液体的摩尔自由体积 $V_{m,f}=V_m-A+B/V_m$，因此由式(20-4)不难得到液体的内压为

$$p_i=\frac{RTV_m}{V_m^2-AV_m+B} \tag{20-19}$$

这个关系式能够适用于从三相点到临界点宽阔温度范围的各种饱和液体。式中 A 和 B 为两个相关的特性常数。其中 A 为密度趋近于零时的排斥体积，即液体的 van der Waals 排斥体积，其值应是分子体积的 4 倍。B 则为液体排斥体积的重叠随 $1/V_m$ 的变化率。对于一般液体，它与 A 以下式相关

$$B=0.2610A^2 \tag{20-20}$$

按照统计力学，液体的状态方程可由下式得到

$$p=kT\left(\frac{\partial\ln Z_l}{\partial V}\right)_{T,N_l} \tag{20-21}$$

现将式(20-7)和式(20-19)代入式(20-21)，并注意到液体的外压相比于内压可以忽略，经运算后得

$$\frac{\partial\ln\sigma}{\partial V_m}=\frac{B}{V_m(V_m^2-AV_m+B)} \tag{20-22}$$

将式(20-22)积分，

$$\ln\sigma=\frac{1}{2}\ln\left(\frac{V_m^2}{V_m^2-AV_m+B}\right)+\frac{A}{\sqrt{4B-A^2}}\mathrm{arctg}\left[\frac{2V_m-A}{\sqrt{4B-A^2}}\right]+C \tag{20-23}$$

式中，C 为积分常数。若将式(20-6)应用于式(20-23)，可得

$$C=-\frac{A}{\sqrt{4B-A^2}}\cdot\frac{\pi}{2} \tag{20-24}$$

故

$$\ln\sigma=\ln\frac{V_m}{\sqrt{V_m^2-AV_m+B}}-\frac{A}{\sqrt{4B-A^2}}\left(\frac{\pi}{2}-\text{arctg}\,\frac{2V_m-A}{\sqrt{4B-A^2}}\right) \tag{20-25}$$

式(20-25)是阻障因子 σ 与液体密度(或摩尔体积)的函数关系。

现将式(20-19)和式(20-25)代入式(20-18),并注意到式(20-20),则得

$$\ln\left\{p+\frac{a}{V_{m,g}^2}\right\}=-\frac{\Delta_{vap}H_m}{RT}+\ln\left\{\frac{RT}{\sqrt{V_m^2-AV_m+0.2610A^2}}\right\}$$
$$+4.7673\left[\frac{\pi}{2}-\text{arctg}\left(\frac{2V_m-A}{0.2098A}\right)\right] \tag{20-26}$$

这就是本专题所得结果。

20.2 检验与讨论

式(20-26)是一个单参数方程,可调参数为特性常数 A。式中的 $V_{m,g}$是气相的摩尔体积,它可由 van der Waals 状态方程解得。其中 van der Waals 参数 a 和 $b(b=Lb')$由下列两式决定

$$a=27R^2T_c^2/(64p_c) \tag{20-27}$$

$$b=RT_c/(8p_c) \tag{20-28}$$

式中,T_c和 p_c分别为物质的临界温度和临界压力。

由此可见,只要知道正常沸点 T_b下液体的摩尔体积 V_b和摩尔蒸发焓 $\Delta_{vap}H_{m,b}$,特性常数 A 就可确定。于是,用式(20-26)可由液体的饱和蒸气压 p 和饱和体积 V_m计算出它在任何温度下的摩尔蒸发焓。表 20-1 列出了 7 种有代表性的纯物质的临界参数、正常沸点下液体的摩尔体积和摩尔蒸发焓实验值,以及据此得到的 van der Waals 参数 a、b 和特性常数 A 的值。它们的数据均取自文献(Daubert T E et al,1985),气相的摩尔体积则由 van der Waals 方程算得。图 20-1 是根据表 20-1 列出的参数 a、b 和特性常数 A 算得的 7 种液体在各温度下的摩尔蒸发焓。图中点为实验值,实线为式(20-26)计算值。由图 20-1 可见,模型正确地反映了蒸发焓随温度的变化趋势,且在宽阔的温度范围内计算值与实验值相吻合。仅在临界和接近临界区域,才产生偏差。这主要是由于气相的 van der Waals 方程属于平均场理论(于渌等,1984),由这种理论所得到的临界指数明显地与实验值有偏差。

表 20-1 纯物质的性质与参数

物质	C_6H_6	n-C_6H_{14}	CS_2	$(C_2H_5)_2O$	$CH_3COOC_2H_5$	C_2H_5OH	H_2O
$p_c/\times10^6$Pa	4.90	3.01	7.90	3.64	3.83	6.38	22.09
T_c/ K	562.16	507.43	552.0	466.7	523.25	516.25	647.29
T_b/ K	353.24	341.88	319.4	307.58	350.21	351.44	373.15
$V_b/(\times10^{-6}m^3\cdot mol^{-1})$	95.78	140.12	62.14	106.34	106.25	62.74	18.95

续表

物质	C_6H_6	n-C_6H_{14}	CS_2	$(C_2H_5)_2O$	$CH_3COOC_2H_5$	C_2H_5OH	H_2O
$\Delta_{vap}H_{m,b}/(kJ\cdot mol^{-1})$	30.75	29.11	27.03	27.09	32.27	39.40	40.67
$a/(Pa\cdot m^6\cdot mol^{-2})$	1.88	2.49	1.12	1.75	2.09	1.22	0.55
$b/(\times10^{-6}m^3\cdot mol^{-1})$	119.28	175.06	72.58	133.33	141.98	84.05	30.45
$A/(\times10^{-6}m^3\cdot mol^{-1})$	154.19	228.48	95.26	175.5	179.24	116.36	32.41

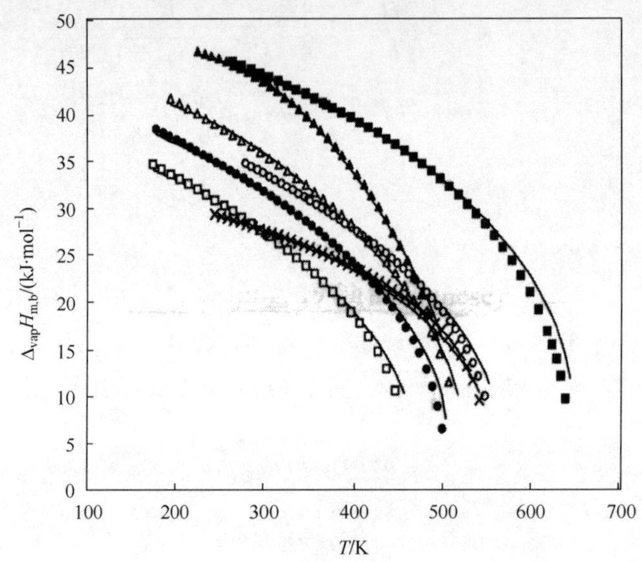

图 20-1　摩尔蒸发焓与温度的关系

■H_2O；▲C_2H_5OH；○C_6H_6；×CS_2；●n-C_6H_{14}；

△$CH_3COOC_2H_5$；□$(C_2H_5)_2O$；—式(20-26)计算值

统计力学方法虽然离不开模型和近似，但它毕竟摒弃了上述 Clausius-Clapeyron 方程推导中所作的三个假设。在这三个假设中，似乎最不合理的是假定蒸发焓不随温度而变。人们总是从这一点入手来经验地修正这个方程，使它能够适用于更为广阔的温度范围。然而，本工作的结果却表明，这个假设似乎是从属的。当修正了 Clausius-Clapeyron 方程中的另两个假设后，蒸发焓随温度的改变便是十分自然的规律。因此，修正气相的非理想性，特别是计及液相分子间的作用，并考虑这种作用对液相分子振动和转动自由度的影响，才是更加重要和更具有本质意义的事。

最后还应当指出，作为对 Clausius-Clapeyron 方程的有效修正，在液体远离临界点时，式(20-26)似应退化为式(20-2)，即式(20-26)等号右边第 2 和第 3 项之和应等于常数 C，因为此式 $a/V_{m,g}^2$ 很小，是可以忽略不计的。但是，事实并非如此。这是由于 Clausius-Clapeyron 方程的第三个假设——蒸发焓不随温度改变是不符合实际的，即使在液体远离临界点时，实验表明其蒸发焓也不可能是个常数。因此，式(20-2)是个近似式，其中 $\Delta_{vap}H_m$ 与其说是某温度下的摩尔蒸发焓，倒不如说是所及温度范围内摩尔蒸发焓的平均值。而式(20-26)中的 $\Delta_{vap}H_m$ 则确指 T 温度下的摩尔蒸发焓。

参 考 文 献

刘国杰,胡英. 1985. 化学学报,43:626.

于渌,郝柏林. 1984. 相变和临界现象. 北京:科学出版社.

Daubert T E, Danner R P. 1985. Data Compilation Tables of Properties of Pure Compounds. New York: AIChE.

Prausnitz J M. 1979. Science,205:759.

21　G-ξ 图的一种错误表示

在物理化学教材中，为了判别化学反应进行的方向与限度，需要引入摩尔反应 Gibbs 自由能的概念，并形象地用 G-ξ 图来示意。虽然已有学者(吕瑞东等，2009)详细地讨论了这个图应该怎样画，但此后出版的教材中，仍然可见错误的表示，这便引发我们写此专题，试图更进一步阐明它错误的原因，供大家讨论。

21.1　摩尔反应 Gibbs 自由能

化学反应的方向与限度，可由如下多相变组成系统的热力学基本方程(胡英等，2007)来描述

$$\begin{aligned}\mathrm{d}G &= -S\mathrm{d}T + V\mathrm{d}p + \sum_{\alpha=1}^{\pi}\sum_{i=1}^{K}\mu_i^{(\alpha)}\mathrm{d}n_i^{(\alpha)} \\ &= -S\mathrm{d}T + V\mathrm{d}p + \sum_{i=1}^{K}\mu_i\mathrm{d}n_i \end{aligned} \tag{21-1}$$

第二个等式是因为系统达热平衡、力平衡和相平衡时，各相的温度、压力和化学势是相等的，此时

$$\mu_i^{(1)} = \mu_i^{(2)} = \cdots = \mu_i^{(\pi)} = \mu_i \tag{21-2}$$

$$\sum_{\alpha=1}^{\pi}\sum_{i=1}^{K}\mu_i^{(\alpha)}\mathrm{d}n_i^{(\alpha)} = \sum_{i=1}^{K}\mu_i^{(1)}\mathrm{d}n_i^{(1)} + \sum_{i=1}^{K}\mu_i^{(2)}\mathrm{d}n_i^{(2)} + \cdots + \sum_{i=1}^{K}\mu_i^{(\pi)}\mathrm{d}n_i^{(\pi)} = \sum_{i=1}^{K}\mu_i\mathrm{d}n_i \tag{21-3}$$

式中，$\mathrm{d}n_i = \mathrm{d}n_i^{(1)} + \mathrm{d}n_i^{(2)} + \cdots + \mathrm{d}n_i^{(\pi)}$，为系统中组分 i 的物质的量的微变。这就是说，式(21-1)能够适用于各种均相和多相化学反应(刘国杰等，2008)。

倘若系统中只发生一个化学反应，其反应计量方程为

$$0 = \sum_{\mathrm{B}}\nu_{\mathrm{B}}\mathrm{B} \tag{21-4}$$

式中，B 代表反应物或产物；ν_{B} 为它们的反应计量数，产物取正值，反应物取负值。

定义反应进度

$$\xi \overset{\mathrm{def}}{=} \frac{n_{\mathrm{B}} - n_{\mathrm{B0}}}{\nu_{\mathrm{B}}} \tag{21-5}$$

用来表示反应进行的程度。式中，n_{B0} 和 n_{B} 分别为反应开始和任一时刻 B 物质的量。由此可得

$$\mathrm{d}n_{\mathrm{B}} = \nu_{\mathrm{B}}\mathrm{d}\xi \tag{21-6}$$

将它代入式(21-1)，则

$$\mathrm{d}G = -S\mathrm{d}T + V\mathrm{d}p + \sum_{\mathrm{B}}\nu_{\mathrm{B}}\mu_{\mathrm{B}}\mathrm{d}\xi \tag{21-7}$$

若反应是在恒温、恒压和不做非体积功的封闭系统中进行，则

$$\left(\frac{\partial G}{\partial \xi}\right)_{T,P} = \sum_{\mathrm{B}} \nu_{\mathrm{B}}\mu_{\mathrm{B}} \tag{21-8}$$

式中，$(\partial G/\partial \xi)_{T,p}$称为摩尔反应 Gibbs 自由能，并用 $\Delta_{\mathrm{r}}G_{\mathrm{m}}$ 表示，其负值也称亲和势，以表示反应的亲和力。

不难看出，当反应正向进行时，反应进度的微变 $\mathrm{d}\xi>0$，因此，$(\partial G/\partial \xi)_{T,p}$的符号完全由 $\mathrm{d}G_{T,p}$决定。于是，根据 Gibbs 自由能减少原理，化学反应的方向和限度可由下式判别：

$$\Delta_{\mathrm{r}}G_{\mathrm{m}} = \sum_{\mathrm{B}} \nu_{\mathrm{B}}\mu_{\mathrm{B}} \leqslant 0 \tag{21-9}$$

式中，不等号表示不可逆或反应的方向，等号表示可逆或反应的限度。所以，G-ξ 曲线的斜率就成为反应方向与限度的判据。

$$\left(\frac{\partial G}{\partial \xi}\right)_{T,p} \begin{cases} <0 & \text{正向反应} \\ =0 & \text{化学平衡} \\ >0 & \text{逆向反应} \end{cases} \tag{21-10}$$

21.2 一种值得商榷的 G-ξ 图

目前，国内有些物理化学教材将 G-ξ 示意图中的曲线画成图 21-1 形式，这是值得商榷的。

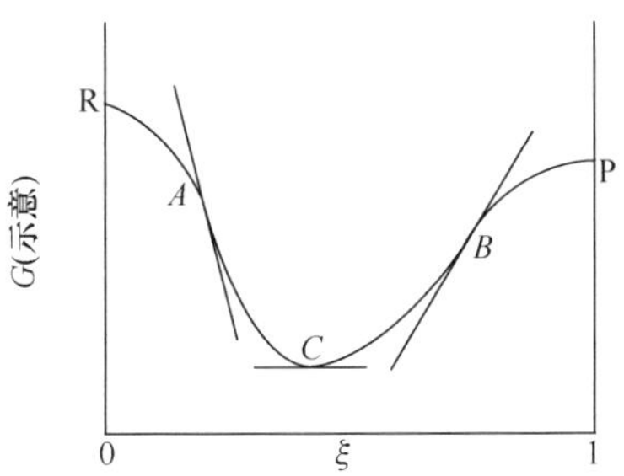

图 21-1 化学反应的 G-ξ 图(示意)

虽然图 21-1 中的 C 点$(\partial G/\partial \xi)_{T,p}=0$，代表化学平衡，$C$ 点的左侧，曲线的斜率总小于零，表示反应正向进行，C 点的右侧，曲线的斜率总大于零，表示反应逆向进行，似乎这一切都符合规律，但是，曲线中出现了两个拐点 A 和 B，这就是问题所在。

拐点的数学特征是二阶导数等于零，即$(\partial^2 G/\partial \xi^2)_{T,p}=0$。这就是说，

$$\left[\frac{\partial}{\partial \xi}\left(\frac{\partial G}{\partial \xi}\right)_{T,P}\right]_{T,P} = \left[\frac{\partial}{\partial \xi}\left(\sum_{\mathrm{B}} \nu_{\mathrm{B}}\mu_{\mathrm{B}}\right)\right]_{T,P} = \sum_{\mathrm{B}} \nu_{\mathrm{B}} \left(\frac{\partial \mu_{\mathrm{B}}}{\partial \xi}\right)_{T,P} = 0 \tag{21-11}$$

要满足式(21-11)，可令

$$\left(\frac{\partial \mu_{\mathrm{B}}}{\partial \xi}\right)_{T,p} = 0 \tag{21-12}$$

也就是说，在拐点处反应物和产物的化学势都不再随反应进度而改变，反应因此而停顿。这一现象有点像达到化学平衡的状态，因为当反应物转变成产物时，反应物的化学势不断地减小，而产物的化学势不断地增大，直到$\sum_{\mathrm{B}} \nu_{\mathrm{B}}\mu_{\mathrm{B}} = 0$时，反应达到化学平衡状态。此时，反应物和产物的化学势也都不再进一步改变。然而，不同的是，拐点的$(\partial G/\partial \xi)_{T,p} = \sum_{\mathrm{B}} \nu_{\mathrm{B}}\mu_{\mathrm{B}} \neq 0$，即它并非处在热力学平衡状态，而是处在内部不平衡的状态，这种状态称为“冻结态”。

21.3 何谓“冻结态”

举一个例子来说明“冻结态”。例如，H_2(g)在 50～300K 下转动对摩尔热容 $C_{V,m}$的贡献(唐有祺,1979)。H_2(g)是正氢 Ortho-H_2和仲氢 Para-H_2的混合物，两者的区别在于转动量子数 J 不同，正氢的 $J=1,3,5,\cdots$，仲氢的 $J=0,2,4,\cdots$。在较高温度时，H_2(g)中正氢与仲氢的平衡组成为 3∶1，当温度趋近 0K 时，由于 H_2(g)的 J 变为零，它们的平衡组成变为 0∶1。两种氢气对转动摩尔热容 $C_{V,m}$的贡献是不同的，因此，在上述温度范围内，H_2(g)的转动摩尔热容随温度的变化是复杂的，如图 21-2 所示。由图可见，在低温时，用统计力学算得的理论值 2 与实验值 1 差别很大。

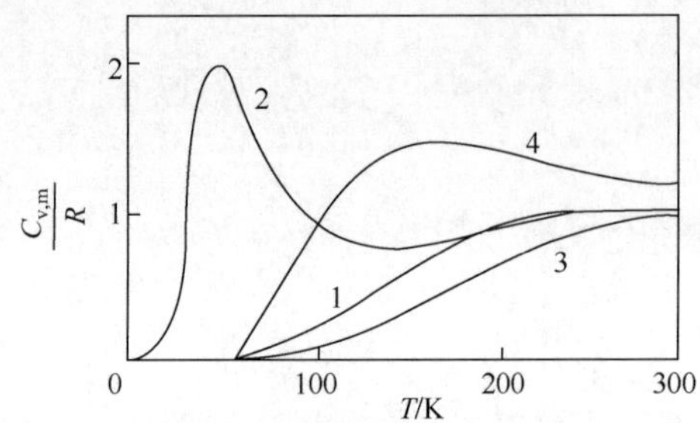

图 21-2　氢气的转动摩尔热容与温度的关系

1. 实验值；2. 理论值(不冻结)；3. 正氢；4. 仲氢

1927 年，Dennison 作了如下两点假设，竟意想不到地解决了该问题：① 假定氢气中正氢和仲氢的组成是不随温度而变的。② 假定正氢与仲氢的组成始终被“冻结”在高温时的平衡组成 3∶1。于是，可得 H_2(g)的转动摩尔热容为

$$C_{V,m}=\frac{3}{4}(C_{V,m})_{正氢}+\frac{1}{4}(C_{V,m})_{仲氢} \tag{21-13}$$

由此算得的 $C_{V,m}$几乎与图 21-2 中的曲线 1 重合。可见，低温时的 H_2(g)是处在“冻结态”中，它的组成与高温时相同，正氢与仲氢的分子比为 3∶1，且保持不变。

“冻结态”是一种亚稳状态，它偏离热力学平衡状态主要是动力学上的原因。由于正氢转变成仲氢需要活化能，故若在 H_2(g)中加入活性炭作为催化剂(McClelland B J, 1980)，这种“冻结态”就会因此而消失。

通常，系统只有在受到干预时，才会出现“冻结态”，诸如冷却至低温、加阻化剂或移去催化剂等。但是，对于本专题研究的反应系统，则是恒温、恒压、不做非体积功的封闭系统，这些干预都是不可能发生的，因此，G-ξ 曲线中是不可能出现拐点的，也就是说，图 21-1 所示的 G-ξ 曲线是一种错误的表示。

参考文献

胡英，吕瑞东，刘国杰，等. 2007. 物理化学. 5版. 北京：高等教育出版社.

刘国杰，黑恩成. 2008. 物理化学导读. 北京：科学出版社.

吕瑞东，高丕英. 2009. 大学化学，24(2)：60.

唐有祺. 1979. 统计力学及其在物理化学中的应用. 北京：科学出版社.

McClelland B J. 1980. 统计热力学. 龚少明，译. 上海：上海科学技术出版社.

化学动力学

22 平衡态近似及其与稳定态近似的关系

在反应机理的拟定中，平衡态近似和稳定态近似是两种最常用的方法，可是，对于它们间的关系，物理化学教材和专著中常有不同的看法，有些教材认为，它们是两种不同的处理方法；有些教材和专著则认为平衡态近似是稳定态近似的一个特例，前者包容于后者之中。显然，明确两者之间的关系是非常必要的，本专题试图通过对平衡态近似的简述，来阐明它们间的关系。

22.1 平衡态近似

平衡态近似也称预平衡近似或速率控制步骤近似。假如有一个反应

$$\mathrm{A} \longrightarrow \mathrm{P}$$

其反应机理为

$$\text{第 1 步} \qquad \mathrm{A} \underset{k_1}{\overset{k_1}{\rightleftharpoons}} \mathrm{B}$$

$$\text{第 2 步} \qquad \mathrm{B} \xrightarrow{k_2} \mathrm{P}$$

其中 B 为中间物。则平衡态近似假定反应过程中反应物 A 与中间物 B 之间能始终近似地保持化学平衡，即

$$-\frac{\mathrm{d}c_{\mathrm{A}}}{\mathrm{d}t}=k_1 c_{\mathrm{A}}-k_{-1} c_{\mathrm{B}} \approx 0 \tag{22-1}$$

此时的 c_{A} 和 c_{B} 也可认为是反应物和中间物的平衡浓度 $c_{\mathrm{A}}^{\mathrm{eq}}$ 和 $c_{\mathrm{B}}^{\mathrm{eq}}$。于是，由式(22-1)可得

$$c_{\mathrm{B}}^{\mathrm{eq}} \approx \frac{k_1}{k_{-1}} c_{\mathrm{A}}^{\mathrm{eq}}=K c_{\mathrm{A}}^{\mathrm{eq}} \tag{22-2}$$

式中，$K=k_1/k_{-1}$，为平衡常数。要满足这个平衡条件，机理中的第 2 步中间物 B 变为产物 P 的速率必须很慢，即这一步应是速率控制步骤，总反应速率就取决于这一步。

$$\frac{\mathrm{d}c_{\mathrm{P}}}{\mathrm{d}t}=k_2 c_{\mathrm{B}}^{\mathrm{eq}} \tag{22-3}$$

这也意味着中间物 B 返回反应物 A 的速率远大于它转变成产物 P 的速率，否则，A 与 B 间的平衡难以保持。这就是说

$$k_{-1} c_{\mathrm{B}}^{\mathrm{eq}} \gg k_2 c_{\mathrm{B}}^{\mathrm{eq}} \quad \text{或} \quad k_{-1} \gg k_2 \tag{22-4}$$

式 (22-4)是平衡态近似的适用条件。

将式(22-2)代入式(22-3)，得总反应速率方程为

$$\frac{\mathrm{d}c_{\mathrm{P}}}{\mathrm{d}t} \approx k_2 K c_{\mathrm{A}}^{\mathrm{eq}} \tag{22-5}$$

由于机理的第 1 步处在平衡之中，故由物料恒算，不难得到未反应的 A 的浓度为

$$c_A = c_{A0} - c_P = c_A^{eq} + c_B^{eq} \tag{22-6}$$

式中，c_{A0}为反应物 A 的初始浓度。

若将式(22-2)代入式(22-6)，则可得

$$c_A \approx c_A^{eq} + K c_A^{eq} = c_A^{eq}(1+K)$$

或

$$c_A^{eq} \approx \frac{c_A}{1+K} \tag{22-7}$$

现将式(22-7)代入式(22-5)，便得总反应速率方程

$$\frac{dc_P}{dt} \approx \frac{k_2 K}{1+K} c_A = \frac{k_1 k_2}{k_{-1}+k_1} c_A \tag{22-8}$$

式(22-8)为平衡态近似得到的结果。由于总反应速率系数为

$$k \approx \frac{k_1 k_2}{k_{-1}+k_1} = \frac{k_2 K}{1+K} \tag{22-9}$$

故平衡态近似的特征是，k/k_2 是平衡常数 K 的函数。当 $K \ll 1$ 时，k/k_2 趋近于零；当 $K \gg 1$ 时，k/k_2 趋近于 1，图 22-1 是 k/k_2 对 K 作图，可见，随着平衡常数 K 的增大，k/k_2 从 0 逐渐增大，最终趋近于极限值 1。

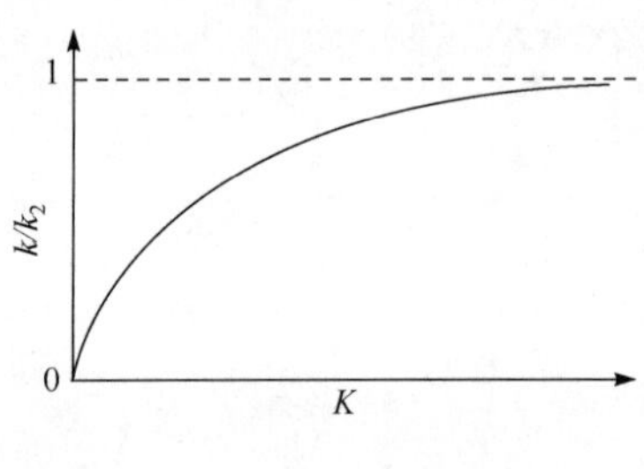

图 22-1　k/k_2 与 K 的关系

显而易见，这个近似不同于稳定态近似，它不要求中间物浓度处于稳定状态，也不要求中间物浓度很小或很活泼，而是令反应物与中间物近似地处于平衡状态，故原则上是一种独立于稳定态近似的处理方法。

22.2　平衡态近似与稳定态近似间的关系

然而，值得关注的是，绝大多数专著和物理化学教材都将注意力集中在 $K \ll 1$ 的情况。此时因 $c_B^{eq} \ll c_A^{eq}$，中间物 B 的平衡浓度极小，是一个难以用实验测定的物质，或许正是这个原因，它为反应机理中的中间物结构留下了一个可供“想象”的空间。

于是，由式(22-6)可得 $c_A \approx c_A^{eq}$，将它代入式(22-5)或式(22-8)，可得到

$$\frac{dc_P}{dt} \approx k_2 K c_A \tag{22-10}$$

由于在此情况下，$k_1 \ll k_{-1}$，若将它与式(22-4)相结合，则这两个不等式可隐含于下式之中：

$$k_1 \ll k_{-1} + k_2 \tag{22-11}$$

式(22-11)正是稳定态近似的适用条件(若反应时间大于诱导期)，故在此情况下，式(22-10)当然也可通过稳定态近似得到。

对于上述反应机理，若用稳定态近似，应为

$$\frac{dc_B}{dt} = k_1 c_A - k_{-1} c_B - k_2 c_B \approx 0 \tag{22-12}$$

因此，

$$c_B \approx \frac{k_1}{k_{-1}+k_2} c_A \tag{22-13}$$

总反应速率为

$$\frac{dc_P}{dt} = k_2 c_B \approx \frac{k_1 k_2}{k_{-1}+k_2} c_A \tag{22-14}$$

这是稳定态近似得到的总反应速率方程。不难发现，它与平衡态近似得到的式(22-8)在形式上很相似。

现若将平衡态近似的适用条件式(22-4)代入式(22-14)，便可得到式(22-10)。因此，式(22-10)也可视为是在中间物B的浓度处于稳定态的前提下，再代入平衡态近似的适用条件[式(22-4)]所得的结果。显然，此时的平衡态近似是包容在稳定态近似之中的，前者只是后者的一个特例(赵学庄，1984)。

应该指出，目前国内的物理化学教材在叙述平衡态近似时，都没有考虑到 c_A 和 c_B 与 c_A^{eq} 和 c_B^{eq} 间的区别，而是用 c_A 取代 c_A^{eq}，c_B 取代 c_B^{eq}。于是，式(22-2)变为

$$c_B \approx \frac{k_1}{k_{-1}} c_A = K c_A$$

由速率控制步骤可得到总反应速率方程为

$$\frac{dc_P}{dt} = k_2 c_B \approx k_2 K c_A$$

此式即式(22-10)。这就默认了推导是在 $K \ll 1$ 的条件下进行，因为只有在满足这个条件时，由式(22-7)才能得到 $c_A \approx c_A^{eq}$。故这时的平衡态近似是稳定态近似的一个特例。但当不是 $K \ll 1$ 时，它便不再包容于稳定态近似之中，而是一种独立于稳定态近似的处理方法。

22.3 一个改进的反应速率方程

平衡态近似得到的反应速率方程如式(22-8)所示，其适用条件为 $k_{-1} \gg k_2$，故可在式(22-8)等号右边的分母中加上 k_2。有趣的是，稳定态近似导得的反应速率方程如式(22-14)所示，其适用条件为 $k_{-1}+k_2 \gg k_1$，因此，可在式(22-14)等号右边的分母中加上 k_1。这样，两种近似便得到了如下相同的反应速率方程

$$\frac{dc_P}{dt} = \frac{k_1 k_2}{k_1+k_{-1}+k_2} c_A \tag{22-15}$$

这就是说，它不仅适用于平衡态近似，而且也适用于稳定态近似。例如，当 $k_{-1} \gg k_2$ 时，相比于 k_{-1}，分母中的 k_2 可以忽略不计，式(22-15)便变成式(22-8)；而当 $k_{-1}+k_2 \gg k_1$ 时，相比于 $k_{-1}+k_2$，分母中的 k_1 可以忽略不计，式(22-15)便变成式(22-14)。故式(22-15)是一个能兼顾两种近似的统一的反应速率方程，它有着更广的适用范围。

文献(香雅正，1998)列出了 k_1、k_{-1} 和 k_2 不同相对大小的12种情况，讨论了两种近似对它们的适用状况。表22-1则进一步表示了式(22-8)、式(22-14)和式(22-15)对这12种情况的适用性。

表 22-1 式(22-8)、式(22-14)和式(22-15)对 12 种情况的适用性

条件	式(22-8)	式(22-14)	式(22-15)
①$k_{-1}\approx k_2\gg k_1$	不适用	适用	适用
②$k_{-1}\gg k_2\gg k_1$	适用	适用	适用
③$k_{-1}\gg k_2\approx k_1$	适用	适用	适用
④$k_2\gg k_{-1}\gg k_1$	不适用	适用	适用
⑤$k_2\gg k_{-1}\approx k_1$	不适用	适用	适用
⑥$k_1\approx k_{-1}\gg k_2$	适用	不适用	适用
⑦$k_1\gg k_{-1}\gg k_2$	适用	不适用	适用
⑧$k_1\gg k_{-1}\approx k_2$	不适用	不适用	—
⑨$k_{-1}\gg k_1\gg k_2$	适用	适用	适用
⑩$k_1\approx k_2\gg k_{-1}$	不适用	不适用	尚满意
⑪$k_1\gg k_2\gg k_{-1}$	不适用	不适用	—
⑫$k_2\gg k_1\gg k_{-1}$	不适用	适用	适用

由表 22-1 可见，式(22-15)有更广泛的适用性。虽然从理论上说，它依然不适用于表 22-1 中的条件⑧、⑩和⑪，但因上述反应机理中的 k_1、k_{-1}和 k_2 是可以严格求解的(赵学庄，1984)，对于条件⑩，若令 $k_1:k_2:k_{-1}=1:1:10^{-2}$，则式(22-15)仍可得到较满意的结果(Espenson J H，1995)。

22.4 结论

综上所述，本专题得到了如下几点结论：

(1) 不同于稳定态近似，平衡态近似不要求中间物浓度处于稳定状态，也不要求中间物浓度极小或很活泼，而是令反应物与中间物近似地处于平衡状态。两者的适用条件也不相同，除了反应时间大于诱导期外，平衡态近似的适用条件为 $k_{-1}\gg k_2$，而稳定态近似的适用条件为 $k_{-1}+k_2\gg k_1$，故原则上它们是两种独立的处理方法。

(2) 当平衡常数 $K\ll 1$，即 $k_{-1}\gg k_1$ 时，因 $k_{-1}\gg k_2$ 和 $k_{-1}\gg k_1$ 可联合表示为 $k_{-1}+k_2\gg k_1$，这时的平衡态近似可认为是稳定态近似的一个特例。可是值得注意的是，几乎所有物理化学教材实际上都是在默认这个条件的前提下叙述和讨论平衡态近似的，因此，平衡态近似也就包容在稳定态近似之中。

(3) 由平衡态近似和稳定态近似可以得到一个统一的反应速率方程，它能兼顾这两种近似，使反应速率方程具有更广的适用性。

参考文献

香雅正. 1984. 化学通报，4:57.
赵学庄. 1984. 化学反应动力学原理(上册). 北京：高等教育出版社.
Espenson J H. 1995. Chemical Kinetics and Reaction Mechanism. 2nd ed. New York：McGraw-Hill.
Moore J W，Pearson R G. 1981. Kinetics and Mechanism. 3rd ed. New York：John Wiley&Sons.

23 有关平衡态近似的一个问题

在反应机理的拟定中，平衡态近似是一种重要的方法。这种方法的特征是，中间物转变成产物的速率很慢，以致它有足够的时间逆转成反应物，并与反应物建立近似的化学平衡关系。由于中间物转变成产物的速率很慢，这一步便成了速率控制步骤，复合反应的反应速率就近似地等于这一步的反应速率。因此，人们只需求得速率控制步骤的反应速率就能方便地得到复合反应的反应速率。但是，这种简便有时也会因疏忽大意而导致错误的结果。

23.1 问题的引出

以臭氧分解反应 $2O_3 \longrightarrow 3O_2$ 为例，在充足的氧气氛下进行时，实验测得臭氧的消耗速率遵守如下动力学方程

$$-\frac{dc_{O_3}}{dt}=k\frac{c_{O_3}^2}{c_{O_2}} \tag{23-1}$$

据此，Chapman(1908，1910)和 Benson(1957)提议该反应的机理为

① $$O_3+M \underset{k_{-1}}{\overset{k_1}{\rightleftharpoons}} O_2+O+M$$

② $$O+O_3 \xrightarrow{k_2} 2O_2$$

在充足的氧气氛下，可以认为 $k_{-1}c_{O_2}c_Oc_M \gg k_2c_Oc_{O_3}$，故适合平衡态近似。其中第②步为速率控制步骤，这一步的反应速率可看作复合反应的反应速率。因此，有

$$-\frac{dc_{O_3}}{dt}=k_2c_Oc_{O_3} \tag{23-2}$$

式中，中间物 O 的浓度可由第①步化学平衡关系得到

$$c_O=\frac{K_cc_{O_3}}{c_{O_2}}=\frac{k_1c_{O_3}}{k_{-1}c_{O_2}} \tag{23-3}$$

将式(23-3)代入式(23-2)，得

$$-\frac{dc_{O_3}}{dt}=\frac{k_1k_2c_{O_3}^2}{k_{-1}c_{O_2}}=k\frac{c_{O_3}^2}{c_{O_2}} \tag{23-4}$$

式中，$k=k_1k_2/k_{-1}$。式(23-4)与实验建立的动力学方程[式(23-1)]似乎很一致。

但是，仔细审查不难发现，式(23-4)并不可靠。因为氧原子是活泼的中间物，它一经生成便会很快消耗，在系统中的浓度很小，因此，上述机理也可用稳定态近似处理。

按照稳定态近似

$$\frac{dc_O}{dt}=k_1c_{O_3}c_M-k_{-1}c_{O_2}c_Oc_M-k_2c_Oc_{O_3}=0 \tag{23-5}$$

$$c_{O}=\frac{k_1 c_{O_3} c_M}{k_{-1} c_{O_2} c_M + k_2 c_{O_3}} \tag{23-6}$$

因此,臭氧的消耗速率为

$$\begin{aligned}
-\frac{dc_{O_3}}{dt} &= k_1 c_{O_3} c_M - k_{-1} c_{O_2} c_O c_M + k_2 c_O c_{O_3} \\
&= k_1 c_{O_3} c_M + (k_2 c_{O_3} - k_{-1} c_{O_2} c_M)\frac{k_1 c_{O_3} c_M}{k_{-1} c_{O_2} c_M + k_2 c_{O_3}} \\
&= k_1 c_{O_3} c_M \left(1 + \frac{k_2 c_{O_3} - k_{-1} c_{O_2} c_M}{k_{-1} c_{O_2} c_M + k_2 c_{O_3}}\right) \\
&= \frac{2k_1 k_2 c_{O_3}^2 c_M}{k_{-1} c_{O_2} c_M + k_2 c_{O_3}} \qquad (23\text{-}7)
\end{aligned}$$

式中代入了式(23-6)。由于反应是在充足的氧气氛下进行,故 $k_{-1} c_{O_2} c_M \gg k_2 c_{O_3}$,式(23-7)可简化为

$$-\frac{dc_{O_3}}{dt} \approx \frac{2k_1 k_2 c_{O_3}^2}{k_{-1} c_{O_2}} = k\,\frac{c_{O_3}^2}{c_{O_2}} \tag{23-8}$$

式中,$k = 2k_1 k_2 / k_{-1}$。由此可见,式(23-8)比式(23-4)大了一倍。

倘若用产物 O_2 的生成速率来表示反应速率,得到的结果也是类似的,只是速率控制步骤的反应速率为

$$\frac{1}{2}\frac{dc_{O_2}}{dt} = k_2 c_O c_{O_3} \tag{23-9}$$

代入式(23-3)可得 O_2 的生成速率为

$$\frac{dc_{O_2}}{dt} = \frac{2k_1 k_2 c_{O_3}^2}{k_{-1} c_{O_2}} \tag{23-10}$$

但是,式(23-10)也不可靠。因为按照稳定态近似,O_2 的生成速率为

$$\begin{aligned}
\frac{dc_{O_2}}{dt} &= k_1 c_{O_3} c_M - k_{-1} c_{O_2} c_O c_M + 2k_2 c_O c_{O_3} \\
&= k_1 c_{O_3} c_M + (2k_2 c_{O_3} - k_{-1} c_{O_2} c_M) c_O \qquad (23\text{-}11)
\end{aligned}$$

将式(23-6)代入式(23-11),则得

$$\begin{aligned}
\frac{dc_{O_2}}{dt} &= k_1 c_{O_3} c_M \left(1 + \frac{2k_2 c_{O_3} - k_{-1} c_{O_2} c_M}{k_{-1} c_{O_2} c_M + k_2 c_{O_3}}\right) \\
&= \frac{3k_1 k_2 c_{O_3}^2 c_M}{k_{-1} c_{O_2} c_M + k_2 c_{O_3}} \approx \frac{3k_1 k_2 c_{O_3}^2}{k_{-1} c_{O_2}} \qquad (23\text{-}12)
\end{aligned}$$

式中考虑到在充足的氧气氛下,$k_{-1} c_{O_2} c_M \gg k_2 c_{O_3}$。可见,式(23-12)是式(23-10)的 1.5 倍。

23.2 问题的症结所在

那么,为什么两种近似处理的结果会有如此明显的差异呢?

众所周知，一个化学反应的反应速率 v、反应物的消耗速率 v_A 和产物的生成速率 v_P 都有明确的定义。对于化学反应 $0=\sum_B \nu_B B$，若反应系统体积恒定，三者的定义及它们间的关系如下。

反应速率的定义为

$$v \overset{\text{def}}{=\!=} \frac{1}{\nu_B}\frac{dc_B}{dt} \tag{23-13}$$

式中，ν_B 为化学计量数，对于反应物 ν_B 取负号，对于产物 ν_B 取正号。因此，式(23-13)也可表示为

$$v=\frac{1}{|\nu_B|}\left(\pm\frac{dc_B}{dt}\right)=\frac{v_B}{|\nu_B|} \tag{23-14}$$

如果 B 为反应物 A，则定义

$$v_A \overset{\text{def}}{=\!=} -\frac{dc_A}{dt} \tag{23-15}$$

式中，v_A 为反应物的消耗速率。

如果 B 为产物 P，则定义

$$v_P \overset{\text{def}}{=\!=} \frac{dc_P}{dt} \tag{23-16}$$

式中，v_P 为产物的生成速率。

三种速率间的关系可由式(23-14)看出

$$v_A=|\nu_A|v \quad 或 \quad k_A=|\nu_A|k \tag{23-17}$$

$$v_P=\nu_P v \quad 或 \quad k_P=\nu_P k \tag{23-18}$$

式中，k、k_A 和 k_P 分别为化学反应的反应速率系数、反应物的消耗速率系数和产物的生成速率系数。

由此可见，反应物的消耗速率系数和产物的生成速率系数分别与它们的化学计量数的绝对值成正比。也就是说，同一个反应物（或产物）的消耗（或生成）速率系数对于复合反应和机理中的基元反应其值是不一定相同的。上述问题就出于此。

不难看出，实验得到的动力学方程式 (23-1)是对复合反应 $2O_3 \longrightarrow 3O_2$ 而言，式中的 k 实为复合反应中 O_3 的消耗速率系数；而式(23-4)则是对反应机理中的速率控制步骤②而言，式中的 k 实为速率控制步骤②反应物 O_3 的消耗速率系数，两者对应不同的反应。由于这两个反应相应的反应物或产物的化学计量数不相同，因此它们的 k 值不等。

按照平衡态近似，复合反应的反应速率近似等于速率控制步骤的反应速率。这个关系可由下式表示

$$v_{复合} \approx v_{速率控制步骤} \tag{23-19}$$

其中复合反应 $2O_3 \longrightarrow 3O_2$ 的反应速率为

$$v_{复合}=-\frac{1}{2}\left(\frac{dc_{O_3}}{dt}\right)_{复合} \tag{23-20}$$

式中，$-\left(\frac{dc_{O_3}}{dt}\right)_{复合}$ 为复合反应中臭氧的消耗速率。

速率控制步骤 $O+O_3 \longrightarrow 2O_2$ 的反应速率为

$$v_{速率控制步骤}=-\left(\frac{dc_{O_3}}{dt}\right)_{速率控制步骤} \tag{23-21}$$

式中，$-\left(\frac{dc_{O_3}}{dt}\right)_{速率控制步骤}$ 为速率控制步骤中臭氧的消耗速率。

将式(23-20)和式(23-21)代入式(23-19)，则得

$$-\left(\frac{dc_{O_3}}{dt}\right)_{复合} \approx -2\left(\frac{dc_{O_3}}{dt}\right)_{速率控制步骤} \tag{23-22}$$

这就是说，复合反应的臭氧消耗速率应是速率控制步骤臭氧消耗速率的 2 倍。因此，式(23-2)右端必须乘上 2 才是复合反应的臭氧消耗速率，即式(23-4)中的 k 为

$$k=\frac{2k_1k_2}{k_{-1}} \tag{23-23}$$

这便与稳定态近似所得的结果式(23-8)完全一致。

应该指出，稳定态近似不存在这个问题，这可由比较式(23-7)与式(23-2)看出。式(23-7)中的 $-\frac{dc_{O_3}}{dt}$ 不仅等于 $k_2c_Oc_{O_3}$，而且还包含 $k_1c_{O_3}c_M$ 和 $-k_{-1}c_{O_2}c_Oc_M$，这说明它不仅考虑到机理中的速率控制步骤②，而且还涉及机理中①的正、逆反应对臭氧消耗速率的贡献，故式(23-7)是对复合反应而言。

倘若反应速率以产物 O_2 表示，则速率控制步骤的反应速率表示为

$$v_{速率控制步骤}=\frac{1}{2}\left(\frac{dc_{O_2}}{dt}\right)_{速率控制步骤} \tag{23-24}$$

而复合反应 $2O_3 \longrightarrow 3O_2$ 的反应速率表示为

$$v_{复合}=\frac{1}{3}\left(\frac{dc_{O_2}}{dt}\right)_{复合} \tag{23-25}$$

将式(23-24)和式(23-25)代入式(23-19)，便知复合反应中 O_2 的生成速率是速率控制步骤 O_2 的生成速率的 1.5 倍，即

$$\left(\frac{dc_{O_2}}{dt}\right)_{复合} \approx 1.5\left(\frac{dc_{O_2}}{dt}\right)_{速率控制步骤} \tag{23-26}$$

将式(23-10)代入式(23-26)，所得结果与式(23-12)相同，两种近似便不再矛盾。

这样的例子还可列举若干。例如，一氧化氮氧化反应 $2NO+O_2 \longrightarrow 2NO_2$，这是一个反应速率系数具有负的温度系数的气相三级反应，有人提出如下反应机理(Moore J W et al，1981)

$$NO+O_2 \underset{k_{-1}}{\overset{k_1}{\rightleftharpoons}} NO_3$$

$$NO_3+NO \xrightarrow{k_2} 2NO_2$$

利用平衡态近似，也会遇到与臭氧分解反应类似的问题。

23.3 结论

综上所述，本专题的结论是：在用平衡态近似拟定反应机理时，需要注意这样一个问题：虽然速率控制步骤的反应速率可视为复合反应的反应速率，但是这两个反应中同一反应物（或产物）的消耗速率（或生成速率）却不一定相等，因为消耗速率和生成速率分别与反应物和产物的化学计量数的绝对值成正比。对于本专题所述的臭氧分解反应，不管是反应物 O_3，还是产物 O_2，它们在复合反应和速率控制步骤中的化学计量数都各不相同，因此，两个反应的 O_3 的消耗速率或 O_2 的生成速率是不相等的。由于实验测得的式(23-1)是复合反应中臭氧的消耗速率方程，而式(23-2)和式(23-4)得到的是速率控制步骤中 O_3 的消耗速率，故必须将式(23-4)代入式(23-22)，即将式(23-4)乘上 2 才是复合反应中 O_3 的消耗速率方程。有的教材认为，式(23-4)之所以要乘 2，是因为机理中的第②步消耗了一个氧原子，因此机理的第①步必须再消耗一个臭氧分子 O_3 来补充。这样的解释至少使人难以理解。

参考文献

Benson S W, Axworthy A E. 1957. J Chem Phys, 26: 1718.

Chapman D L, Clarke H E. 1908. J Chem Soc, 93: 1638.

Chapman D L, Jones H E. 1910. J Chem Soc, 97: 2463.

Moore J W, Pearson R G. 1981. Kinetics and Mechanism. 3rd ed. New York: John Wiley&Sons.

24 Arrhenius 活化能理论的修正

在描述化学反应速率随温度变化时，所有物理化学教材都会无例外地提及 Arrhenius 方程：

$$\frac{\mathrm{dln}\{k\}}{\mathrm{d}T}=\frac{E_a}{RT^2} \tag{24-1}$$

式中，k 为反应速率常数；E_a 为 Arrhenius 活化能；R 为摩尔气体常量；T 为热力学温度。这个方程也可表示为

$$k=A\mathrm{e}^{-E_a/RT} \tag{24-2}$$

式中，A 为指前因子。据此，Arrhenius 活化能被定义为

$$E_a \overset{\mathrm{def}}{=\!=} RT^2\frac{\mathrm{dln}\{k\}}{\mathrm{d}T}=-R\frac{\mathrm{dln}\{k\}}{\mathrm{d}(1/T)} \tag{24-3}$$

24.1 Arrhenius 理论

其实，式(24-1)是个经验式，是 Arrhenius 引申了 van't Hoff 方程并作了简化所得(赵学庄，1984)，他为了从理论上阐明这个方程，提出了如下四个假设(Arrhenius S，1889；伊列敏 E И，1985)：

假设一：并不是所有分子都能反应，参与反应的只有那些能量较高的活化分子，一般分子必须在吸收了一定的能量后才变成活化分子。根据这个假设，化学反应是按如下模式进行的：

$$\mathrm{A}+\mathrm{B}\underset{k_{-1}}{\overset{k_1}{\rightleftharpoons}}(\mathrm{A-B})^*\xrightarrow{k_2}\mathrm{P}$$

式中，A 和 B 为两个反应物分子；$(\mathrm{A-B})^*$ 为活化分子对；P 为反应产物。

假设二：分子活化成活化分子或活化分子对是一个可逆反应，且活化分子或活化分子对很容易放出能量而变成一般分子。即活化分子或活化分子对的浓度很低，它与一般分子间可近似认为处于化学平衡中，因此，

$$K_c=\frac{c_{(\mathrm{A-B})^*}}{c_\mathrm{A}\cdot c_\mathrm{B}} \quad 或 \quad c_{(\mathrm{A-B})^*}=K_c c_\mathrm{A} c_\mathrm{B} \tag{24-4}$$

假设三：活化分子或活化分子对转变成产物 P 的速率很慢，这一步是速率控制步骤，故

$$\frac{\mathrm{d}c_\mathrm{P}}{\mathrm{d}t}=K_c c_{(\mathrm{A-B})^*}=k_2 K_c c_\mathrm{A} c_\mathrm{B} \tag{24-5}$$

化学反应的速率常数为

$$k=k_2 K_c \tag{24-6}$$

假设四：活化分子或活化分子对转变成产物 P 的速率是不随温度而变的，即 k_2 是个

与温度无关的常数。因此,

$$\ln\{k\}=\ln\{k_2\}+\ln\{K_c\} \tag{24-7}$$

$$\frac{\mathrm{d}\ln\{k\}}{\mathrm{d}T}=\frac{\mathrm{d}\ln\{K_c\}}{\mathrm{d}T}=\frac{\Delta_r U_m^{\ominus}}{RT^2} \tag{24-8}$$

式(24-8)代入了 van't Hoff 方程,式中,$\Delta_r U_m^{\ominus}$ 为一般分子转变成活化分子或活化分子对时系统标准摩尔热力学能增量,其值为 E_a。所以,

$$\frac{\mathrm{d}\ln\{k\}}{\mathrm{d}T}=\frac{E_a}{RT^2}$$

这便是 Arrhenius 方程,式中,E_a 为 Arrhenius 活化能,其物理意义为 1mol 一般分子变成活化分子或活化分子对所必须吸收的能量。

24.2 Arrhenius 理论的修正

Arrhenius 理论虽然简洁明了,但假设四却令人费解,既然活化分子或活化分子对转变成产物的速率很慢,它的反应速率常数 k_2 怎么会不随温度而变呢?倘若 k_2 是随温度而变的,那么,由式(24-3)定义的 Arrhenius 活化能 E_a 还会是活化 1mol 一般分子所必须吸收的能量吗?本专题便是带着这样的疑问来考察 Arrhenius 理论的。

根据化学反应的过渡状态理论,上述反应模式也可表示为

$$\mathrm{A}+\mathrm{B}\xrightleftharpoons{K_c^{\neq}}(\mathrm{A\cdots B})^{\neq}\xrightarrow{\nu}\mathrm{P}$$

式中,$(\mathrm{A\cdots B})^{\neq}$ 为活化络合物,它与反应物 A 和 B 间有化学平衡关系;$K_c^{\neq}$ 为活化平衡常数,即

$$K_c^{\neq}=\frac{c_{(\mathrm{A\cdots B})^{\neq}}}{c_\mathrm{A}\cdot c_\mathrm{B}} \quad \text{或} \quad c_{(\mathrm{A\cdots B})^{\neq}}=K_c^{\neq}c_\mathrm{A}c_\mathrm{B} \tag{24-9}$$

其中,ν 为活化络合物的分解频率,故该反应的速率为

$$\frac{\mathrm{d}c_\mathrm{P}}{\mathrm{d}t}=c_{(\mathrm{A\cdots B})^{\neq}}\cdot\nu=K_c^{\neq}\nu c_\mathrm{A}c_\mathrm{B} \tag{24-10}$$

反应速率常数为

$$k=K_c^{\neq}\nu \tag{24-11}$$

现在,比较式(24-6)与式(24-11)便可明白,Arrhenius 理论中的 k_2 就相当于分解频率 ν。因此,只要考察 ν 是否是温度的函数就行了。

按照过渡状态理论,这个分解频率 ν 是指活化络合物沿着反应坐标的不对称伸缩振动频率,由于化学反应速率只与这个振动频率有关,故将活化络合物视为一个特殊的单维简谐振子。当能量标度的零点设在基态能级时,这个简谐振子的能量可用下式表示

$$\varepsilon=\upsilon h\nu \tag{24-12}$$

式中,υ 为振子的振动量子数,其值可取 0,1,2…,代表振子的不同能级;h 为 Planck 常量。显然,振子可以分布在它的各个可及能级上(刘国杰等,2010),故 N 个振子的平均能量为

$$\langle\varepsilon\rangle=\frac{\sum_j N_j\upsilon_j}{N}h\nu=\langle\upsilon\rangle h\nu \tag{24-13}$$

式中，$\langle \upsilon \rangle$为振子的平均振动量子数。由于活化络合物与反应物分子处于化学平衡中，它们在能级中的分布应服从Boltzmann能量分布，故由统计力学可得

$$\langle \varepsilon \rangle = \frac{U}{N} = k_B T^2 \left(\frac{\partial \ln q_{0V}}{\partial T} \right)_V \tag{24-14}$$

式中，k_B 为Boltzmann常量；q_{0V}为振子的能量标度零点设在基态能级上时的配分函数，其可表示为

$$q_{0V} = \frac{1}{1 - e^{-h\nu/k_B T}} \tag{24-15}$$

将式(24-15)代入式(24-14)，可算得

$$\langle \varepsilon \rangle = \frac{h\nu}{e^{h\nu/k_B T} - 1} \tag{24-16}$$

于是，比较式(24-13)与式(24-16)，可得

$$\langle \upsilon \rangle = \frac{1}{e^{h\nu/k_B T} - 1} \tag{24-17}$$

已知活化络合物中的化学键是一种很弱的离域键(Heitler W,1956)，其力常数很小，振动频率很低，故 $e^{h\nu/k_B T} \approx 1 + h\nu/k_B T$，将它代入式(24-17)，可进一步简化为

$$\langle \upsilon \rangle = \frac{k_B T}{h\nu} \tag{24-18}$$

所以，活化络合物的分解频率为

$$\nu = \frac{k_B T}{\langle \upsilon \rangle h} = \beta T^n \tag{24-19}$$

式中，$\beta = k_B/h$。这是由于$\langle \upsilon \rangle$与振子的可及能级有关，温度越高，振子的可及能级越多，$\langle \upsilon \rangle$的值越大，本专题假定它是温度的幂函数，这样分解频率便与 T^n 成比例，β 为比例系数。于是，上述Arrhenius理论中的活化分子对转变成产物的反应速率常数为

$$k_2 = \nu = \beta T^n \tag{24-20}$$

可见，k_2 并非常数，而是温度的函数。

现在，将式(24-7)改写成 $\ln(k/k_2) = \ln\{K_c\}$，并将它对温度求导，然后，代入 van't Hoff方程，则得

$$\frac{d\ln(k/k_2)}{dT} = \frac{d\ln\{K_c\}}{dT} = \frac{\Delta_r U_m^{\ominus}}{RT^2} = \frac{E}{RT^2} \tag{24-21}$$

式中，$E = \Delta_r U_m^{\ominus}$，为一般分子转变成活化分子或活化分子对时标准摩尔热力学能增量。于是，积分式(24-21)，并代入式(24-20)，得

$$k = BT^n e^{-E/RT} \tag{24-22}$$

式(24-22)是本专题对Arrhenius活化能理论修正的结果。式中，B 和 n 为两个与温度无关的常数；E 为温度的弱函数，在关联实验数据时，也可视为常数。

式(24-22)虽有三个可调参数，但相比于原始的Arrhenius方程[式(24-2)]，适用的温度范围要宽得多，对于较准确的动力学实验数据，需要应用这个方程。几乎在所有物理化学教材中都有这方面的介绍。

若将式(24-22)代入Arrhenius活化能定义式(24-3)，不难得到

$$E_a = E + nRT \tag{24-23}$$

式(24-23)表明,Arrhenius 活化能 E_a 是由两部分组成。第一部分为一般分子转变成活化分子或活化分子对时系统的标准摩尔热力学能增量 $\Delta_r U_m^\ominus$ 即 E,这一部分是名副其实的活化能,它是使一般反应物分子活化所需的能量。第二部分是 nRT,由上述推导可知,它是活化分子或活化分子对转变成产物时所吸放的能量,这部分能量与分子的活化没有关系。因此,Arrhenius 活化能是系统发生化学反应所需的总摩尔热力学能。有的教材认为,E 相当于 0K 时的活化能,即在加上 nRT 后,便是热力学温度 T 时的活化能。这种看法是值得商榷的,其理由是 Arrhenius 活化能的定义式[式(24-3)]是不严格的,它是在假定 k_2 是个常数,即活化分子或活化分子对转变成产物时不吸放能量的情况下获得的。这在一般情况下是不适合的。

24.3 结论

本专题得到了如下三点结论:

(1) Arrhenius 活化能理论是不够严格的,它的假设四令人费解,故所建立的 Arrhenius 方程[式(24-1)]不够确切,在一般情况下,由定义式(24-3)得到的 Arrhenius 活化能并非是反应的真正活化能。

(2) 本专题通过过渡状态理论证明了活化分子或活化分子对转变成产物的速率常数是温度的函数,从而修正了假设四,并建立了修正的 Arrhenius 方程,它能适用于更宽的温度范围。

(3) 修正后的活化能 E 是 Arrhenius 活化能的一部分,它才是名副其实的活化能。Arrhenius活化能的另一部分则是活化分子或活化分子对转变成产物时所吸放的能量,这部分能量是与反应物分子的活化无关的。

参 考 文 献

刘国杰,黑恩成. 2010. 物理化学释疑. 北京:科学出版社.

伊列敏 E И. 1985. 化学动力学基础. 陈天明,韩强,译. 福州:福建科学技术出版社.

赵学庄. 1984. 化学反应动力学原理(上册). 北京:高等教育出版社.

Arrhenius S. 1889. Zeit Physik Chemie, 4:226.

Heitler W. 1956. Elementary Wave Mechanics. 2nd ed. Oxford:Clarendon Press.

25 简单碰撞理论的一种推导方法

碰撞理论建立于 20 世纪初，是最常用的基元反应速率理论之一。由于当时量子力学还未进入化学领域，这个理论的模型显得十分简单，它将分子视为没有内部结构的硬球，将双分子气体反应看作硬球间的有效碰撞事件。但是即使如此，推导也不简单，特别是有效碰撞数的计算，它要引入阈能和反应截面等概念，使反应速率常数公式的推导较为复杂。本专题旨在介绍另一种推导方法，它不仅比较简便，而且能从不同的视角加深对这个理论的认识。

25.1 反应速率常数

首先，与过渡状态理论相类似，设想反应 $A+B \longrightarrow P$ 是以下列模式进行

$$A+B \underset{k_{-1}}{\overset{k_1}{\rightleftharpoons}} A^* + B^* \xrightarrow{k_2} P$$

式中，A 和 B 为两个硬球反应物分子；P 为产物分子；A^* 和 B^* 分别为 A 和 B 的活化分子，它们是由反应物分子碰撞所致。

假设活化分子 A^* 和 B^* 很容易失去能量而变成一般的硬球分子 A 和 B，也就是说，A^* 和 B^* 的浓度很低，上述反应转变成产物 P 的速率很慢，以致 A^* 与 B^* 有足够的时间与一般分子 A 和 B 建立平衡关系。那么，

$$K_c=\frac{k_1}{k_{-1}}=\frac{c_{A^*}c_{B^*}}{c_A c_B} \qquad 或 \qquad c_{A^*}c_{B^*}=K_c c_A c_B \tag{25-1}$$

式中，K_c 为平衡常数。因此，根据平衡态近似，反应速率可表示为

$$\frac{dc_p}{dt}=k_2 c_{A^*}c_{B^*}=k_2 K_c c_A c_B \tag{25-2}$$

反应速率常数为

$$k=k_2 K_c \tag{25-3}$$

将式(25-3)取对数，得

$$\ln\left(\frac{k}{k_2}\right)=\ln\{K_c\} \tag{25-4}$$

再对温度求导，并代入 van't Hoff 方程

$$\frac{d\ln\left(\frac{k}{k_2}\right)}{dT}=\frac{d\ln\{K_c\}}{dT}=\frac{\Delta_r U_m^\ominus}{RT^2}=\frac{E}{RT^2} \tag{25-5}$$

式中，$\Delta_r U_m^\ominus$ 为一般硬球分子转变成活化分子时系统标准摩尔热力学能的增量，其值为反应活化能 E。积分式(25-5)，则得

$$\ln\frac{k}{k_2}=-\frac{E}{RT}+C \tag{25-6}$$

由于$E=0$时，A^*和B^*变为A和B，此时，$k=k_2$，故积分常数$C=0$。于是，式(25-6)变为

$$\frac{k}{k_2}=e^{-E/RT} \tag{25-7}$$

或

$$k=k_2 e^{-E/RT} \tag{25-8}$$

因此，只要得知k_2，便可导得简单碰撞理论的反应速率常数表示式。

25.2 k_2的表示

首先，应该指出，k_2是两个活化分子A^*和B^*碰撞反应的速率常数，按照这个理论，其反应速率应为活化分子A^*与B^*的碰撞数，这是因为活化分子A^*与B^*一旦发生碰撞，则每一次碰撞都会反应生成产物P，故

$$-\frac{d\rho_{A^*}}{dt}=Z_{A^*B^*} \tag{25-9}$$

式中，ρ_{A^*}为活化分子A^*的数密度；$Z_{A^*B^*}$为活化分子A^*与B^*的碰撞数。

其次，应该指出，活化分子A^*和B^*与一般分子A和B的区别仅在于前者的能量高于后者，至于活化分子的质量和大小与一般分子没有区别，因为这些分子都被认为是刚性的硬球。故它们的碰撞截面和折合质量也与一般分子没有区别，且$Z_{A^*B^*}$的推导方法也与Z_{AB}完全一样，因各教材的推导大同小异，这里不再重复，而将推导结果直接列出

$$Z_{A^*B^*}=\rho_{A^*}\rho_{B^*}\sigma_{AB}\sqrt{\frac{8k_BT}{\pi\mu}} \tag{25-10}$$

式中，$\sigma_{AB}=\pi(r_A+r_B)^2$，为碰撞截面，其中$r_A$和$r_B$分别为硬球分子A和B的半径；$\mu=m_Am_B/(m_A+m_B)$，为AB分子对的折合质量，其中$m_A$和$m_B$分别为硬球分子A和B的质量；$k_B$为Boltzmann常量。

将式(25-10)代入式(25-9)，可得

$$-\frac{d\rho_{A^*}}{dt}=\rho_{A^*}\rho_{B^*}\sigma_{AB}\sqrt{\frac{8k_BT}{\pi\mu}} \tag{25-11}$$

由于$\rho_{A^*}=Lc_{A^*}$，$\rho_{B^*}=Lc_{B^*}$，代入式(25-11)后得

$$-\frac{dc_{A^*}}{dt}=c_{A^*}c_{B^*}L\sigma_{AB}\sqrt{\frac{8k_BT}{\pi\mu}} \tag{25-12}$$

式中，L为Avogadro常量。据此，可得活化分子A^*与B^*转变成产物P的反应速率常数为

$$k_2=L\sigma_{AB}\sqrt{\frac{8k_BT}{\pi\mu}} \tag{25-13}$$

因此，将它代入式(25-8)，即得反应速率常数

$$k=L\sigma_{AB}\sqrt{\frac{8k_B T}{\pi\mu}}e^{-E/RT} \tag{25-14}$$

25.3 反应活化能与阈能

如果将式(25-14)与熟知的简单碰撞理论(SCT)反应速率常数公式(傅献彩等,2005)

$$k_{SCT}(T)=\pi d_{AB}^2 L\sqrt{\frac{8k_B T}{\pi\mu}}\exp\left(-\frac{E_c}{RT}\right) \tag{25-15}$$

相比较,并注意到 $d_{AB}=r_A+r_B$,称为平均碰撞直径,则两者相一致。可见

$$E_c=E \tag{25-16}$$

如果考虑到硬球分子的能量也遵守 Boltzmann 分布,阈能 E_c 则与反应活化能 E 完全相等。这从不同的视角赋予阈能以更明确的意义,它实际上是使一般硬球分子变成活化分子所必须提供的标准摩尔热力学能。由于硬球分子没有内部运动,且硬球之间又没有作用势能,故这个标准摩尔热力学能仅与碰撞时相对平动能有关,它是名副其实的反应活化能。

在不少物理化学教材中,常将 Arrhenius 活化能 E_a 当作化学反应的活化能,其实这是有条件的,只有在 k_2 不随温度而变时才是如此。在专题 24 中已经指出了这一点,本专题则再次加以强调。

已知 Arrhenius 活化能的定义式为

$$E_a\overset{\text{def}}{=\!=}RT^2\frac{\mathrm{d}\ln\{k\}}{\mathrm{d}T}=-R\frac{\mathrm{d}\ln\{k\}}{\mathrm{d}(1/T)} \tag{25-17}$$

若将式(25-14)代入这个定义式,不难得到

$$E_a=E+\frac{1}{2}RT \tag{25-18}$$

可见,Arrhenius 活化能要比 E 大,两者相差$\frac{1}{2}RT$。这个差值正是活化分子 A^* 与 B^* 转变成产物分子 P 所需的摩尔热力学能,因为由式(25-8)可知

$$\ln\{k\}=\ln\{k_2\}-\frac{E}{RT} \tag{25-19}$$

$$E_a=RT^2\frac{\mathrm{d}\ln\{k\}}{\mathrm{d}T}=RT^2\frac{\mathrm{d}\ln\{k_2\}}{\mathrm{d}T}+E \tag{25-20}$$

$$E_a-E=RT^2\frac{\mathrm{d}\ln\{k_2\}}{\mathrm{d}T}=\frac{1}{2}RT \tag{25-21}$$

故 Arrhenius 活化能不仅仅是 A 和 B 分子活化所需的摩尔热力学能,也包括了活化分子 A^* 与 B^* 反应成产物 P 所需的摩尔热力学能,其中 E 或 E_c 才是名副其实的活化能。

此外,专题 24 已导出,Arrhenius 活化能 E_a 与反应活化能 E 间的关系为

$$E_a=E+nRT \tag{25-22}$$

式中,n 与活化络合物中沿着反应坐标的不对称伸缩振动的平均振动量子数$\langle\upsilon\rangle$有关。这

个公式在形式上也适合于本专题，它似乎表明，对于没有内部运动的硬球活化分子间的反应，n 值是个等于$\frac{1}{2}$的常数。

参 考 文 献

傅献彩，沈文霞，姚天扬，等. 2005. 物理化学(下册). 5 版. 北京：高等教育出版社.

26 基元反应活化能的定义

自从 1889 年，瑞典物理化学家 Arrhenius 在研究蔗糖水解速率与温度的关系时，提出了如下公式

$$k = A\exp(-E_a/RT) \tag{26-1}$$

并赋予式中每一符号以明确的物理意义后，这个公式一直是化学动力学中最具影响的公式之一，并称为 Arrhenius 方程。Arrhenius 的解释是，E_a 是反应的活化能，它是使一般反应物分子转化为能起反应的活化分子所需要的能量。式中，$\exp(-E_a/RT)$ 为活化分子在反应物分子中所占的分数；A 与活化分子转变成产物分子的速率有关，为频率因子。于是，E_a 和 A 成了反应的两个重要动力学参数。

但是，值得注意的是 Arrhenius 方程是个经验公式，故由式(26-1)定义的活化能

$$E_a \overset{\text{def}}{=} RT^2 \frac{\mathrm{dln}\{k\}}{\mathrm{d}T} = -R\frac{\mathrm{dln}\{k\}}{\mathrm{d}(1/T)} \tag{26-2}$$

也是经验的，习惯称为 Arrhenius 活化能，只能适用于较小的温度范围。本专题试图提出一个较为严格的化学反应活化能定义式，使其能够适用于宽阔的温度范围。

26.1 基元反应的模式

任何反应，若想使反应物分子转变成产物分子，必须经历两个阶段：首先反应物分子必须活化成活化分子或活化络合物，然后才能转变成产物分子。基元反应尤其如此，除非反应物分子本来就处在活化状态，如自由基等。

据此，过渡状态理论将反应模式表示成(唐有祺，1979)

$$\mathrm{A+B-C} \overset{K_c^{\neq}}{\rightleftharpoons} (\mathrm{A\cdots B\cdots C})^{\neq} \overset{\nu}{\longrightarrow} \mathrm{A-B+C}$$

式中，$(\mathrm{A\cdots B\cdots C})^{\neq}$ 为活化络合物；$K_c^{\neq}$ 为活化平衡常数；ν 为活化络合物的分解频率，即 k_2。根据该理论的假设，可得

$$K_c^{\neq} = \frac{c_{\neq}}{c_A \cdot c_{BC}} \tag{26-3}$$

基元反应的速率

$$r = c_{\neq}\nu = K_c^{\neq} v c_A c_{BC} \tag{26-4}$$

所以，反应速率常数

$$k = K_c^{\neq}\nu \tag{26-5}$$

类似地，简单碰撞理论则可将其反应模式表示成(专题 25)

$$\mathrm{A+B} \underset{k_{-1}}{\overset{k_1}{\rightleftharpoons}} \mathrm{A^* + B^*} \overset{k_2}{\longrightarrow} \mathrm{P}$$

式中，$\mathrm{A^*}$ 和 $\mathrm{B^*}$ 分别为反应物 A 和 B 的活化分子，它们是由反应物分子 A 与 B 相互碰撞所致。因为碰撞是个传能过程，某些分子的能量降低会引起一些分子能量升高，$\mathrm{A^*}$ 和 $\mathrm{B^*}$

就是一些高能的活化分子，它们在反应系统中所占的比例是很小的。尽管 A^* 与 B^* 的每一次碰撞都会引起反应，但只要 $k_{-1} \gg k_2$，便满足平衡态近似，即

$$K_c = \frac{k_1}{k_{-1}} = \frac{c_{A^*} c_{B^*}}{c_A c_B} \tag{26-6}$$

基元反应的速率

$$r = k_2 c_{A^*} c_{B^*} = K_c k_2 c_A c_B \tag{26-7}$$

故反应速率常数

$$k = K_c k_2 \tag{26-8}$$

比较式(26-8)与式(26-5)可见，简单碰撞理论似乎可以看成是过渡状态理论的一种特殊情况。如果将活化分子 A^* 和 B^* 视为"活化络合物"，那么，k_2 则是 A^* 与 B^* 的碰撞频率，而不是"活化络合物"的分解频率。

对于单分子反应，按照 Lindemann 的时滞理论，其反应的模式为(韩德刚等，1987)

$$A + M \underset{k_{-1}}{\overset{k_1}{\rightleftharpoons}} A^* + M$$

$$A^* \xrightarrow{k_2} P$$

式中，M 可以是 A，也可以是其他惰性气体。A 分子在碰撞而活化后，并不立即分解，它需要一个分子内部能量传递的过程，将能量集中到要断裂的键上后，才分解成产物分子。倘若气体压力较高或反应物较浓，则

$$K_c = \frac{k_1}{k_{-1}} = \frac{c_{A^*} c_M}{c_A c_M} = \frac{c_{A^*}}{c_A} \tag{26-9}$$

$$r = k_2 c_{A^*} = K_c k_2 c_A \tag{26-10}$$

反应速率常数

$$k = K_c k_2 \tag{26-11}$$

至于三分子基元反应，近代认为(罗渝然等，2010)，这是一个未被证实的假设。

总之，基元反应的速率常数是可用下式表示的：

$$k = K_c^{\neq} k_2$$

将它取对数，并对温度求导，可以得到

$$RT^2 \frac{\mathrm{d}\ln\{k\}}{\mathrm{d}T} = \Delta^{\neq} U_m^{\ominus} + RT^2 \frac{\mathrm{d}\ln\{k_2\}}{\mathrm{d}T} \tag{26-12}$$

式中代入了 van't Hoff 方程。式(26-12)表明，基元反应所引起的总能量改变是由两部分组成：第一部分是反应物活化所引起的标准摩尔热力学能增量，即活化能，另一部分是活化后的反应所引起的能量改变，它们分别由式(26-12)等号右边的两项表示。

26.2 Arrhenius 活化能

Arrhenius 人为地假定 $RT^2 \dfrac{\mathrm{d}\ln\{k_2\}}{\mathrm{d}T} = 0$，于是，由式(26-12)可得

$$RT^2 \frac{\mathrm{d}\ln\{k\}}{\mathrm{d}T} = \Delta^{\neq} U_m^{\ominus} = E_a \tag{26-13}$$

这个公式即 Arrhenius 活化能的定义式(26-2)。

假如有一个可逆反应:反应物(R)$\underset{k'}{\overset{k}{\rightleftharpoons}}$产物(P),则可写出

正反应: $$E_a = U^\ominus_{m,\neq} - U^\ominus_{m,R} \tag{26-14}$$

逆反应: $$E'_a = U^\ominus_{m,\neq} - U^\ominus_{m,P} \tag{26-15}$$

式中,$U^\ominus_{m,\neq}$、$U^\ominus_{m,R}$、$U^\ominus_{m,P}$分别为活化态、反应物、产物的标准摩尔热力学能。

由于可逆反应的平衡常数 $K_c = \frac{k}{k'}$,将等式两边取对数,并对温度求导,可得

$$RT^2\frac{\mathrm{dln}\{k\}}{\mathrm{d}T} - RT^2\frac{\mathrm{dln}\{k'\}}{\mathrm{d}T} = \Delta_r U^\ominus_m \tag{26-16}$$

式中代入了 van't Hoff 方程。将式(26-13)、式(26-14)和式(26-15)代入式(26-16),得

$$\begin{aligned} E_a - E'_a &= (U^\ominus_{m,\neq} - U^\ominus_{m,R}) - (U^\ominus_{m,\neq} - U^\ominus_{m,P}) \\ &= U^\ominus_{m,P} - U^\ominus_{m,R} \\ &= Q_V \end{aligned} \tag{26-17}$$

式(26-17)可用图 26-1 示意,这个示意图正是目前物理化学教材普遍采用的,但是它却是需要商榷的。

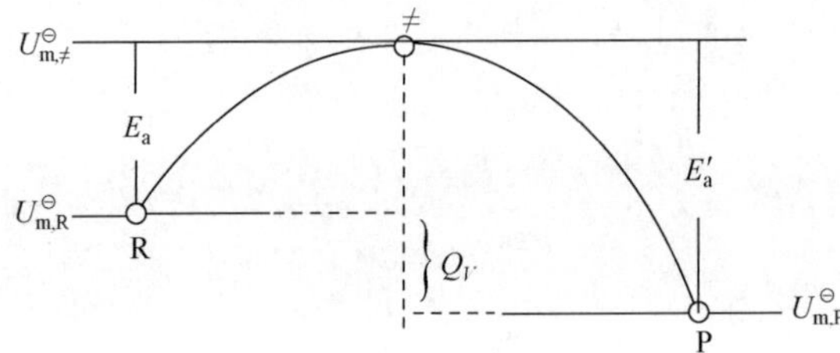

图 26-1 Arrhenius 活化能示意图

26.3 基元反应活化能

Arrhenius 假定 $RT^2(\mathrm{dln}\{k_2\}/\mathrm{d}T)=0$ 是令人难以接受的,它意味着基元反应的总能量改变就等于活化能,且不随反应的进一步进行而改变。事实上,活化后随着产物的生成,系统的能量要改变,通常能量将降低至 $U^\ominus_{m,p}$,如图 26-1 所示。在特殊情况下,也可能升高。这就是说,一般反应的 $RT^2(\mathrm{dln}\{k_2\}/\mathrm{d}T)$不会等于零。因此,严格的处理,应将它移至式(26-12)等号的左边,这就变成

$$RT^2\frac{\mathrm{dln}\{k/k_2\}}{\mathrm{d}T} \overset{\mathrm{def}}{=} \Delta^{\neq}U^\ominus_m = E \tag{26-18}$$

式中,E 有别于式(26-13)中的 E_a,为基元反应的活化能,式(26-18)就是它的定义式。

据此,对于上述可逆反应:反应物(R)$\underset{k'}{\overset{k}{\rightleftharpoons}}$产物(P),可以写出

正反应: $$E = U^\ominus_{m,\neq} - U^\ominus_{m,R} \tag{26-19}$$

逆反应: $$E' = U^\ominus_{m,\neq} - U^\ominus_{m,P} \tag{26-20}$$

式中,E 和 E'分别为正反应和逆反应的活化能。

$$E-E'=(U^{\ominus}_{m,\neq}-U^{\ominus}_{m,R})-(U^{\ominus}_{m,\neq}-U^{\ominus}_{m,P})$$
$$=U^{\ominus}_{m,P}-U^{\ominus}_{m,R}$$
$$=Q_V \qquad (26\text{-}21)$$

故图 26-2 才是基元反应活化能的示意图，其中 E 和 E' 分别取代了图 26-1 中的 Arrhenius 活化能 E_a 和 E'_a。那么，基元反应的活化能 E 怎样计算呢？如果将式(26-18)积分，可得

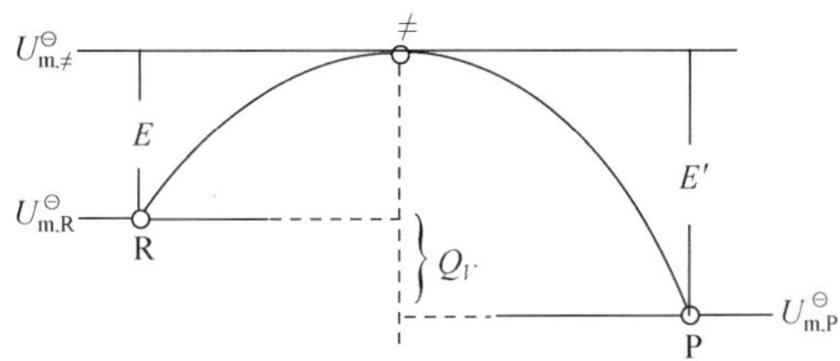

图 26-2　基元反应活化能示意图

$$\frac{k}{k_2}=A\mathrm{e}^{-E/RT} \qquad (26\text{-}22)$$

式中，A 为积分常数。专题 24 已通过过渡状态理论得到

$$k_2=\nu=\beta T^n \qquad (26\text{-}23)$$

式中，n 和 β 为两个与温度无关的常数。将式(26-23)代入式(26-22)，得

$$k=BT^n\mathrm{e}^{-E/RT} \qquad (26\text{-}24)$$

式中，$B=A\beta$。式(26-24)是在将 E_a 修正为基元反应活化能 E 后所得到的修正的 Arrhenius 方程。这是一个参数为 B、n 和 E 的三参数方程。虽然不像式(26-1)能利用 $\ln k$-$1/T$ 作图，由直线的斜率简便地得到 Arrhenius 活化能 E_a，基元反应活化能 E 必须由式(26-24)通过三参数拟合得到。应该指出，用计算机计算，这并不是很困难的事。

26.4　E 与 E_a、阈能 E_c、势垒 $E_0^{\neq}$ 的关系

将式(26-24)代入 Arrhenius 活化能的定义式(26-2)，不难得到

$$E_a=E+nRT \qquad (26\text{-}25)$$

式(26-25)就是 E 与 E_a 的关系。

根据上述简单碰撞理论的反应模式，专题 25 已导得反应速率常数

$$k=L\sigma_{AB}\sqrt{\frac{8k_BT}{\pi\mu}}\mathrm{e}^{-E/RT} \qquad (26\text{-}26)$$

式中，σ_{AB} 为碰撞截面。如果式中 E 用阈能 E_c 取代，则式(26-26)与由传统方法导得的简单碰撞理论反应速率常数公式完全一样，可见，

$$E=E_c \qquad (26\text{-}27)$$

这就是 E 与阈能 E_c 的关系。

由于 Eyring 方程中的 $K_{\neq}$ 的所有配分函数都是温度的函数，故 k 也可表示为

$$k=\frac{k_B T}{h}K_{\neq}=\lambda T^m e^{-E_0^{\neq}/RT} \tag{26-28}$$

式中，λ 为一个比例系数；m 值可正也可负；$E_0^{\neq}$ 为势垒，正比于活化络合物与反应物分子的基态能级能量之差。将式(26-28)代入 Arrhenius 活化能定义式(26-2)，不难得到

$$E_a=E_0^{\neq}+mRT \tag{26-29}$$

将它与式(26-25)相比较，可得到

$$E=E_0^{\neq}+(m-n)RT \tag{26-30}$$

这就是 E 与势垒 $E_0^{\neq}$ 的关系。

参考文献

韩德刚，高盘良. 1987. 化学动力学基础. 北京：北京大学出版社.

罗渝然，俞书勤，张祖德，等. 2010. 大学化学，25(5)：81.

唐有祺. 1979. 统计力学及其在物理化学中的应用. 北京：科学出版社.

27 反应活化能的 Tolman 解释

自从 Arrhenius 提出活化能概念以来，这个概念的物理意义一直引人关注。20 世纪 20 年代，Tolman 用统计力学的观点给出了明确的解释，但直至 70 年代才被人们广泛接受。然而，Arrhenius 方程却是个经验方程，由此引出的 Arrhenius 活化能并不严格，这便不得不对化学反应活化能的解释作进一步的探讨。

27.1 Arrhenius 活化能的 Tolman 解释

Tolman 解释(Tolman R C,1925)的一个基本假设是，反应系统基本处于平衡状态，以致其能量服从 Boltzmann 分布。对于单分子基元反应

$$A \xrightarrow{k} P$$

如果反应物分子在其能级上的分布为

能级	$\varepsilon_0, \varepsilon_1, \varepsilon_2, \cdots, \varepsilon_j, \cdots$
简并度	$g_0, g_1, g_2, \cdots, g_j, \cdots$
浓度	$c_{A0}, c_{A1}, c_{A2}, \cdots, c_{Aj}, \cdots$
速率常数	$k_0, k_1, k_2, \cdots, k_j, \cdots$

其中，c_{Aj}为处于 j 能级的反应物浓度；k_j 为这种反应物的反应速率常数，则由统计力学观点，处于 j 能级的反应物分子的反应速率为

$$-\frac{dc_{Aj}}{dt}=k_j c_{Aj} \tag{27-1}$$

反应物的总反应速率应等于各能级反应物分子的反应速率之和

$$-\frac{dc_A}{dt}=\sum_j k_j c_{Aj} \tag{27-2}$$

而实验测得的反应速率为

$$-\frac{dc_A}{dt}=kc_A \tag{27-3}$$

所以，测得的反应速率常数为

$$k=\sum_j k_j \frac{c_{Aj}}{c_A} \tag{27-4}$$

按照 Boltzmann 能量分布定律

$$\frac{c_{Aj}}{c_A}=\frac{g_j e^{-\varepsilon_j/k_B T}}{\sum_j g_j e^{-\varepsilon_j/k_B T}}=P_j \tag{27-5}$$

式中，P_j代表反应物分子在 j 能级上的分布概率；k_B 为 Boltzmann 常量。将式(27-5)代入式(27-4)，则得

$$k=\frac{\sum_j k_j g_j \mathrm{e}^{-\varepsilon_j/k_\mathrm{B}T}}{\sum_j g_j \mathrm{e}^{-\varepsilon_j/k_\mathrm{B}T}}=\sum_j k_j P_j=\langle k_j\rangle \tag{27-6}$$

这就是说，实验测得的反应速率常数 k 实为相应微观量 k_j 的统计平均值。

现在，假定反应服从 Arrhenius 方程，则将式(27-6)代入其活化能的定义式，可得

$$\begin{aligned}E_\mathrm{a}=RT^2\frac{\mathrm{dln}\{k\}}{\mathrm{d}T}&=L\left[\frac{\sum_j \varepsilon_j k_j g_j \mathrm{e}^{-\varepsilon_j/k_\mathrm{B}T}}{\sum_j k_j g_j \mathrm{e}^{-\varepsilon_j/k_\mathrm{B}T}}-\frac{\sum_j \varepsilon_j g_j \mathrm{e}^{-\varepsilon_j/k_\mathrm{B}T}}{\sum_j g_j \mathrm{e}^{-\varepsilon_j/k_\mathrm{B}T}}\right]\\&=L(\langle\varepsilon_j^*\rangle-\langle\varepsilon_j\rangle)=\langle E_\mathrm{m}^*\rangle-\langle E_\mathrm{m}\rangle\end{aligned} \tag{27-7}$$

式中，L 为 Avogadro 常量。方括号内第二项为 $\sum_j \varepsilon_j P_j$，即所有反应物分子的平均能量 $\langle\varepsilon_j\rangle$。方括号内的第一项为反应系统中能够反应的活化分子的平均能量 $\langle\varepsilon_j^*\rangle$，这是因为 k_j 可视为反应物分子反应能力的量度，k_j 值越大，表示这种分子越容易反应。反之，k_j 值越小，分子越不易反应。这就是说，活化分子的活性越高，k_j 值越大，而一般反应物分子的 k_j 很小，甚至可视为零。这样，在统计权重中乘上 k_j，便意味着只对活化分子的能量求平均值，因为一般反应物分子在乘上 k_j 后，它们对能量已无贡献。

以上方法同样可应用于双分子反应

$$\mathrm{A}+\mathrm{B}\xrightarrow{k}\mathrm{P}$$

从而得到

$$-\frac{\mathrm{d}c_\mathrm{A}}{\mathrm{d}t}=kc_\mathrm{A}c_\mathrm{B}=\sum_i\sum_j k_{ij}c_{\mathrm{A}i}c_{\mathrm{B}j} \tag{27-8}$$

式中，$c_{\mathrm{A}i}$ 为处于 i 能级的反应物 A 的浓度；$c_{\mathrm{B}j}$ 为处于 j 能级的反应物 B 的浓度；k_{ij} 为这两种分子间的反应速率常数。因此，实验测得的速率常数为

$$\begin{aligned}k&=\sum_i\sum_j k_{ij}\frac{c_{\mathrm{A}i}}{c_\mathrm{A}}\frac{c_{\mathrm{B}j}}{c_\mathrm{B}}\\&=\sum_i\sum_j k_{ij}\frac{g_i\mathrm{e}^{-\varepsilon_i/k_\mathrm{B}T}}{\sum_i g_i\mathrm{e}^{-\varepsilon_i/k_\mathrm{B}T}}\frac{g_j\mathrm{e}^{-\varepsilon_j/k_\mathrm{B}T}}{\sum_j g_j\mathrm{e}^{-\varepsilon_j/k_\mathrm{B}T}}\end{aligned} \tag{27-9}$$

将式(27-9)代入 Arrhenius 活化能定义式，经过运算得

$$\begin{aligned}E_\mathrm{a}&=L\left[\frac{\sum_i\sum_j(\varepsilon_i+\varepsilon_j)k_{ij}g_ig_j\mathrm{e}^{-(\varepsilon_i+\varepsilon_j)/k_\mathrm{B}T}}{\sum_i\sum_j k_{ij}g_ig_j\mathrm{e}^{-(\varepsilon_i+\varepsilon_j)/k_\mathrm{B}T}}-\frac{\sum_i\varepsilon_ig_i\mathrm{e}^{-\varepsilon_i/k_\mathrm{B}T}}{\sum_i g_i\mathrm{e}^{-\varepsilon_i/k_\mathrm{B}T}}-\frac{\sum_j\varepsilon_jg_j\mathrm{e}^{-\varepsilon_j/k_\mathrm{B}T}}{\sum_j g_j\mathrm{e}^{-\varepsilon_j/k_\mathrm{B}T}}\right]\\&=L(\langle\varepsilon_{\mathrm{A-B}}^*\rangle-\langle\varepsilon_\mathrm{A}\rangle-\langle\varepsilon_\mathrm{B}\rangle)=\langle E_{\mathrm{m,A-B}}^*\rangle-(\langle E_\mathrm{m,A}\rangle+\langle E_\mathrm{m,B}\rangle)\end{aligned} \tag{27-10}$$

由上述推导可见，无论是单分子反应还是双分子反应，Arrhenius 活化能 E_a 都等于活化分子或活化分子对的平均摩尔热力学能与所有反应物分子的平均摩尔热力学能之差。这就是 Arrhenius 活化能的 Tolman 解释。

综上所述，Tolman 解释有两个前提：一是反应系统的能量必须服从 Boltzmann 分布。二是反应活化能必须遵守 Arrhenius 方程。

27.2 Arrhenius 假设

对于反应速率常数 k 与温度 T 的指数关系，最早是由 Hood(1878)提出。后来，van't Hoff(韩德刚等，1981)从热力学考虑，得出

$$\frac{\mathrm{dln}\{k\}}{\mathrm{d}T}=\frac{\Delta_r U_m^\ominus}{RT^2}+C \tag{27-11}$$

Arrhenius(1889)则根据较窄温度范围的实验数据，认为式中的 $C=0$，并将 $\Delta_r U_m^\ominus$ 称为活化能 E_a，这便得到了 Arrhenius 方程。其实，这只能说是一个经验公式。它可以通过如下假设来建立(伊列敏 E И，1985)。

假设一：并非所有分子都能反应，参与反应的只有那些能量较高的“活化分子”，一般分子必须在吸收了一定的能量后，才变成“活化分子”。这就是说，反应是按如下模式进行的：

$$\mathrm{A}\underset{k_{-1}}{\overset{k_1}{\rightleftharpoons}}\mathrm{A}^*\xrightarrow{k_2}\mathrm{P}$$

假设二：一般分子 A 变成“活化分子”A^* 是可逆的，且“活化分子”很容易变回一般分子，故“活化分子”的浓度是极低的，A 与 A^* 间可视为处于平衡状态。据此，可得

$$K_c=\frac{c_{\mathrm{A}^*}}{c_{\mathrm{A}}} \quad 或 \quad c_{\mathrm{A}^*}=K_c c_{\mathrm{A}} \tag{27-12}$$

式中，$K_c=k_1/k_{-1}$，为平衡常数。

假设三：“活化分子”转变成产物 P 的速率很慢，这一步是反应的速控步。

$$\frac{\mathrm{d}c_{\mathrm{P}}}{\mathrm{d}t}=k_2 c_{\mathrm{A}^*}=k_2 K_c c_{\mathrm{A}} \tag{27-13}$$

故反应速率常数为

$$k=k_2 K_c \tag{27-14}$$

将式(27-14)两边取对数，然后对温度求导，则得

$$\frac{\mathrm{dln}\{k\}}{\mathrm{d}T}=\frac{\Delta_r U_m^\ominus}{RT^2}+\frac{\mathrm{dln}k_2}{\mathrm{d}T} \tag{27-15}$$

式中代入了 van't Hoff 方程。这个式子即式(27-11)，其中 $\mathrm{dln}k_2/\mathrm{d}T=C$。所以必须补充一个假设(即假设四)。

假设四：“活化分子”转变成产物的速率与温度无关，即 k_2 是不随温度而变的常数。由于 $\Delta_r U_m^\ominus$ 为一般分子转变成“活化分子”时标准摩尔热力学能的增量，其值即为活化能。这样，式(27-15)便变成 Arrhenius 方程

$$\frac{\mathrm{dln}\{k\}}{\mathrm{d}T}=\frac{E_a}{RT^2} \tag{27-16}$$

值得关注的是，正是这个假设四成全了 Arrhenius 活化能的 Tolman 解释。因为据此不仅最终导得了 Arrhenius 方程，而且使反应系统的能量只与一般分子转变成“活化分子”的标准摩尔热力学能增量相关，而这一步是平衡过程，其能量服从 Boltzmann 分布。

但是，这个假设却是值得商榷的。因为一般说来，化学反应过程总是非平衡或不可逆

的，除非将它设计成可逆的原电池。假设四的结果正是忽略了反应中的非平衡过程的那部分能量 $RT^2\dfrac{\mathrm{d}\ln k_2}{\mathrm{d}T}$，并使 Arrhenius 活化能等同于基元反应的总摩尔能。其实，这部分能量是不可能等于零的，这是因为$\dfrac{\mathrm{d}\ln k_2}{\mathrm{d}T}$等于零意味着反应速率对温度极不敏感，通常这类反应都是快速反应，与假设三相矛盾。因此，k_2 是要随温度而变的，这说明 Arrhenius 方程只不过是一个近似方程，由式(27-16)算得的 E_a 并不是真正的活化能。

27.3　反应活化能及其 Tolman 解释

专题 24 已根据过渡状态理论导得

$$k_2=\beta T^n \tag{27-17}$$

式中，β 和 n 为两个与温度 T 无关的常数。

式(27-15)也可表示为

$$\frac{\mathrm{d}\ln(k/k_2)}{\mathrm{d}T}=\frac{\Delta_r U_m^{\ominus}}{RT^2}=\frac{E}{RT^2} \tag{27-18}$$

式中，$\Delta_r U_m^{\ominus}$ 为反应活化能，为与 Arrhenius 活化能 E_a 相区别，式中用 E 表示。现将式(27-18)积分，则得

$$\ln\frac{k}{k_2}=-\frac{E}{RT}+D \tag{27-19}$$

令积分常数 $D=\ln A$，则式(27-19)变为

$$k=k_2 A\mathrm{e}^{-E/RT} \tag{27-20}$$

将式(27-17)代入式(27-20)，得

$$k=BT^n\mathrm{e}^{-E/RT} \tag{27-21}$$

式中，$B=A\beta$。式(27-21)就是修正的 Arrhenius 方程；E 才是名副其实的反应活化能，其定义式为式(27-18)。在对实验数据的描述上，式(27-21)要比原始的 Arrhenius 方程好得多，特别是在较宽的温度范围。

反应活化能 E 的物理意义可由式(27-14)和式(27-18)看出。由式(27-14)可知

$$\frac{k}{k_2}=K_c \tag{27-22}$$

这就是说，k 与 k_2 之比等同于一般分子与“活化分子”间的平衡常数，故这个比值是可用 Boltzmann 能量分布来描述的。再由式(27-18)不难看出，这个比值也遵守 Arrhenius 型方程，故 Tolman 解释同样适用于反应活化能 E。

参 考 文 献

韩德刚，印永嘉. 1981. 化学教育，增刊 1：62.

伊列敏 E И. 1985. 化学动力学基础. 陈天明，等译. 福州：福建科学技术出版社.

Arrhenius S. 1889. Zeit Physik Chemie，4：226.

Hood J J. 1878. Phil Mag，6：371.

Tolman R C. 1925. J Am Chem Soc，47：2652.

28 基元反应速率的过渡状态理论

1935 年,Eyring 和 Polanyi 在简单碰撞理论的基础上,将量子力学和统计力学应用于化学反应速率的研究中,建立了基元反应速率的过渡状态理论,从而使反应速率的研究迈上了一个新的台阶。虽然由于种种困难,目前人们还不能准确地预测反应速率,但这个理论为现代化学反应动力学的发展提供了重要的基本概念和理论基础,本专题从不同的视角来分析这个理论,试图能加深读者对它的理解。

28.1 微观化学反应向宏观化学反应的过渡

宏观基元反应

$$\mathrm{A}+\mathrm{B}\longrightarrow\mathrm{C}+\mathrm{D} \tag{28-1}$$

从微观的角度考虑,也可表示为(俞书勤,1985)

$$\sum_i \mathrm{A}_i+\sum_j \mathrm{B}_j\longrightarrow\sum_m \mathrm{C}_m+\sum_n \mathrm{D}_n \tag{28-2}$$

式中 i、j 和 m、n 分别表示反应物 A、B 和产物 C、D 所处的量子态,即这些反应物和产物都包括了各种可及的微观状态。因此,一个宏观的基元反应包含了各种微观的态与态之间的基元反应。这些态-态反应是在微观层次上进行的反应,近代由于交叉分子束和激光脉冲等实验技术的发展,态-态反应的研究已变得可能。这样,化学反应的研究便分成了如下三个层次(赵学庄,1984):

(1) 微观的基元化学物理反应研究,即上述态-态反应。由于这部分研究完全涉及微观的性质,理论上应该用量子力学来处理。

(2) 宏观化学反应研究。它是以宏观的基元反应出发,来推求总包反应的动力学。换句话说,就是要确立化学反应的机理,即化学反应是由哪些宏观的基元反应所组成。这部分探讨是唯象的,属于化学反应动力学的经典理论。

(3) 以微观的基元化学物理反应出发,建立宏观的基元反应动力学理论。显而易见,它介于(1)与(2)之间,是微观向宏观反应动力学的过渡,在这一层次的理论研究中,统计力学起着不可或缺的作用。

本专题要涉及的过渡状态理论,正是属于第(3)个研究层次。

28.2 活化络合物不能用宏观方法检测

应该指出,对于任何反应,反应物首先必须活化,然后才能反应。基元反应也不例外,除非反应物本来就处在活化状态,如自由基反应等。因此,式(28-2)可表示成

$$\sum_i \mathrm{A}_i+\sum_j \mathrm{B}_j\xrightleftharpoons{K_c^{\neq}}\sum_l \neq_l\xrightarrow{\nu}\sum_m \mathrm{C}_m+\sum_n \mathrm{D}_n \tag{28-3}$$

式中，$\neq_l$ 为活化状态，为处在 l 量子态的活化络合物。

需要指出的是，这种活化络合物并非化合物。量子力学的计算表明，当反应物分子 A 与 B 相互接近时，由于电子云的排斥作用，它们的作用势能会因此而升高。当两个反应物分子开始发生化学作用，即新键开始形成和旧键将要断裂时，势能达到了极大值，此时的反应系统即处于过渡状态。此后因变成了产物 C 和 D，势能逐渐降低。这种处于过渡状态时的反应系统即活化络合物。由于活化络合物并不是化合物，它的存在是不能用宏观的方法检测的，这就是说，式(28-3)与式(28-2)一样，是个一步完成的基元反应。图 28-1 是这个基元反应的势能曲线，它得自量子力学算得的势能面。

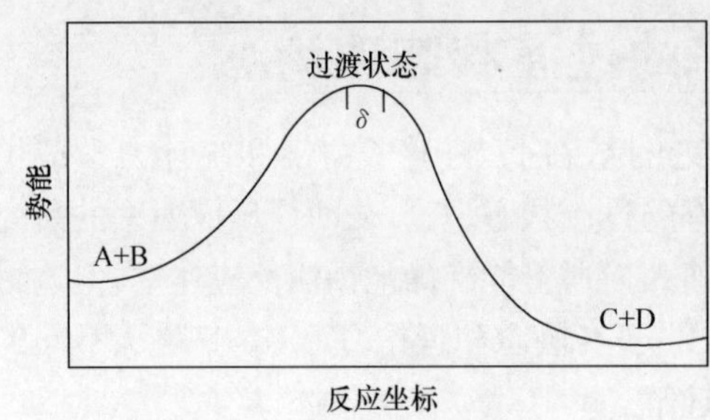

图 28-1　基元反应的势能曲线

Eyring 假设，基元反应就是按照式(28-3)所示的模式进行，并认为反应物与活化络合物可视为始终处于热力学平衡中，即

$$K_c^{\neq}=\frac{c_{\neq}}{c_A \cdot c_B} \tag{28-4}$$

式中，$K_c^{\neq}$ 为活化平衡常数。反应速率则取决于活化络合物的分解频率 ν，即

$$r=c_{\neq} \cdot \nu=K_c^{\neq}\nu c_A \cdot c_B \tag{28-5}$$

且认为，活化络合物一经分解成产物便不再复返。因此，基元反应的速率常数为

$$k=K_c^{\neq} \cdot \nu \tag{28-6}$$

由此可见，活化络合物构形的确定和分解频率的计算是过渡状态理论的关键。前者带有一定的推测和随意性，而后者则不能不借助于活化络合物的微观模型。

28.3　活化络合物的微观模型

下列两个微观模型是常用的(Nicholas J，1987)。

28.3.1　活化络合物的振子模型

这个模型将活化络合物沿着反应坐标的不对称伸缩振动视为频率很低的单维简谐振动，认为正是这个振动的频率决定了活化络合物的分解频率，因为它的每一次振动都会引起活化络合物的分解。这就是说，这个模型是将活化络合物视为一个单维简谐振子。

量子力学表明，当能量标度的零点设在基态能级上时，处在 l 量子态的简谐振子的能量为

$$\varepsilon_l=\upsilon_l h\nu \tag{28-7}$$

式中，υ_l 为处在 l 量子态的振子的振动量子数，故活化络合物的总能量为

$$\begin{aligned} E &= \sum_i N_l\varepsilon_l = h\nu\sum_i N_l\upsilon_l \\ &= Nk_B T^2\left(\frac{\partial \ln q_{0V}}{\partial T}\right)_V \end{aligned} \tag{28-8}$$

式中，N_l 为处在 l 量子态的振子数。所以，

$$\langle \varepsilon \rangle = h\nu \frac{\sum_l N_l \upsilon_l}{N} = \langle \upsilon \rangle h\nu = k_B T^2 \left(\frac{\partial \ln q_{0V}}{\partial T} \right)_V \tag{28-9}$$

式中，$\langle \upsilon \rangle$ 为振子的平均振动量子数，后面将要看到，它的出现在本工作中起着重要的作用。由于振子的振动频率很低，其配分函数

$$q_{0V} = \frac{1}{1 - e^{h\nu/k_B T}} \approx \frac{k_B T}{h\nu} \tag{28-10}$$

将式(28-10)代入式(28-9)中，经运算后可得

$$\langle \upsilon \rangle = \frac{k_B T}{h\nu} = q_{0V} \quad 或 \quad \nu = \frac{k_B T}{\langle \upsilon \rangle h} \tag{28-11}$$

于是，由式(28-6)不难得到

$$k = K_c^{\neq} \cdot \nu = \frac{k_B T}{h} K_{\neq} \tag{28-12}$$

式中，$K_{\neq} = K_c^{\neq} / q_{0V}$，式(28-12)即 Eyring 方程。

28.3.2 活化络合物的平动子模型

在图 28-1 的势能曲线能峰上，有一段长度为 δ 的狭窄的水平区域，在这一区域中反应系统的势能基本保持不变，Eyring 认为，处在这个区域中的反应系统都是活化络合物，只有当系统越出这个区域时，活化络合物才分解成产物。因此，在这个区域中，振动蜕变成有效质量为 $m^{\neq}$ 的平动子在一维箱中的平动运动。活化络合物分解成产物的频率为

$$\nu = \frac{\langle \dot{x} \rangle}{\delta} \tag{28-13}$$

式中，$\langle \dot{x} \rangle$ 为平动子在一维箱中的平均平动速率。统计力学指出(Moore J W et al，1987)，它可由下式计算

$$\langle \dot{x} \rangle = \frac{\int_0^{\infty} e^{-m^{\neq} \dot{x}^2 / 2k_B T} \dot{x} \, d\dot{x}}{\int_{-\infty}^{\infty} e^{-m^{\neq} \dot{x}^2 / 2k_B T} d\dot{x}} = \left(\frac{k_B T}{2\pi m^{\neq}} \right)^{1/2} \tag{28-14}$$

所以

$$\nu = \frac{1}{\delta} \left(\frac{k_B T}{2\pi m^{\neq}} \right)^{1/2} \tag{28-15}$$

由于一维平动子的配分函数为$(\delta/h)(2\pi m^{\neq} k_B T)^{1/2}$，将它从活化平衡常数 $K_c^{\neq}$ 中析出，然后代入式(28-6)，可得

$$\begin{aligned} k &= K_c^{\neq} \cdot \nu = \frac{\delta}{h} (2\pi m^{\neq} k_B T)^{1/2} K_{\neq} \cdot \frac{1}{\delta} \left(\frac{k_B T}{2\pi m^{\neq}} \right)^{1/2} \\ &\approx \frac{k_B T}{h} K_{\neq} \end{aligned} \tag{28-16}$$

式(28-16)即 Eyring 方程。

28.4 一个有实用价值的推论

Eyring 方程理应具有预测化学反应速率的功能，因为它的计算只需要光谱和势能面提供的数据，故理论建立之初，人们对它抱有很大的期望，但是不久便有些失望，主要原因是势能面的计算准确性还达不到定量预测的要求。此外，活化络合物构形的确定也还带有一定的推测和随意性，这影响光谱数据的准确选择。故目前这个理论还只能用来定性地解释许多实验事实。与其这样，还不如改变 Eyring 方程的形式，使它能用来关联各种实验得到的动力学数据。

如上所述，活化络合物可视为一个振动频率很低的单维简谐振子，式(28-11)表明，其平均振动量子数$\langle \upsilon \rangle$必定是个很大的值，且当振动频率指定，即振子的能级间隔一定时，$\langle \upsilon \rangle$的大小应仅是温度的函数。故随着温度升高，因振子会向高能级扩散，$\langle \upsilon \rangle$值必定迅速增大。因此，有理由推测，$\langle \upsilon \rangle$与 T 应呈幂函数关系，即

$$\langle \upsilon \rangle = T^{\alpha} \tag{28-17}$$

式中，α 为一个大于零的常数。故式(28-11)可表示为

$$\nu = \frac{k_{\mathrm{B}}}{h} T^{1-\alpha} = \beta T^{n} \tag{28-18}$$

式中，$\beta = k_{\mathrm{B}}/h$；$n = 1-\alpha$。

将式(28-6)写成 $k/\nu = K_{\mathrm{c}}^{\neq}$，然后将等号两边取对数，并对温度求导，则

$$\frac{\mathrm{dln}(k/\nu)}{\mathrm{d}T} = \frac{\mathrm{dln}K_{\mathrm{c}}^{\neq}}{\mathrm{d}T} = \frac{\Delta^{\neq} U_{\mathrm{m}}^{\ominus}}{RT^2} = \frac{E}{RT^2} \tag{28-19}$$

式中，$\Delta^{\neq} U_{\mathrm{m}}^{\ominus}$ 为标准摩尔活化热力学能增量，即将反应物活化成活化络合物时系统增加的标准摩尔热力学能，其值即反应活化能 E。式(28-19)代入了 van't Hoff 方程。

将式(28-19)积分，不难得到

$$\frac{k}{\nu} = A\mathrm{e}^{-E/RT} \tag{28-20}$$

式中，A 为积分常数。代入式(28-18)，得

$$k = BT^{n}\mathrm{e}^{-E/RT} \tag{28-21}$$

式中，$B = A\beta$，它与 n、E 是方程(28-21)的三个参数。式(28-21)是本专题所得推论，也称修正的 Arrhenius 方程。在物理化学教材中，很少有不提及这个方程的，它能够满意地关联宽阔温度范围内实验得到的动力学数据，且关联得到的 E 才是该反应名副其实的活化能。

作为一个例子，基元反应 $\mathrm{D} + \mathrm{H_2} \longrightarrow \mathrm{DH} + \mathrm{H}$，Michael 等(1990)用闪光光解等技术测定了它在 167～1980K 温度范围的反应速率常数，发现它能十分满意地用下式来描述

$$k = 4.0 \times 10^{-18} T^{2.29} \exp(-21.8 \times 10^{3}\,\mathrm{J}/RT)\,\mathrm{cm^3 \cdot mol^{-1} \cdot s^{-1}}$$

NIST 化学动力学数据库拟合表明，这个三参数(B、n 和 E)方程的拟合均方根偏差为 2.24×10^{-14}，几乎等于零，而用原始的两参数(A 和 E_{a})Arrhenius 方程拟合的均方根偏差为 0.37，显然前者要比后者好得多。拟合得到的活化能也有明显的差别：$E = 21.8\,\mathrm{kJ \cdot mol^{-1}}$，而 $E_{\mathrm{a}} = 29.1\,\mathrm{kJ \cdot mol^{-1}}$。罗渝然等(2010)已用表列出了这两个方程拟合的结果。

28.5 讨论

上面已经提及，$\langle\upsilon\rangle$在本工作中起着重要的作用，由式(28-17)可见，它的大小与α密切相关，故α值的大小至关重要。

当$\alpha=0$时，由式(28-17)可得，$\langle\upsilon\rangle=1$，此时$\langle\upsilon\rangle$的值不随温度而变。式(28-11)变为

$$h\nu=k_{\mathrm{B}}T \qquad 或 \qquad \nu=\frac{k_{\mathrm{B}}T}{h} \tag{28-22}$$

这表明活化络合物处在经典场合，由式(28-9)可得其平均能量

$$\langle\varepsilon\rangle=h\nu=k_{\mathrm{B}}T \tag{28-23}$$

能量是按振子的自由度均分。于是，将式(28-22)代入式(28-6)，似可得到 Eyring 方程

$$k=\frac{k_{\mathrm{B}}T}{h}K_{\mathrm{c}}^{\neq} \tag{28-24}$$

这个推导方法至今仍为国内外不少物理化学教材所用，特别是那些不含统计力学的简明教材。因为此法简单，不需要统计力学也能导得。可是，仔细比较式(28-12)与式(28-24)，不难发现，它们并不相同，两式中的$K_{\neq}$和$K_{\mathrm{c}}^{\neq}$间存在如下关系

$$K_{\neq}=K_{\mathrm{c}}^{\neq}/q_{0\mathrm{V}} \tag{28-25}$$

仅当$q_{0\mathrm{V}}=1$时，$K_{\neq}$才等于$K_{\mathrm{c}}^{\neq}$。由统计力学得知(刘国杰等，2008)，只有当所有振子都聚集在基态能级上时，$q_{0\mathrm{V}}=1$。此时，温度趋近于 0 K 和$\langle\upsilon\rangle=1$，故一般反应温度下，$K_{\neq}$是不可能等于$K_{\mathrm{c}}^{\neq}$的。换句话说，上述推导方法是不能成立的。

当$\alpha=\frac{1}{2}$时，由式(28-17)可得$\langle\upsilon\rangle=T^{1/2}$，此时式(28-18)变成$\nu=\beta T^{1/2}$，将它代入式(28-20)，得

$$k=BT^{1/2}\mathrm{e}^{-E/RT} \tag{28-26}$$

此式是简单碰撞理论所得结果。这是因为如专题 26 所述，简单碰撞理论可视为传统的过渡状态理论的一种特殊情况。

当$\alpha=1$时，式(28-17)变成$\langle\upsilon\rangle=T$，由式(28-11)可得$\nu=k_{\mathrm{B}}/h=\beta$，是一个常数。将它代入式(28-20)，则得

$$k=B\mathrm{e}^{-E/RT} \tag{28-27}$$

这个方程实为 Arrhenius 方程，它仅适用于温度不很高的范围。

于是，不难明白，传统的过渡状态理论实际适用的α值范围在$\alpha>1$时。此时，$n=1-\alpha<0$，修正的 Arrhenius 方程中的n是一个负数。这是基于过渡状态理论假设：振子的振动频率很低，$h\nu\ll k_{\mathrm{B}}T$，以致它的配分函数可由式(28-10)表示，这才导得式(28-11)。可见，此时$\langle\upsilon\rangle$值很大，以致α值必定大于 1。故据此推论得到的修正的 Arrhenius 方程只能适用于n为负数的情况。

但是，实践表明，修正的 Arrhenius 方程也能用来关联n值为正数的反应，上述基元反应 $D+H_2 \longrightarrow DH+H$ 就是一个例子，其$n=2.29$。此时$\alpha<0$，$\langle\upsilon\rangle<1$，由式(28-11)不难得知，$h\nu>k_{\mathrm{B}}T$。对于这种情况，传统的过渡状态理论不再适用，故必须发展一个新的理论或对传统的过渡状态理论进行必要的修正(专题 29)。

参考文献

罗渝然,俞书勤,张祖德,等. 2010. 大学化学,25(3):35.

刘国杰,黑恩成. 2008. 物理化学导读. 北京:科学出版社.

俞书勤. 1985. 微观化学反应. 合肥:安徽科学技术出版社.

赵学庄. 1984. 化学反应动力学原理(上册). 北京:高等教育出版社.

Michael J V, Fisher J R. 1990. J Phys Chem, 94:3318.

Moore J W, Pearson R G. 1987. 化学动力学和历程-均相化学反应的研究. 3 版. 孙承谔,等译. 北京:科学出版社.

Nicholas J. 1987. 化学动力学——气体反应的近代综述. 吴树森,译. 北京:高等教育出版社.

29 一个扩展的过渡状态理论

专题 28 已由传统的过渡状态理论推论得到了修正的 Arrhenius 方程

$$k=BT^{n}e^{-E/RT} \tag{29-1}$$

表明该方程与 Eyring 方程是等价的，但是它只适合于 n 为负数的情况。广泛的实验表明，式(29-1)不仅适用于 n 为负数的反应，而且对于参数 n 为正数的反应也同样适用。为了说明这个实验事实，必须将传统的过渡状态理论扩展，使它不再拘泥于 $h\nu \ll k_BT$ 的条件，而且也适合于 $h\nu \geqslant k_BT$ 的场合。

29.1 过渡状态理论的扩展

按照过渡状态理论的三点基本假设，双分子反应是以下列模式进行

$$A+B\text{-}C \xrightleftharpoons{K_c^{\neq}} (A\cdots B\cdots C)^{\neq} \xrightarrow{\nu} A\text{-}B+C$$

式中，A 和 B-C 为反应物；A-B 和 C 为产物；$(A\cdots B\cdots C)^{\neq}$ 为活化络合物；$K_c^{\neq}$ 和 ν 分别为活化平衡常数和活化络合物的分解频率。基于反应物与活化络合物间的平衡关系和活化络合物的浓度很低，反应速率取决于活化络合物分子的分解频率

$$r=c_{(A\cdots B\cdots C)^{\neq}}\nu=\nu K_c^{\neq}c_Ac_{B\text{-}C} \tag{29-2}$$

式中，活化平衡常数

$$K_c^{\neq}=\frac{c_{(A\cdots B\cdots C)^{\neq}}}{c_A\cdot c_{B\text{-}C}} \tag{29-3}$$

因此，反应的速率常数为

$$k=\nu K_c^{\neq} \tag{29-4}$$

这个理论可将活化络合物沿着反应坐标的不对称伸缩振动，视为一个单维简谐振子，其振动频率为活化络合物的分解频率。

按照量子力学，将能量标度的零点设在基态能级上时，振子的能量为

$$\varepsilon_{0V}=\upsilon h\nu \tag{29-5}$$

式中，h 为 Planck 常量；υ 为振动量子数，其值可取 0，1，2，…，每一个值相当于振子的一个能级。对于一个拥有 N 个振子的系统，振子是分布在这些能级上的，且服从 Boltzmann 能量分布，振子的平均能量为

$$\langle\varepsilon_{0V}\rangle=\langle\upsilon\rangle h\nu \tag{29-6}$$

式中，$\langle\upsilon\rangle$ 为平均振动量子数。按照统计力学，$\langle\varepsilon_{0V}\rangle$ 也可由下式计算

$$\langle\varepsilon_{0V}\rangle=\frac{U}{N}=k_BT^2\left(\frac{\partial \ln q_{0V}}{\partial T}\right)_V \tag{29-7}$$

式中，k_B 为 Boltzmann 常量；q_{0V} 为振子的配分函数，它可由下式表示

$$q_{0V}=\frac{1}{1-e^{-h\nu/k_BT}} \tag{29-8}$$

将式(29-8)代入式(29-7),经运算可得

$$\langle \varepsilon_{0\mathrm{V}} \rangle = \frac{h\nu}{\mathrm{e}^{h\nu/k_{\mathrm{B}}T}-1} \tag{29-9}$$

比较式(29-9)与式(29-6),可见

$$\langle \upsilon \rangle = \frac{1}{\mathrm{e}^{h\nu/k_{\mathrm{B}}T}-1} \tag{29-10}$$

它也可表示为

$$\frac{h\nu}{k_{\mathrm{B}}T} = \ln\left(1+\frac{1}{\langle \upsilon \rangle}\right) \tag{29-11}$$

于是,由式(29-8)和式(29-11)可将式(29-4)表示成

$$k = \frac{k_{\mathrm{B}}T}{h}\ln\left(1+\frac{1}{\langle \upsilon \rangle}\right)\cdot\frac{1}{1-\mathrm{e}^{-h\nu/k_{\mathrm{B}}T}}K_{\neq} = \frac{k_{\mathrm{B}}T}{h}K_{\neq}\left(\frac{x}{1-\mathrm{e}^{-x}}\right) \tag{29-12}$$

式中,$x=h\nu/k_{\mathrm{B}}T$;$K_{\neq}$不同于活化平衡常数 $K_{\mathrm{c}}^{\neq}$,其中活化络合物的配分函数少了沿反应坐标的不对称伸缩振动的配分函数。

不难看出,当 $x\ll 1$,即 $h\nu\ll k_{\mathrm{B}}T$ 时,由于 $\mathrm{e}^{-x}\approx 1-x$,$x/(1-\mathrm{e}^{-x})=1$,式(29-12)变为

$$k = \frac{k_{\mathrm{B}}T}{h}K_{\neq} \tag{29-13}$$

这就是传统的 Eyring 方程。由此可见,式(29-12)是一个扩展的 Eyring 方程,它可适用于各种 x 值,即不仅适用于 $h\nu\ll k_{\mathrm{B}}T$,而且也可应用于 $h\nu\geqslant k_{\mathrm{B}}T$ 的情况,本专题称其为扩展的过渡状态理论。

表 29-1 是 $x/(1-\mathrm{e}^{-x})$ 与 x 即 $h\nu/k_{\mathrm{B}}T$ 的关系,它表明,随着 $h\nu/k_{\mathrm{B}}T$ 的增大,反应速率常数变得越来越大。

表 29-1　$x/(1-\mathrm{e}^{-x})$ 与 $h\nu/k_{\mathrm{B}}T$ 的关系

$\frac{h\nu}{k_{\mathrm{B}}T}$	$\ll 1$	1	2	3	4
$\frac{x}{1-\mathrm{e}^{-x}}$	1.000	1.582	2.313	3.157	4.075

29.2　x 的作用和大小

因 $x=h\nu/k_{\mathrm{B}}T$,它是一个表征振子能级的间隔 $h\nu$ 与热运动能 $k_{\mathrm{B}}T$ 相对大小的指标。当 $x\ll 1$,即 $h\nu\ll k_{\mathrm{B}}T$ 时,意味着振子的能级间隔很小,相比于热运动能可以忽略不计,此时,反应速率可视为与振子能级间隔的大小无关,即完全取决于反应温度的高低。但是,随着 x 的增大,$h\nu$ 逐渐变得可与 $k_{\mathrm{B}}T$ 相比拟,此时,振子能级间隔的大小对反应速率的影响将变得不可忽视,因此传统的过渡状态理论必须予以修正。

由式(29-11)可见,x 仅仅是平均振动量子数 $\langle \upsilon \rangle$ 的函数,这就是说,只要找到确定 $\langle \upsilon \rangle$ 的方法,x 的大小也就随之确定。

不难看出,当 $\langle \upsilon \rangle$ 值很大时,因 $\frac{1}{\langle \upsilon \rangle}\ll 1$,由级数公式可得 $\ln\left(1+\frac{1}{\langle \upsilon \rangle}\right)\approx\frac{1}{\langle \upsilon \rangle}$,故

式(29-11)变为

$$\frac{h\nu}{k_{\mathrm{B}}T}=\frac{1}{\langle\upsilon\rangle}\ll 1 \quad \text{或} \quad h\nu\ll k_{\mathrm{B}}T \tag{29-14}$$

于是，由式(29-12)可得反应速率常数

$$k=\frac{k_{\mathrm{B}}T}{h\langle\upsilon\rangle}\cdot K_{\mathrm{c}}^{\neq} \tag{29-15}$$

式中，$K_{\mathrm{c}}^{\neq}=(1-\mathrm{e}^{-h\nu/k_{\mathrm{B}}T})^{-1}K_{\neq}$，为活化平衡常数。

如上所述，此时的反应速率可视为完全取决于反应温度的高低，故$\langle\upsilon\rangle$仅是温度的函数。由于温度升高，有利于振子向高能级扩散，因此，$\langle\upsilon\rangle$值随 T 的升高而迅速增大，假定它们间的关系可用如下幂函数表示

$$\langle\upsilon\rangle=T^{\alpha} \tag{29-16}$$

式中，α 对于指定的反应为一个常数，且是个正数。则将式(29-16)代入式(29-15)可得

$$k=\frac{k_{\mathrm{B}}T^{(1-\alpha)}}{h}K_{\mathrm{c}}^{\neq} \tag{29-17}$$

假如 $\alpha>1$，$1-\alpha<0$，是个负数，这一结果即为专题 28 所述。

然而，随着振子能级间隔的增大，情况就不再如此。振子能级间隔的增大不利于振子向高能级扩散，此时$\langle\upsilon\rangle$值会随之减小。由式(29-11)可见，当$\langle\upsilon\rangle\leqslant 0.582$ 时，$\ln\left(1+\frac{1}{\langle\upsilon\rangle}\right)$变成等于或大于 1，因此，

$$h\nu\geqslant k_{\mathrm{B}}T \tag{29-18}$$

于是，由扩展的 Eyring 方程即式(29-12)，得反应速率常数

$$k=\frac{k_{\mathrm{B}}T}{h}\ln\left(1+\frac{1}{\langle\upsilon\rangle}\right)\cdot K_{\mathrm{c}}^{\neq} \tag{29-19}$$

由于 $h\nu$ 的增大等效于 $k_{\mathrm{B}}T$ 的减小，仿照式(29-16)，式(29-19)中的 $\ln\left(1+\frac{1}{\langle\upsilon\rangle}\right)$也可用如下温度的幂函数表示

$$\ln\left(1+\frac{1}{\langle\upsilon\rangle}\right)=\frac{1}{T^{\beta}} \tag{29-20}$$

不过，因为现在 $\ln\left(1+\frac{1}{\langle\upsilon\rangle}\right)\geqslant 1$，式(29-20)中的 β 应是一个小于零的负数。因此，将式(29-20)代入式(29-19)，可得

$$k=\frac{k_{\mathrm{B}}T^{(1-\beta)}}{h}K_{\mathrm{c}}^{\neq} \tag{29-21}$$

现在综合式(29-17)和式(29-21)，可将化学反应速率常数表示为

$$k=\frac{k_{\mathrm{B}}T^{n}}{h}K_{\mathrm{c}}^{\neq} \tag{29-22}$$

式中，n 对于指定的反应是一个常数，它遵守如下约定

$n<0$ 时，　$n=1-\alpha$　　$(\alpha>1)$

$n>0$ 时，　$n=1-\beta$　　$(\beta\leqslant 0)$

29.3 修正的 Arrhenius 方程

根据热力学，化学反应的标准平衡常数 $K^{\ominus}$ 的定义式为

$$-RT\ln K^{\ominus}=\Delta_{r}G_{m}^{\ominus} \tag{29-23}$$

对于本专题所涉及的活化过程，其标准平衡常数 $K_{c}^{\neq}c^{\ominus}$ 的定义式为

$$-RT\ln(K_{c}^{\neq}c^{\ominus})=\Delta^{\neq}G_{m}^{\ominus}=\Delta^{\neq}U_{m}^{\ominus}+\Delta^{\neq}(pV_{m})-T\Delta^{\neq}S_{m}^{\ominus} \tag{29-24}$$

式中，$\Delta^{\neq}G_{m}^{\ominus}$、$\Delta^{\neq}U_{m}^{\ominus}$ 和 $\Delta^{\neq}S_{m}^{\ominus}$ 分别为标准摩尔活化 Gibbs 自由能、标准摩尔活化热力学能和标准摩尔活化熵；$c^{\ominus}=1\text{mol}\cdot\text{dm}^{-3}$。其中标准摩尔活化热力学能 $\Delta^{\neq}U_{m}^{\ominus}$ 如专题 28 所述，为反应的活化能 E。所以，式(29-24)也可表示为

$$K_{c}^{\neq}=\frac{1}{c^{\ominus}}e^{\Delta^{\neq}S_{m}^{\ominus}/R}e^{-\Delta^{\neq}(pV_{m})/RT}e^{-E/RT} \tag{29-25}$$

现将式(29-25)代入式(29-22)，则得

$$k=\frac{k_{B}T^{n}}{hc^{\ominus}}e^{\Delta^{\neq}S_{m}^{\ominus}/R}e^{-\Delta^{\neq}(pV_{m})/RT}e^{-E/RT} \tag{29-26}$$

对于溶液反应：$\Delta^{\neq}(pV_{m})\approx0$，$e^{-\Delta^{\neq}(pV_{m})/RT}\approx1$

$$k=\frac{k_{B}T^{n}}{hc^{\ominus}}e^{\Delta^{\neq}S_{m}^{\ominus}/R}e^{-E/RT} \tag{29-27}$$

若令 $B=\frac{k_{B}}{hc^{\ominus}}e^{\Delta^{\neq}S_{m}^{\ominus}/R}$，则

$$k=BT^{n}e^{-E/RT}$$

这就是式(29-1)(修正的 Arrhenius 方程)，但它已不再拘泥于 n 是负数的情况。

对于气相双分子反应，若压力不高，$\Delta^{\neq}(pV_{m})\approx-RT$，$e^{-\Delta^{\neq}(pV_{m})/RT}\approx e$

$$k=\frac{k_{B}T^{n}}{hc^{\ominus}}e^{(1+\Delta^{\neq}S_{m}^{\ominus}/R)}e^{-E/RT} \tag{29-28}$$

若令 $B=\frac{k_{B}}{hc^{\ominus}}e^{(1+\Delta^{\neq}S_{m}^{\ominus}/R)}$，则所得也是修正的 Arrhenius 方程。

倘若气相反应是单分子反应，因 $\Delta^{\neq}(pV_{m})=0$，所得结果与式(29-27)相同。总之，由上述扩展的过渡状态理论能够推导出式(29-1)，且式中 n 可正也可负，这使修正的 Arrhenius 方程有了可靠的理论依据。

上述推导表明，式(29-1)中的三个参数 B、n 和 E 并非经验参数，它们都有明确的物理意义。参数 B 仅与反应物活化成活化络合物的标准摩尔活化熵 $\Delta^{\neq}S_{m}^{\ominus}$ 有关，这就是说，它与反应物和分子活化络合物的结构有密切的关系。对于指定的反应物分子，若活化络合物的结构越无序，则参数 B 越大，从这个意义上说，B 是一个活化络合物的结构参数。参数 E 则是反应的摩尔活化能，它与反应物分子活化成活化络合物需吸收的能量密切相关，吸收的能量越多，参数 E 越大。至于参数 n，与活化络合物的分解频率有关，这可从式(29-22)看出。由式(29-4)与式(29-22)比较，不难得出，活化络合物的分解频率为

$$\nu=\frac{k_{B}T^{n}}{h} \tag{29-29}$$

这就是说，对于指定的反应温度，n 值越大，分解频率 ν 越大。从这个意义上说，参数 n 可作为分解频率相对大小的量度。因此，B、n、E 是扩展过渡状态理论的三个决定性的参数，只有指定了这三个参数，指定温度下化学反应的速率常数才能够确定。

表 29-2 是若干化学反应的式(29-1)参数拟合值，利用式(29-1)和这些参数值所算得的结果，要比传统的 Arrhenius 方程(二参数)好得多，特别是较宽的温度范围。

表 29-2　若干化学反应的式(29-1)参数值

反应	温度范围/K	$\ln B$	n	$E/(\mathrm{kJ\cdot mol^{-1}})$	参考文献
$CH_3Br+H_2O \longrightarrow CH_3OH+H^++Br^-$	290～373	259.4	−34.3	195.48	韩德刚等，1987
$CCl_3COOH \longrightarrow CHCl_3+CO_2$	323～373	110.82	−10.7	179.54	韩德刚等，1987
α-葡萄糖$\longrightarrow$$\beta$-葡萄糖	273～323	88.88	−10.32	96.48	韩德刚等，1987
$BrCH_2CO_2^-+S_2O_3^{2-} \longrightarrow S_2O_3CH_2CO_2^{2-}+Br^-$	279～304		6	87.82	韩德刚等，1987
$2HI \longrightarrow H_2+I_2$		−89.89	16	23.777	韩德刚等，1981

29.4　讨论

在结束本专题之前，还要讨论一个问题，以加深对扩展的过渡状态理论的认识，并进一步阐明它与传统的过渡状态理论间的关系。

将式(29-4)等号两边取对数，可得

$$\ln\{k\}=\ln\{K_c^{\neq}\}+\ln\{\nu\} \tag{29-30}$$

然后对温度求导，并代入 van't Hoff 方程，经整理后，则得

$$E_a=E+RT^2\frac{\mathrm{d}\ln\{\nu\}}{\mathrm{d}T} \tag{29-31}$$

式中，$E_a=RT^2(\mathrm{d}\ln\{k\}/\mathrm{d}T)$，为 Arrhenius 活化能；$E=\Delta^{\neq}U_m^{\ominus}$，为化学反应的活化能。

现将式(29-29)代入式(29-31)，得

$$E_a=E+nRT \tag{29-32}$$

式中，n 为一个可正也可负的常数，根据前面的约定：

$$n<0\text{ 时}，\quad n=1-\alpha \qquad (\alpha>1)$$
$$n>0\text{ 时}，\quad n=1-\beta \qquad (\beta\leqslant 0)$$

故式(29-32)也可写成

$$E_a=E+\begin{cases}(1-\alpha)RT & (\alpha>1)\\(1-\beta)RT & (\beta\leqslant 0)\end{cases} \tag{29-33}$$

式(29-33)可由图 29-1 示意。

按照传统的过渡状态理论，活化络合物 A 处在能量的顶峰，反应物分子 R 在转变成

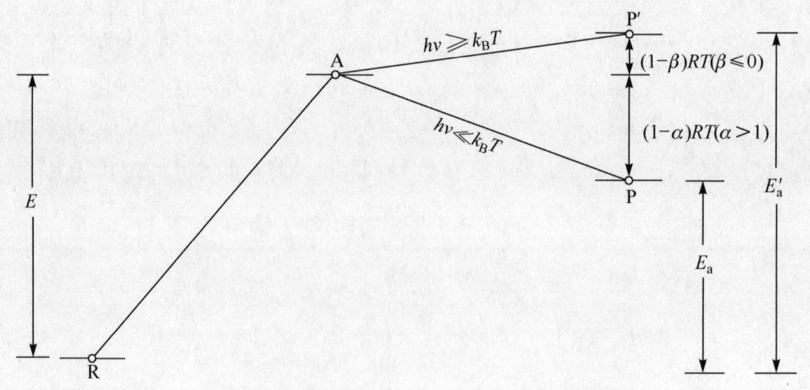

图 29-1　化学反应活化能 E 与 Arrhenius 活化能 E_a 的关系

产物分子 P 时，必须克服这个能峰才能反应。由于活化络合物沿着反应坐标的不对称伸缩振动的频率很低，即这个振子的能级间隔很小，$h\nu \ll k_B T$，以致在反应温度下，活化能 E 足以使它自行分解成产物 P，并放出能量 $(1-\alpha)RT$。但是，如果该振子的能级间隔较大，以致 $h\nu \geqslant k_B T$，情况就不同了，这时，活化能 E 不能使活化络合物 A 自行分解成产物 P′，如图 29-1 所示，此时，外界必须为系统补充能量 $(1-\beta)RT$，反应才能进行到底。此时的反应已不是传统意义上的基元反应，因为 A 不再是能量的顶峰，故扩展的过渡状态理论还适用于这样的基元反应。

最后应该指出，扩展的 Eyring 方程[式(29-12)]也可表示成

$$k = BT\ln\left(1+\frac{1}{\langle \upsilon \rangle}\right)e^{-E/RT} \tag{29-34}$$

式中也有三个参数——B、E 和 $\langle \upsilon \rangle$。其中参数 B 和 E 的物理意义不变，参数 $\langle \upsilon \rangle$ 取代了 n，它的物理意义也十分明确，是活化络合物构型中不对称伸缩振动的平均振动量子数。式(29-34)似乎比式(29-1)更加严格，因为它不需要式(29-16)和式(29-20)那样的假定，能适用于各种反应。

参考文献

韩德刚，高盘良. 1987. 化学动力学基础. 北京：北京大学出版社.

韩德刚，印永嘉. 1981. 化学教育，增刊：162.

30 关于一氧化氮氧化反应的机理

一氧化氮氧化反应 $2NO+O_2 \longrightarrow 2NO_2$ 是硝酸生产中的一步重要反应，也是固定氮的一个重要步骤，正因为如此，历史上已有不少学者对它的反应动力学和机理进行了测定和研究。由于反应机理的探索是一项艰辛而又细致的工作，迄今许多反应的机理还不明了，本专题所述的这个反应，其机理至今也不能说已下定论，它还有待人们去作进一步探讨。

30.1 反应的动力学特征

这是一个迄今所发现的为数不多的三级气相反应之一。在 298.15K 下，实验测得其典型的动力学数据见表 30-1。反应速率常数的平均值为 $7.13\times10^9 cm^6 \cdot mol^{-2} \cdot s^{-1}$，指前因子 A 为 $10^9 cm^6 \cdot mol^{-2} \cdot s^{-1}$，活化能 E_a 为 $-4.6 kJ \cdot mol^{-1}$。

表 30-1 298.15K 一氧化氮氧化反应的动力学实验数据

c_{NO}/c_{O_2}	NO 初始压力/kPa	实验次数	$k_r\times10^{-9}/(cm^6 \cdot mol^{-2} \cdot s^{-1})$
10	1.41～45.3	28	6.82
1	2.45～17.3	15	7.73
0.1	1.08～5.73	20	7.10

与众不同的是，这个反应的速率常数具有负的温度系数，即温度升高，反应速率系数反而变小；它的活化能是个负值；指前因子也比碰撞理论算得的小得多。因此，在物理化学教材中，将它视为非 Arrhenius 型的其中一类反应的代表。显而易见，这种奇特的表现应归因于它的反应机理。

可是，遗憾的是，这个反应的机理迄今尚有争议，在物理化学教材和化学动力学专著中，至今还记叙着两种不同的机理，它们都能解释反应的主要特征，但细究之下，却都有值得疑虑之处。下面先介绍这两种机理，然后再加以评论。

30.2 Gershinowitz-Eyring 机理

1935 年 Eyring 等建立了反应速率的过渡状态理论，为了验证这个理论，Gershinowitz 和 Eyring(1935)曾认为这是个三分子反应，有如下反应模式：

$$2NO+O_2 \rightleftharpoons \begin{bmatrix} O & \cdots & O \\ \vdots & & \vdots \\ N & & N \\ \| & & \| \\ O & & O \end{bmatrix} \longrightarrow 2NO_2$$

即三个反应物分子通过形成上式所示的活化络合物，再分解成产物分子，这个活化络合物即反应的过渡状态。

按照过渡状态理论，其反应速率常数为

$$k_r = L^2 \frac{kT}{h} \frac{(q_0^{\neq}/V)}{(q_{0,NO}/V)^2(q_{0,O_2}/V)} e^{-E_0^{\neq}/RT} \tag{30-1}$$

式中，L、k、h 和 R 分别为 Avogdro、Boltzmann、Planck 和摩尔气体常量；$E_0^{\neq}$ 为势垒；$q_{0,NO}$ 和 q_{0,O_2} 分别为能量标度的零点设在基态能级上时，反应物 NO 和 O_2 分子的配分函数；$q_0^{\neq}$ 为相应的活化络合物的子配分函数，但少了一个沿反应坐标的振动配分函数。其中

$$\frac{q_{0,NO}}{V} = \left(\frac{2\pi m_{NO}kT}{h^2}\right)^{3/2}\left(\frac{8\pi^2 I_{NO}kT}{h^2}\right)(1-e^{-h\nu_{NO}/kT})^{-1}(q_{0,e})_{NO} \tag{30-2}$$

$$\frac{q_{0,O_2}}{V} = \left(\frac{2\pi m_{O_2}kT}{h^2}\right)^{3/2}\left(\frac{8\pi^2 I_{O_2}kT}{2h^2}\right)(1-e^{-h\nu_{O_2}/kT})^{-1}(q_{0,e})_{O_2} \tag{30-3}$$

$$\frac{q_0^{\neq}}{V} = \left(\frac{2\pi m_{\neq} kT}{h^2}\right)^{3/2}\left[\frac{\sqrt{\pi}\,(8\pi^2 kT)^{3/2}}{\sigma h^3}(I_A I_B I_C)^{1/2}\right]\left[\frac{(8\pi^3 I_{ir}kT)^{1/2}}{\sigma_{ir}h}\right]\prod_{i=1}^{10}(1-e^{-h\nu_{i,\neq}/kT})^{-1}(q_{0,e})_{\neq} \tag{30-4}$$

式中，m_{NO}、m_{O_2} 和 $m_{\neq}$ 分别为反应物 NO、O_2 和活化络合物的质量；I_{NO} 和 I_{O_2} 分别为相应反应物分子的转动惯量；ν_{NO} 和 ν_{O_2} 为它们的谐振频率；σ 为活化络合物的对称数；I_A、I_B 和 I_C 为它的三个主转动惯量。活化络合物共有 12 个单维简谐振动，除了一个为反应坐标的振动外，还有一个成了…O…O…轴的内旋转运动，并假定这个内旋转是自由旋转，其配分函数为

$$q_{ir} = \frac{(8\pi^3 I_{ir}kT)^{1/2}}{\sigma_{ir}h} \tag{30-5}$$

式中，I_{ir} 和 σ_{ir} 分别为内旋转的转动惯量和对称数。因此，活化络合物分子尚有 10 个频率为 $\nu_{i,\neq}$ 的单维简谐振动。式(30-2)～式(30-4)中的 $(q_{0,e})_{NO}$、$(q_{0,e})_{O_2}$ 和 $(q_{0,e})_{\neq}$ 分别代表相应分子的电子配分函数，它们的能量标度零点都设在基态能级上。为了得到活化络合物的配分函数，假定它的分子结构等同稳定分子 N_2O_4，于是不难得到活化络合物的 $I_A I_B I_C$、I_{ir}、$\nu_{i,\neq}$、σ、σ_{ir} 和 $(q_{0,e})_{\neq}$ 等数据。

现将式(30-2)～式(30-4)代入式(30-1)，并将式中与 T 无关的因子归并为 B，则得

$$k_r = BT^{-3}\frac{\prod_{i=1}^{10}(1-e^{-h\nu_{i,\neq}/kT})^{-1}}{\prod_{i=1}^{3}(1-e^{-h\nu_i/kT})^{-1}} e^{-E_0^{\neq}/RT} \tag{30-6}$$

式(30-6)也可表示为

$$\ln\{k_r\} + 3\ln T + \ln\prod_{i=1}^{3}(1-e^{-h\nu_i/kT})^{-1} - \ln\prod_{i=1}^{10}(1-e^{-h\nu_{i,\neq}/kT})^{-1} = -E_0^{\neq}/RT + \ln B \tag{30-7}$$

或者

$$\ln\{k_r\}+f(T)=-E_0^{\neq}/RT+C \tag{30-8}$$

由此可见，将 $\ln\{k_r\}+f(T)$ 对 $1/T$ 作图应是一条直线，直线的斜率等于 $-E_0^{\neq}/R$。

图 30-1 是假定 $E_0^{\neq}=0$ 时 $\ln\{k_r\}+f(T)$ 对 $1/T$ 所作的图，可见确是一条直线（图中的实线）。且进一步检验证明，在 $E_0^{\neq}$ 值上至 0.84kJ·mol^{-1} 的小范围内，都能给出明显的直线（图中虚线），这说明理论与实验事实相符，并且说明了该反应的活化能很小。

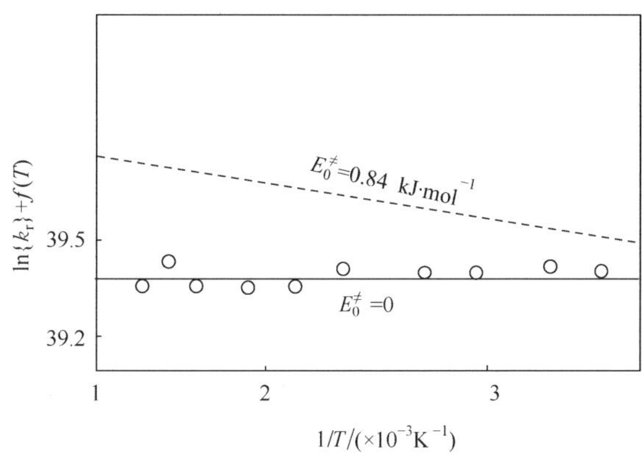

图 30-1　一氧化氮反应的$[\ln\{k_r\}+f(T)]$-$1/T$ 图

表 30-2 是在假定 $E_0^{\neq}=0$ 的条件下，反应速率常数 k_r 的计算值与实验值比较。计算表明，k_r 的温度系数是负的，随着温度的升高，反应速率常数减小。尽管计算值与实验值间有偏差，但两者至少在数量级和变化趋势上是基本相符的。有趣的是，实验测得，约在温度为 627K 时，k_r 值有一个极小值，而理论计算结果也反映了这一事实，这是因为式(30-6)表明，k_r 不仅反比于 T^3，而且还与活化络合物和反应物分子的振动配分函数有关，它们也是温度的函数，随着温度的升高，两者对 k_r 的作用变得相互抵消。

表 30-2　一氧化氮氧化反应的速率常数计算值与实验值比较($E_0^{\neq}=0$)

T/K	$k_r\times10^{-9}/(\text{cm}^6\cdot\text{mol}^{-2}\cdot\text{s}^{-1})$	
	计算值	实验值
80	86.0	41.8
143	16.2	20.2
228	5.3	10.1
300	3.3	7.1
413	2.2	4.0
564	2.0	2.8
613	2.1	2.8
662	2.0	2.9

Gershinowitz-Eyring 机理不仅能解释上述 NO 与 O_2 反应的特征，而且也能用于 NO 与卤素分子的反应，因此它被视为是对过渡状态理论的一个有力的支持。

30.3 Bodenstein 机理

几乎在同一时期，Bodenstein 在另一家杂志 *Helv. Chim. Acta* 上对一氧化氮氧化反应提出了一个不同的机理，这个机理也同样能够解释上述反应特征。

Bodenstein(1935)认为，一氧化氮氧化反应是一个复杂反应，它是通过以下步骤完成的

$$2NO \underset{k_{-1}}{\overset{k_1}{\rightleftharpoons}} N_2O_2$$

$$N_2O_2 + O_2 \xrightarrow{k_2} 2\,NO_2$$

式中，中间物 N_2O_2 是 NO 的二聚物。

首先，根据这个机理由稳定态处理法能够建立如下反应速率方程

$$\frac{dc_{N_2O_2}}{dt} = k_1 c_{NO}^2 - k_{-1} c_{N_2O_2} - k_2 c_{N_2O_2} c_{O_2} = 0 \tag{30-9}$$

$$c_{N_2O_2} = \frac{k_1 c_{NO}^2}{k_{-1} + k_2 c_{O_2}} \tag{30-10}$$

因此

$$-\frac{dc_{O_2}}{dt} = k_2 c_{N_2O_2} c_{O_2} = \frac{k_1 k_2 c_{NO}^2 c_{O_2}}{k_{-1} + k_2 c_{O_2}} \tag{30-11}$$

倘若第一步的逆反应速率远大于第二步的反应速率，即 $k_{-1} \gg k_2 c_{O_2}$，那么，式(30-11)可简化为

$$-\frac{dc_{O_2}}{dt} = Kk_2 c_{NO}^2 c_{O_2} \tag{30-12}$$

这时，该反应即实验观察到的三级反应。式中，$K = k_1/k_{-1}$，为第一步的平衡常数。

其次，这个机理也能解释速率常数有负的温度系数的实验事实。由于反应的表观速率常数为

$$k_r = Kk_2 \tag{30-13}$$

根据 Arrhenius 方程和 van't Hoff 方程

$$\frac{d\ln\{k_r\}}{dT} = \frac{E_a}{RT^2} = \frac{d\ln\{K\}}{dT} + \frac{d\ln\{k_2\}}{dT} = \frac{\Delta_r U_m^{\ominus} + E_2}{RT^2} \tag{30-14}$$

所以

$$E_a = \Delta_r U_m^{\ominus} + E_2 \tag{30-15}$$

由于机理中的第一步的正向是放热的二聚反应，$\Delta_r U_m^{\ominus} < 0$，故只要

$$|\Delta_r U_m^{\ominus}| > E_2 \tag{30-16}$$

E_a 便小于零，即 k_r 随温度升高而减小，这便解释了这个反应的速率常数具有负的温度系数的实验事实。

30.4 评论

由于这两种机理都能解释一氧化氮氧化反应的基本特征，故在物理化学教材和化学

动力学专著中都能见到,有的偏爱 Gershinowitz-Eyring 机理,有的偏爱 Bodenstein 机理,更有些专著对两者兼述之。但是,如果推敲一下,这两种机理都有值得细究之处。

对于 Gershinowitz-Eyring 机理,最大的疑惑在于活化络合物的形成。且不说三个反应物分子同时相碰的概率要比双分子碰撞小得多,相碰后要形成活化络合物则更非易事。因为三个反应物的平动自由度共有九个,而活化络合物的平动自由度只有三个,故活化络合物的形成要求平动能与转动能之间有相当大的重排,这是很困难的。故这个三分子反应机理实际上只不过是一个未被证实的假设。

至于 Bodenstein 机理,值得追究之处在于机理中的第二步反应。按照式(30-16),该步反应的 E_2 小于第一步放出热的绝对值,而实验测定表明,NO 的二聚反应放出的热很少,若在溶液中二聚时,放热仅为 $17\mathrm{kJ\cdot mol^{-1}}$,因此,不难推测第二步反应的 E_2 是一个很小的值。又根据上述 $k_{-1}\gg k_2c_{O_2}$ 的假设,要求第二步反应速率必须进行得很慢。这就是说,第二步反应的 Arrhenius 活化能虽很小,但反应速率却很慢。按照碰撞理论,该步反应速率常数可表示为

$$k_2=pA_2\mathrm{e}^{-E_2/RT} \tag{30-17}$$

式中,A_2 为第二步双分子反应的指前因子,通常是很大的值。故唯一的可能是该步的方位因子 p 极小,这就产生了中间物 N_2O_2 究竟是怎样一种结构的问题,为什么它与 O_2 的反应有那么大的空间障碍?

然而,值得指出,Bodenstein 机理也可表示如下:

$$\mathrm{NO+O_2} \underset{k_{-1}}{\overset{k_1}{\rightleftharpoons}} \mathrm{NO_3}$$

$$\mathrm{NO_3+NO} \xrightarrow{k_2} \mathrm{2NO_2}$$

即中间物不是 NO 的二聚物,而是 NO 的过氧化合物 O—O—N—O,这可能使第一步反应放出更多的热。

按照这个机理,不难导得其反应速率方程为

$$-\frac{\mathrm{d}c_{\mathrm{NO}}}{\mathrm{d}t}=\frac{k_1k_2c_{\mathrm{NO}}^2c_{\mathrm{O_2}}}{k_{-1}+k_2c_{\mathrm{NO}}} \tag{30-18}$$

当 $k_{-1}\gg k_2c_{\mathrm{NO}}$时,同样可得三级反应,反应的速率常数为

$$k_\gamma=Kk_2 \tag{30-19}$$

式中,$K=k_1/k_{-1}$,为第一步反应的平衡常数。随后的推导与式(30-14)~式(30-16)相仿,由于机理的第一步放热比 NO 的二聚反应多,故由式(30-16)可知,E_2 值将有可能显著变大,因此可认为,这种机理更加合理。

参考文献

伊列敏 E И. 化学动力学基础. 1985. 陈天明,等译. 福州:福建科学技术出版社.

Bodenstein M. 1935. Helv Chim Acta, 18: 743.

Gershinowitz H, Eyring H. 1935. J Am Chem Soc, 57: 985.

Sykes A G. 1987. 无机反应动力学. 王本根,译. 上海:华东师范大学出版社.

31 Franck-Rabinowitch 笼子模型的改进

在溶液反应动力学中，几乎所有物理化学教材都会提及 Franck-Rabinowitch 笼子效应，它简洁明了地描绘了溶液反应的特征，给人以深刻的印象。但笼子效应只是一个初级模型，并不涉及溶剂分子与反应物和产物分子间的作用，因此，其实用价值是很有限的。本专题试图引入溶剂压的概念，用其表示溶剂对溶质的作用强弱，从而使笼子模型能够定性或半定量地说明许多溶液反应的动力学现象。

31.1 笼子模型

由于液体的密度远高于气体，反应物分子在溶液中的运动远不及在气相中自由。在溶液中，分子的碰撞直径要比两个分子间的间隙大，如图 31-1 所示，反应物分子要通过溶剂分子的间隙并不是件容易的事。因此，至少在一段时间内，反应物分子犹如被囚禁在周围溶剂分子所构成的笼子内，并且只能在笼子内作往复运动，就像振动一样。仅当反应物分子因碰撞而获得足够的能量后，才有可能挤出这个笼子而迁入另一个笼子。因此，反复的振动和扩散是反应物分子在溶液中的运动特征。如果反应是在反应物分子 A 与 B 间进行，那么只有在两个反应物分子迁入同一个笼子时才有可能，此时，反应物分子 A 与 B 反复地相互碰撞，最后，或者反应变成产物分子 P，或者不反应离开这个笼子。

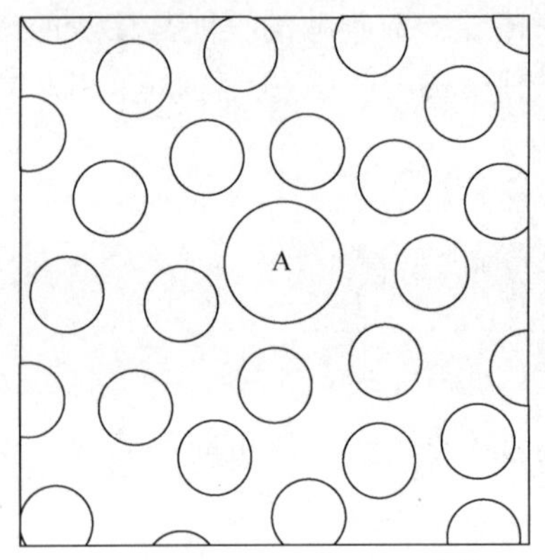

图 31-1　溶剂笼

根据上述模型，不难写出分子 A 与 B 的反应机理为

$$A+B \underset{k_{-d}}{\overset{k_d}{\rightleftharpoons}} \{AB\} \xrightarrow{k_r} P$$

式中，$\{AB\}$为处在同一个笼子内的反应物分子 A 和 B，也称遭遇对；k_d 为扩散速率系数；k_r 为遭遇对的反应速率系数；k_{-d}为遭遇对不反应而重新离开同一笼子的扩散速率系数。

当反应达稳定状态时，由稳定态近似处理可得

$$k_d c_A c_B - k_{-d} c_{\{AB\}} - k_r c_{\{AB\}} = 0 \tag{31-1}$$

$$c_{\{AB\}} = \frac{k_d c_A c_B}{k_{-d} + k_r} \tag{31-2}$$

故反应速率方程为

$$\frac{dc_P}{dt} = k_r c_{\{AB\}} = \frac{k_r k_d c_A c_B}{k_{-d} + k_r} \tag{31-3}$$

溶液反应的反应速率系数为

$$k = \frac{k_r k_d}{k_{-d} + k_r} \tag{31-4}$$

式(31-4)有下列两种极限情况：

(1) 当 $k_r \gg k_{-d}$ 时，式(31-4)分母中的 k_{-d} 相比于 k_r 可以忽略不计，此时，式(31-4)和式(31-3)可分别简化为

$$k = k_d \tag{31-5}$$

$$\frac{dc_P}{dt} = k_d c_A c_B \tag{31-6}$$

即溶液反应的速率完全由反应物分子迁移到同一笼子中的速率所控制，这种情况称为扩散控制。

(2) 当 $k_r \ll k_{-d}$ 时，式(31-4)分母中的 k_r 相比于 k_{-d} 可以忽略不计，此时，式(31-4)和式(31-3)可分别简化为

$$k = \frac{k_r k_d}{k_{-d}} = k_r K_{\{AB\}} \tag{31-7}$$

$$\frac{dc_P}{dt} = k_r K_{\{AB\}} c_A c_B \tag{31-8}$$

式中，$K_{\{AB\}} = k_d / k_{-d}$，为反应物分子形成遭遇对的平衡常数。此时的反应速率不仅与平衡常数 $K_{\{AB\}}$ 有关，而且还取决于遭遇对反应成产物的速率，故称活化控制。

上述推导是使用笼子模型所得的结果。显而易见，这个模型并没有考虑到溶剂与反应物和遭遇对间的作用，以及这种作用的强弱对 k_d、k_{-d} 和 k_r 产生的影响，因此，对于指定的反应，难以说明在什么样的溶剂中反应会出现上述两种极限情况，也不能解释何种溶剂会影响反应速率的快慢等动力学现象。本专题将引进溶剂压的概念来改进这个模型。

31.2 溶剂压和溶质与溶剂间的相互作用

设想图 31-1 所示的溶剂笼可由下列方法得到：首先在溶剂中制造一个体积为一个溶质分子所占溶液体积的空腔。然后，再将一个溶质分子从完全自由的初态引入这个空腔中，从而得到一个实际的溶剂笼，如图 31-2 所示。

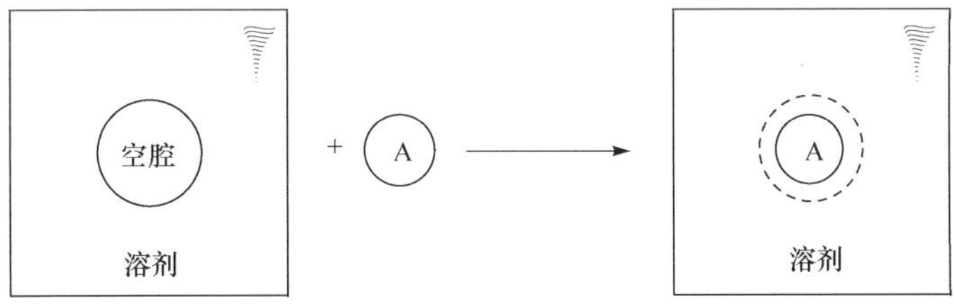

图 31-2 设想溶剂笼形成的模型

于是，将溶质分子引入空腔所需做的可逆功即 Gibbs 自由能增量为

$$\delta G = \frac{\partial G}{\partial A_s} \cdot \frac{\partial A_s}{\partial V} \cdot \delta V = \sigma \frac{\partial A_s}{\partial V} \cdot \delta V \tag{31-9}$$

应该指出，溶质分子一经引入空腔，相界面实际上随之消失，图 31-2 中用虚线表示这个相界面，式(31-9)中的 σ 便是这个相界面的界面张力。由于引入的溶质分子要与构成其笼子的溶剂分子发生作用，σ 的值已不同于原来空腔的界面张力。式(31-9)中的 δV 为一个溶质分子所占溶液的体积，$\partial A_s / \partial V$ 为恒温、恒压和溶液组成不变的条件下，空腔的

界面积随体积的变化率。按照 Laplace 方程，式中的 $\sigma\partial A_s/\partial V$ 应为虚线所示的相界面施加于溶质分子的附加压力，虽然 σ 是个虚值，但这个附加压力却是实在的，显然，它只可能来自与溶质分子相邻的溶剂，故称为溶剂压（刘国杰等，2010）。若用 Δp 表示溶剂压，则式(31-9)可表示为

$$\delta G=\Delta p\cdot\delta V \tag{31-10}$$

由此可见，溶质分子引入空腔需做的可逆功大小取决于这个溶剂压。由于溶质分子与构成其笼子的溶剂分子间的作用越强，即吸引力越大时，溶质分子引入空腔需做的可逆功越小，即 Δp 越小，反之亦然，故溶剂压 Δp 是表征溶质分子与构成其笼子的溶剂分子间作用强弱的重要指标。Δp 越大，作用越弱；Δp 越小，作用越强。

然而，溶剂压是与紧邻溶质分子的溶剂的内压力密切相关的，这可由下面的热力学关系得知

$$\sigma\approx U_{A_s}-TS_{A_s} \tag{31-11}$$

式中，U_{A_s} 和 S_{A_s} 分别为比表面热力学能和比表面熵。式(31-11)得自热力学定义 $G=H-TS\approx U-TS$，将它在恒温、恒压和溶液组成不变的条件下对界面积 A_s 求偏导，即得式(31-11)。这是一个适用于任何相界面的一般式，当然也适用于图 31-2 虚线所示的相界面。

式(31-11)可进一步改写为

$$\begin{aligned}\sigma&\approx U_{A_s}(1-TS_{A_s}/U_{A_s})\\&=\frac{\partial U}{\partial V}\cdot\frac{\partial V}{\partial A_s}(1-TS_{A_s}/U_{A_s})\end{aligned} \tag{31-12}$$

式中，$\partial U/\partial V$ 实为 $(\partial U/\partial V)_{T,p,n_j}$。因压力对凝聚相的影响可以忽略不计，偏导数的下标 p 可略去，故 $\partial U/\partial V$ 是该相界面上溶剂的内压力，即紧邻溶质分子的溶剂的内压力，下面用 p_i 表示。于是，根据式(31-12)，溶剂压也可表示为

$$\Delta p=\sigma\frac{\partial A_s}{\partial V}=\frac{p_i}{\beta} \tag{31-13}$$

式中

$$\beta=U_{A_s}/(U_{A_s}-TS_{A_s}) \tag{31-14}$$

由于 $\sigma\approx U_{A_s}-TS_{A_s}$，总大于零，又 $S_{A_s}=-(\partial\sigma/\partial T)_p>0$，故对于指定的系统，$\beta$ 是一个大于 1 的因子。将式(31-13)代入式(31-10)可得

$$\delta G=p_i\delta V/\beta \tag{31-15}$$

由式(31-13)和式(31-15)可见，溶剂压与紧邻溶质分子的溶剂内压力 p_i 成正比，p_i 越大，溶质分子与构成其笼子的溶剂分子间作用越弱，反之，p_i 越小，则它们间的作用越强。

已知物质的内压力是分子间作用力大小的热力学量度。当分子间的作用力为吸引力时，内压力为大于零的正值，且吸引力越大，内压力越大；而当分子间的作用力为排斥力时，内压力为小于零的负值，且排斥力越大，内压力越小。据此，溶质分子与构成其笼子的溶剂分子间的作用有如下两种情况：

一是，溶质分子与构成其笼子的溶剂分子间作用较弱，因此，溶质分子周围的溶剂分子间排列不太紧密，如图 31-3(a)所示。此时，溶剂分子间的作用为吸引力，内压力和溶剂压都是正值。根据热力学，溶质的化学势会因承受溶剂压而增大，这使它较易挤出笼子而迁移，从而使 k_d 值变大。

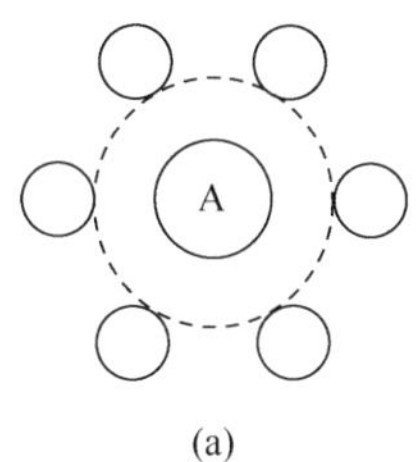

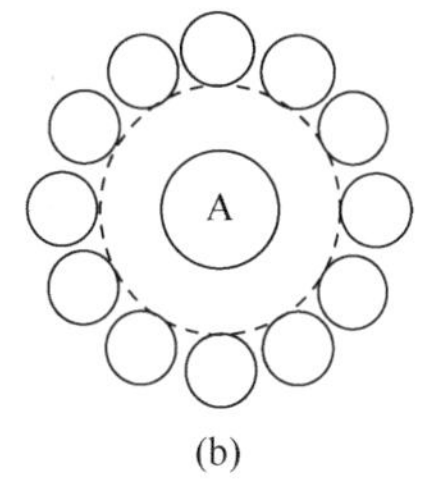

图 31-3 溶质分子◯与构成其“笼子”的溶剂分子◯间的作用示意

(a) 弱作用;(b) 强作用

二是，溶质分子与构成其笼子的溶剂分子间作用较强，因此，溶剂分子较紧密地排列在溶质分子的周围，如图 31-3(b)所示。此时，随着溶剂分子间排斥力增大，内压力和溶剂压会变得很小。溶质分子的化学势因此而变小，它逸出笼子的能力也随之减小，即 k_d 值变小。但是，如果溶质分子是遭遇对，则因它不易逸出笼子，不仅 k_{-d}值变小，而且还因遭遇的溶质分子间碰撞频率剧增，k_r 值变大。倘若遭遇对还会发生溶剂化作用，那么，因反应活化能降低，k_r 值将变得更大。

图 31-3(a)和(b)的示意是基于近代溶液理论——径向分布函数理论(胡英等，1990)，这个理论认为，液体和溶液的密度分布如图 31-4 所示。图中的纵坐标为溶剂的径向分布函数$g(r)$，即距离某一指定的溶质分子 A 为 r 处溶剂分子的数密度$\rho(r)$与平均数密度 ρ 之比，横坐标为与该溶质分子 A 的距离 r。

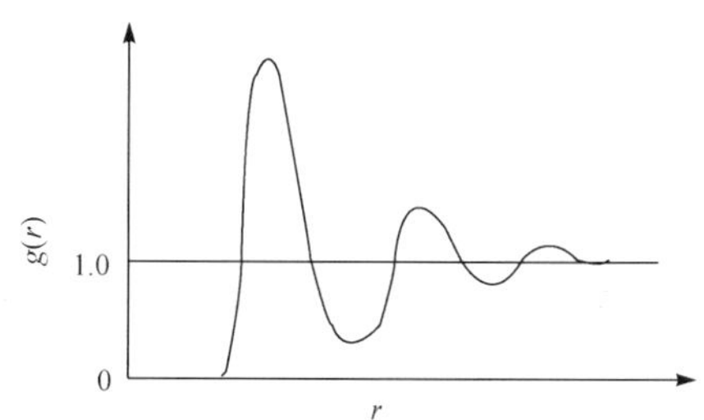

图 31-4 溶剂的径向分布函数 $g(r)$ 与 r 的关系(示意)

图 31-4 表明，在溶质分子周围的溶剂分子并不是均匀分布的，而是在出现了几个迅速衰减的峰值之后才变成数密度为 ρ 的均匀分布。其中 $g(r)$值最大的第一个峰称为第一配位圈，这是紧邻溶质分子的溶剂径向分布函数，其值要比 1.0 大得多，即第一配位圈中溶剂分子的数密度要比平均数密度大得多，而且溶质分子与这些溶剂分子间吸引力越大，这个峰越高。所以，溶质分子与构成其笼子的溶剂分子间的作用强弱虽对溶剂的平均数密度影响很小，但却能显著地改变与溶质分子紧邻的溶剂分子的数密度。

由此可见，溶剂压与笼子模型中的 k_d、k_{-d}和 k_r 都有密切的关系。

31.3 溶液反应的类型及它们的动力学特征

对于指定的反应，按照溶剂与溶质分子间的作用强弱，原则上可将溶液反应分成如下四种类型：

1. 溶剂对反应物和遭遇对作用都很弱

此类溶液反应可示意为

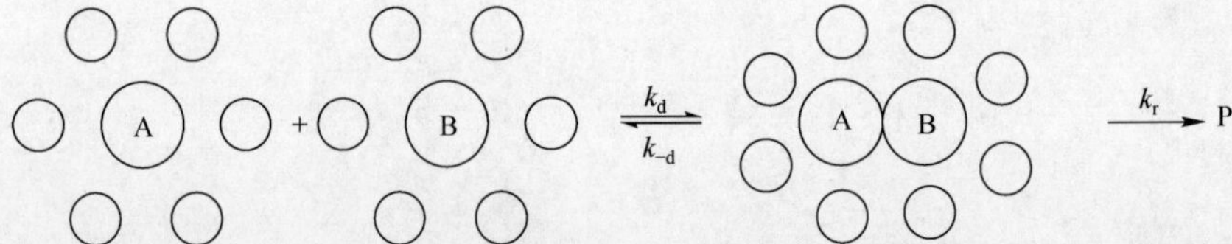

由于溶剂对反应物和遭遇对作用都很弱，可以认为，溶剂对溶液反应的影响很小。N_2O_5在若干溶剂中的分解反应便是一个例子，表 31-1 是实验测得的动力学数据(Eyring H et al,1930)，可见它们的反应速率常数 k、指前因子 A 和活化能 E_a 都与气相反应相差不大。由于这些溶剂与反应物和遭遇对(或产物)的作用都很弱，Laidler(1963)认为，溶剂仅起了填充空间的作用，故对反应速率影响很小。

表 31-1　25℃时 $N_2O_5 \longrightarrow N_2O_4 + \frac{1}{2}O_2$ 的 k、A 和 E_a

溶剂	$k/(\times 10^{-5}\,s^{-1})$	$\lg(A/S^{-1})$	$E_a/(kJ \cdot mol^{-1})$
(气相)	3.38	13.6	103.3
四氯甲烷	4.69	13.6	101.3
三氯甲烷	5.54	13.7	102.9
1,2-二氯乙烷	4.79	13.6	102.1
1,1-二氯乙烷	6.56	14.2	104.2
五氯乙烷	4.30	14.0	104.6

2. *溶剂对反应物为弱作用而对遭遇对为强作用*

此类溶液反应可示意为

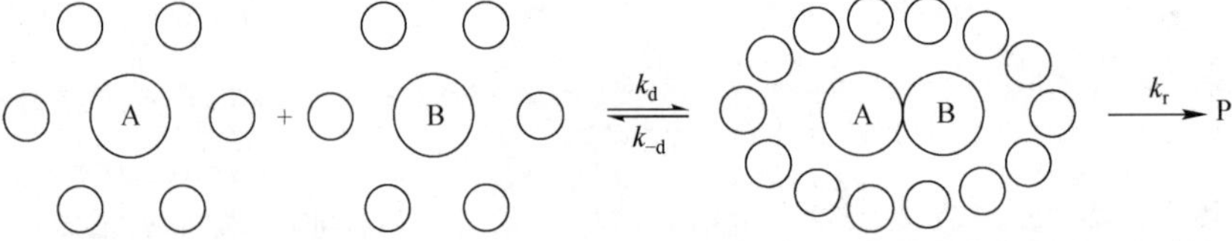

这意味着反应物的溶剂压较大而遭遇对的溶剂压较小，故 k_d 较大，k_{-d}较小，但 k_r 因遭遇的反应物分子间碰撞频率剧增而变大。这就是说，反应物 A 和 B 扩散形成遭遇对的速率很快，且遭遇对变成产物的反应速率也很快。显然，属此情况时，溶剂将使溶液反应的速率加快。反应$(C_2H_5)_3N + C_2H_5Br \longrightarrow (C_2H_5)_4N^+Br^-$便是一个典型的例子。由于产物季铵盐$(C_2H_5)_4N^+Br^-$是在遭遇对中生成，故可将产物视为遭遇对。它是个极性很强的化合物，且可部分电离，其极性远强于反应物。根据“极性相近原则”(吴和融等，1990)，极性越强的溶剂与它的作用越强，而与反应物的作用越弱，故这个反应在极性较强的溶剂中进行时，是属于此类溶液反应，溶剂的极性越强，越能加快反应的速率。表 31-2 列出的实验数据(Grimm H G et al,1931)便是有力的证明。表中的溶剂是按极性递增排列的。

表 31-2 100℃时反应$(C_2H_5)_3N+C_2H_5Br \longrightarrow (C_2H_5)_4N^+Br^-$的 k、A 和 E_a

溶剂	$k/(\times10^{-5}mol^{-1}\cdot dm^3\cdot s^{-1})$	$\lg[A/(mol^{-1}\cdot dm^3\cdot s^{-1})]$	$E_a/(kJ\cdot mol^{-1})$
乙烷(气相)	0.5	4.0	66.9
甲苯	25.3	4.0	54.4
苯	39.8	3.3	47.7
溴苯	166.0	4.6	52.3
丙酮	265.0	4.4	49.8
苯腈	1125.0	5.0	49.8
硝基苯	1383.0	4.9	48.5

3. 溶剂对反应物有强作用而对遭遇对为弱作用

此类溶液反应可示意为

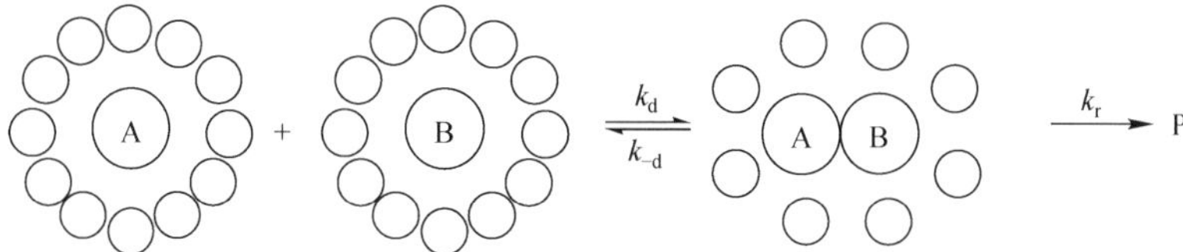

由于溶剂对反应物作用较强，反应物分子逃逸笼子的能力很小，k_d 值较小。但是，遭遇对则相反，因溶剂对遭遇对为弱作用，遭遇对承受的溶剂压较大，致使它的化学势较大，故遭遇对较易从笼子中逃逸，k_{-d}较大。此外，遭遇的反应物分子间在笼子中的碰撞频率也因此而减少，k_r 变小，故有可能 $k_r \ll k_{-d}$。这将导致如下两个结果：

(1) 此类溶液反应不仅可用稳定态近似处理，而且也适合平衡态近似处理。因为$k_r \ll k_{-d}$是平衡态近似处理的适用条件，机理中的第②步，即遭遇对变成产物是此类反应的速控步，溶液反应的速率就取决于速控步速率，即

$$\frac{dc_P}{dt}=k_r c_{\{AB\}} \tag{31-16}$$

而遭遇对的浓度 $c_{\{AB\}}$ 可由反应物与遭遇对间的平衡关系来决定。严格说来，它们间的平衡常数 $K_{\{AB\}}$ 应由反应物和遭遇对的活度来定义，即

$$K_{\{AB\}}=\frac{a_{\{AB\}}}{a_A a_B}=\frac{c_{\{AB\}}c^{\ominus}}{c_A c_B}\cdot\frac{\gamma_{\{AB\}}}{\gamma_A\gamma_B} \tag{31-17}$$

式中，γ_A、γ_B 和 $\gamma_{\{AB\}}$ 分别为反应物 A、B 和遭遇对的活度因子；$c^{\ominus}=1mol\cdot dm^{-3}$。故将式(31-17)代入式(31-16)，可得

$$\frac{dc_P}{dt}=k_r K_{\{AB\}}\frac{c_A c_B}{c^{\ominus}}\cdot\frac{\gamma_A\gamma_B}{\gamma_{\{AB\}}} \tag{31-18}$$

溶液反应的速率常数为

$$k=k_0\frac{\gamma_A\gamma_B}{\gamma_{\{AB\}}} \tag{31-19}$$

式中，$k_0=k_r K_{\{AB\}}/c^{\ominus}$，为 $\gamma_A=\gamma_B=\gamma_{\{AB\}}=1$ 时的速率系数，它相当于理想稀溶液中反应的速率常数，也称参考态速率常数，式(31-19)为 Bronsted-Bjerrum 方程。这个方程能用来描述离子强度对离子反应速率的影响(Laidler K J，1963)，即原盐效应。这是因为离子有

比遭遇对更强的水化能力，即溶剂对反应物作用较强，对遭遇对作用较弱，因此，水溶液中的离子反应属于此类溶液反应。

(2) 此类溶液反应属于活化控制。如前所述，当 $k_r \ll k_{-d}$时，式(31-4)分母中的 k_r 相比于 k_{-d}可以忽略不计，式(31-4)可以简化为

$$k = k_r K_{\{AB\}} \tag{31-20}$$

此时，反应速率常数不仅与平衡常数 $K_{\{AB\}}$ 有关，而且还取决于遭遇对变成产物的反应速率系数 k_r，这是溶液反应呈活化控制的特征。此外，由于 $K_{\{AB\}}$ 和 k_r 都较小，故此种溶剂使溶液反应的速率变得较慢。

4. 溶剂对反应物和遭遇对都有强作用

此类溶液反应可示意为

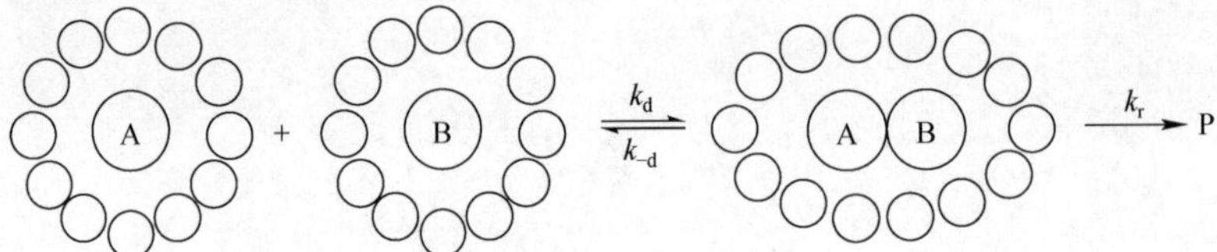

由于强作用使反应物和遭遇对周围的溶剂分子较紧密地排列，溶剂压变得很小，以致反应物和遭遇对的化学势都变小，它们逃逸笼子的能力也变小，即 k_d 和 k_{-d}都很小。但是，遭遇的反应物分子间的碰撞频率却加剧，使 k_r 变大。如果遭遇对还会发生溶剂化作用，则有可能$k_r \gg k_{-d}$，此时，溶液反应的速率如式(31-6)所示，完全取决于反应物分子的扩散速率，即反应处于扩散控制。

综上所述，将溶剂压的概念应用于 Franck-Rabinowitch 笼子模型，能够产生很好的效果，它为这个模型补充了溶剂对反应物和遭遇对的作用强弱，以及这种作用对 k_d、k_{-d}和 k_r 的影响，使笼子模型能够用来说明溶液反应的许多动力学现象。但是，正如式(31-13)所示，Δp 与紧邻溶质分子的溶剂内压力成正比，故溶剂压的测定和计算要涉及径向分布函数，后者必须用中子衍射等方法才能测定，或者通过求解诸如 PY、HNC 等近似的积分方程或 MC、MD 计算机模拟来获得(胡英等，1990)，这些都是溶液理论研究中的前沿课题。本专题仅限于用这个概念来定性或半定量地解释溶液反应的某些动力学现象。

参考文献

胡英，刘国杰，徐英年，等. 1990. 应用统计力学——流体物性的研究基础. 北京：化学工业出版社.

刘国杰，黑恩成. 2010. 大学化学，25(1)：68.

吴和融，王彬芳. 1990. 高分子物理学. 上海：华东化工学院出版社.

Eyring H，Daniels F. 1930. J Am Chem Soc，52：1473.

Grimm H G，Ruf H，Wolff H. 1931. Z Phys Chem，813：301.

Laidler K J. 1963. Reaction Kinetics. Volume 2-Reactions in Solution. Oxford：Pergamon Press.

Pilling M J. 1980. 反应动力学. 陶愉生，译. 北京：科学出版社.

32 光化学的初级过程和次级过程

光化学是反应物吸收光引起的化学变化，它与常见的热反应或暗反应有不同的反应机理和动力学特征，因此，引入了初级过程、次级过程和量子产率等概念。可是，一些国内物理化学教材对这些概念的理解是有偏差的，诸如，什么叫初级过程和次级过程；初级过程的量子产率是否总等于1；初级过程的速率应该怎样表示，它是否是零级反应等。这些问题归根结底是关于怎样理解光化学第二定律的问题。本专题试就这些问题谈谈我们的看法。

32.1 光化学的初级过程

1908～1912年，Stark和Einstein提出了光化学第二定律，这条定律实际上是将建立不久的Einstein光子学说应用到化学领域，使光化学首先引进了量子的概念。这条定律是根据简单系统的研究推论出来的，认为每个起反应的分子吸收一个光量子，因此也称光化学当量定律。它仅适用于光强度不大和激发态分子寿命较短的反应。目前，多数教科书中是这样表述这条定律的：在光化学的初级过程中，一个反应分子吸收一个光量子而被活化。这样的表述指明了该定律仅适用于光化学的初级过程。

但是，仔细体会不难理解，上述表述虽只适用于光化学的初级过程，却并不是初级过程的全部内容，也就是说，上述表述并非说初级过程就是一个反应分子吸收一个光量子而活化成激发态分子，它还可能包括激发态分子的其他物理和化学过程。然而，不少物理化学教材忽视了这一点，误将反应物分子吸收光量子的步骤认作光化学的初级过程，如常称呼下列各式为初级过程

$$Cl_2 + h\nu \longrightarrow Cl_2^*$$

$$HI + h\nu \longrightarrow HI^*$$

$$Hg + h\nu \longrightarrow Hg^*$$

它们的通式为

$$A + h\nu \longrightarrow A^*$$

式中，A^*代表激发态分子，而将随后的反应都称为次级过程。

事实上，这些吸收光量子而变成激发态分子的过程只不过是光化学初级过程的一个组成部分。苏班P(1982)在《光化学原理》一书中指出，“任何光化学变化都以一个分子A吸收一个光量子和生成一个激发态分子A^*开始

a步骤　　$A + h\nu \longrightarrow A^*$

现在激发态分子A^*可能进行化学反应，或者通过重排，或者通过与另外分子起反应变成产物C。

b步骤　　$A^* + B \longrightarrow C$

在化学上这个包含有激发态分子A^*的步骤b，都属于初级光化学过程。而此后产物C可

能进行的进一步反应，则称为次级过程，它们是热反应(或暗反应)，其结果是生成最终的、稳定的产物。”

对于初级光化学过程，在南京大学化学系等(1988)编《物理化学词典》中这样写道："是指分子吸收光子后，发生化学变化的各种初级反应，包括光离解和电离、光重排、光异构化、光聚合或加成、在光作用下的电子转移以及光敏反应等等。它与光物理过程共同组成光化学的初级过程。”

伊列敏 E И(1985)在《化学动力学基础》中，则更明确地将光化学反应划分成三个阶段：①光吸收的起始作用；②初期光化学过程；③二次反应。其中阶段①和②均属光化学的初级过程，阶段③则为次级过程。并用表 32-1 简洁而又清楚地表示了光化学的初级过程。

表 32-1　光化学的初级过程

	过程	反应
$A+h\nu \longrightarrow A^*$	1. 荧光	$A^* \longrightarrow A+h\nu$
	2. 相互碰撞或与容器碰撞而失活	$A^*+M \longrightarrow A+M$
	3. 直接离解	$A^* \longrightarrow D_1+D_2$
	4. 由于碰撞诱导而离解	$A^*+M \longrightarrow D_1+D_2+M$
	5. 分子内部重排或异构化	$A^* \longrightarrow C$
	6. 与其他分子反应	$A^*+B \longrightarrow C$

表 32-1 中的 1～6 是可能发生的初期光化学过程，其中 1 和 2 是激发态分子 A^* 失活的光物理过程；3～6 是激发态分子 A^* 的光化学过程。故光化学初级过程包括光吸收过程、激发态分子失活的光物理过程和激发态分子的光化学过程。

例如，若有一光化学反应 $A_2 \longrightarrow 2A$，其机理为

(1)　$A_2+h\nu \longrightarrow A_2^*$　(光的吸收)

(2)　$A_2^* \longrightarrow 2A$　(直接离解)

(3)　$A_2^*+A_2 \longrightarrow 2A_2$　(碰撞失活)

则按照表 32-1，机理中的(1)、(2)和(3)均属初级过程；而不是像有些教材认为的，(1)为初级过程，(2)和(3)为次级过程。

32.2　初级过程的量子产率

至此不难理解，初级过程的量子产率 ϕ_1 并非总等于 1。也就是说，$\phi_1=1$ 是有条件的，这只有在初级过程中不包含激发态分子失活的光物理过程时才成立。因为发荧光和激发态分子的碰撞失活都会无效地消耗光能，从而降低了量子产率。

应该指出，人们在处理初级过程时，常采用简化的表示方法(莱文 I N，1987)，如将初级过程写成

$$A+h\nu \longrightarrow B+C$$

式中，B 和 C 为 A 在吸收光量子后最先形成的两种化学物质。这一步可能包括了几个过程，如 A 吸收光量子后变成了激发态分子 A^*；A^* 通过发荧光或碰撞而失活；A^* 离解成

B和C。因此，这个初级过程的量子产率 ϕ_1 不一定等于1。通常，其值在0到1之间，A^* 发荧光或碰撞失活的程度越大，ϕ_1 值越小。在光化学中，ϕ_1 称为主量子产率。

由于光化学量子产率的定义为

$$\phi=\frac{r}{I_a} \tag{32-1}$$

式中，r 为反应速率；I_a 为吸收光强度。故初级过程的反应速率也可表示为

$$r_1=\phi_1 I_a \tag{32-2}$$

式中，ϕ_1 为主量子产率。由于如上所述，光化学的初级过程包括光吸收、激发态分子的光物理和光化学过程，主量子产率应为这些过程的量子产率之和，即

$$\phi_1 = \sum_i \phi_i \tag{32-3}$$

通常，$\phi_1<1$。仅当 $\phi_1=1$ 时，初级过程的反应速率才可表示成如下形式

$$r_1=I_a \tag{32-4}$$

32.3 初级过程的反应级数

上面已述，初级过程的反应速率可由式(32-2)表示，它表明初级过程的反应速率仅与吸收光的强度和主量子产率成正比，似乎与反应物的浓度无关，因此，有些物理化学教材认为初级过程是个零级反应。其实，这种看法是值得商榷的(吕瑞东等，1987)，因为无论是吸收光的强度还是主量子产率，都与反应物的浓度有关。

当入射光的强度为 I_0，透过一浓度为 c，厚度为 l 和吸收率或消光系数为 ε 的介质时，其透射光的强度 I 遵守 Lambert-Beer(朗伯-比尔)定律

$$\lg\frac{I}{I_0}=-\varepsilon cl \tag{32-5}$$

即

$$I=I_0\,10^{-\varepsilon cl}=I_0 e^{-2.303\varepsilon cl}$$

故吸收光的强度为

$$I_a=I_0-I=I_0(1-e^{-2.303\varepsilon cl}) \tag{32-6}$$

是与浓度有关的。当反应物浓度很稀时，因 $e^{-2.303\varepsilon cl}\approx1-2.303\varepsilon cl$，式(32-6)可表示为

$$I_a\approx2.303 I_0\varepsilon cl \tag{32-7}$$

此时吸收光的强度与反应物浓度成正比。仅当 εcl 很大时，因 $e^{-2.303\varepsilon cl}\approx0$，式(32-6)变为

$$I_a\approx I_0 \tag{32-8}$$

吸收光的强度才可认为与反应物浓度无关。

此外，主量子产率 ϕ_1 也常与反应物的浓度或压力有关。例如，碘和其他卤素，在受到一定频率范围内的光照射时，会发生预离解现象(博雷尔 P，1987)，这种现象与压力有关，在很低压力下能看到荧光，但随着压力增高，荧光减少，离解增多，主量子产率 ϕ_1 变大。故将初级过程断然说成是零级反应是欠妥的。

32.4 次级过程

在南京大学化学系等(1988)编的《物理化学词典》中这样写道："在光化学初级过程中

形成的激发态粒子(除起始分子外的自由基或激发态分子),进一步进行化学变化或与其他分子的反应称为热次级反应、暗反应或次级反应。严格地说,它并不是一种光化学步骤,如由光离解生成的自由基引发的反应,则与普通热自由基反应完全一样。”

理解这段话可由下列两个例子来说明:

例 1 氯仿的光氯化反应

$$CHCl_3 + Cl_2 \xrightarrow{h\nu} CCl_4 + HCl$$

有人提出了如下反应机理

$$Cl_2 + h\nu \longrightarrow 2Cl\cdot$$

$$Cl\cdot + CHCl_3 \longrightarrow CCl_3\cdot + HCl$$

$$CCl_3\cdot + Cl_2 \longrightarrow CCl_4 + Cl\cdot$$

$$2CCl_3\cdot + Cl_2 \longrightarrow 2CCl_4$$

其实,机理的第一步是由如下两步组成

(1) $Cl_2 + h\nu \longrightarrow Cl_2^*$ (光的吸收)

(2) $Cl_2^* \longrightarrow Cl\cdot + Cl\cdot$ (直接离解)

然后才是随后三步。其中Cl_2^* 是起始分子Cl_2 的激发态。按照表 32-1,(1)和(2)都是光化学的初级过程。除了Cl_2^* 外,初级过程形成的自由基 Cl· 是由光离解生成,它所引起的进一步反应都属于次级反应或热反应,故机理中的随后过程也都是光化学的次级过程。

例 2 HI 的光离解,在教科书中常将反应机理表示为

$$HI + h\nu \longrightarrow H\cdot + I\cdot$$

$$H\cdot + HI \longrightarrow H_2 + I\cdot$$

$$I\cdot + I\cdot \longrightarrow I_2$$

其实,正如上面所述,人们在处理初级过程时,常采用简化的表示方法(莱文 I N,1987)。与例 1一样,HI 分子在吸收一定波长的光后,虽会离解成 H· 和 I·,但其反应机理应完整地表示为

(1) $HI + h\nu \longrightarrow HI^*$ (光的吸收)

(2) $HI^* \longrightarrow H\cdot + I\cdot$ (直接离解)

(3) $H\cdot + HI \longrightarrow H_2 + I\cdot$

(4) $I\cdot + I\cdot \longrightarrow I_2$

其中,HI^* 表示起始分子 HI 的激发态。

机理中的(1)和(2)均为初级过程。其中自由基 H· 和 I· 都不是起始分子的自由基或激发态粒子,故它们的进一步反应,即(3)和(4)均属于次级过程。

32.5 结论

综上所述,本专题得到了如下四点结论:

(1) 光化学初级过程不只是光的吸收过程,它应包括光的吸收、激发态分子失活的光物理过程和激发态分子的各种初期光化学过程。

(2) 初级过程的量子产率(主量子产率)等于上述各过程的量子产率之和,它只有在

初级过程不包含激发态分子失活的光物理过程时才等于 1，通常，在 0 到 1 之间，发荧光或激发态分子碰撞失活越多，主量子产率越小。

(3) 初级过程一般不是零级反应，因为吸收光的强度和主量子产率常与反应物浓度或压力有关。

(4) 次级过程是由初级过程中起始分子以外的自由基或激发态分子进一步反应而成，实质上它们都是热反应或暗反应。

参考文献

博雷尔 P. 光化学入门. 1987. 刘后明，译. 北京：科学出版社.

吕瑞东，刘国杰，等. 1987. 物理化学理解与讨论. 上海：上海科学技术文献出版社.

莱文 I N. 1987. 物理化学(下册). 2 版. 李芝芬，等译. 北京：北京大学出版社.

南京大学化学系，等. 1988. 物理化学词典. 北京：科学出版社.

苏班 P. 光化学原理. 1982. 陆志刚，译. 北京：人民教育出版社.

伊列敏 E И. 1985. 化学动力学基础. 陈天明，等译. 福州：福建科学技术出版社.

电解质溶液与电化学

33 Debye-Hückel 离子互吸理论的扩展

在电化学的热力学研究中，电解质溶液的离子平均活度因子是不可缺少的，虽然它有许多测定的方法，但要在理论上计算它，迄今依然十分困难。最成功的理论莫过于 Debye-Hückel 离子互吸理论，几乎在所有物理化学教科书上，都对它有所介绍。然而，它仅适用于质量摩尔浓度不超过 0.1mol · kg^{-1} 的强电解质稀溶液。虽然近代 Pitzer(1973)用半经验方法发展了一个强电解质水溶液离子平均活度因子方程，使它的适用范围扩大到了 6mol · kg^{-1} 左右，在工程上获得了广泛应用。但它含有 3 个可调参数，而且需要较高深的统计力学知识，绝非一般物理化学教科书所能介绍。本专题试图通过一种简单的热力学方法来修正 Debye-Hückel 离子互吸理论，期待能够达到同样的目的。

33.1 离子互吸理论简述

Debye 和 Hückel 认为，在电解质溶液中，有两个相互制约的因素决定着离子的运动。一是离子的热运动，它要使正、负离子随机地分布；另一是正、负离子间的静电作用，它要使离子规则地排列。正是这两个因素决定了强电解质溶液具有这样的结构：每一个正离子犹如被一层离子氛所包围，统计地说，这个离子氛是带负电的，且其电荷值与正离子的相等。同样，每一个负离子的周围也有一个离子氛，它统计地带有正电，电荷值与负离子的相等。故每个离子既是某个离子氛的中心离子，又是其他离子的离子氛中的一员。这个结构处在动态平衡之中。

按照上述模型，Debye 和 Hückel 作了如下五点假设(黄子卿，1983)：

(1) 电解质在溶液中是完全电离的。

(2) 离子可视为带电的刚球，它的电场是球形对称的。

(3) 离子间只存在库仑力，其他作用可以忽略不计。

(4) 离子间的相互作用能远小于其热运动能。

(5) 溶液的介电常数与纯溶剂的介电常数没有区别。

于是，由正、负离子的活度定义式，可得

$$\begin{aligned}\mu_i &= \mu_i^* + RT\ln(b_i/b^\ominus) + RT\ln\gamma_i \\ &= \mu_i(\text{ideal}) + RT\ln\gamma_i\end{aligned} \tag{33-1}$$

式中，γ_i 为正离子或负离子的活度因子；b_i 为离子的质量摩尔浓度；μ_i^* 为离子在参考状态的化学势；$\mu_i(\text{ideal})$为理想稀溶液中离子 i 的化学势。由于离子间只存在库仑力，故代表实际与理想稀溶液偏差的活度因子就完全由离子间的静电作用所决定，即

$$RT\ln\gamma_i = \mu_i - \mu_i(\text{ideal}) = \frac{1}{2}LE \tag{33-2}$$

式中，E 为某个中心离子与其离子氛间的静电作用能；L 为 Avogadro 常量；式中的 1/2 是

为了避免重复计算。

Debye 和 Hückel 根据静电场中离子的能量遵守 Boltzmann 分布定律和离子的电荷密度与电势间关系可由 Poisson 方程表示，解得了 E 的表示式，从而得到

$$\ln\gamma_i = -\frac{Az_i^2\sqrt{I}}{1+Ba\sqrt{I}} \tag{33-3}$$

$$\ln\gamma_\pm = \frac{Az_+z_-\sqrt{I}}{1+Ba\sqrt{I}} \tag{33-4}$$

式(33-4)是离子互吸理论得到的正、负离子平均活度因子表示式。式中，z_+ 和 z_- 分别为正、负离子的电荷数；a 为正、负离子半径之和；I 为离子强度，其定义式为

$$I = \frac{1}{2}\sum_i b_i z_i^2 \tag{33-5}$$

A 和 B 为两个仅与纯溶剂性质有关的参数，其中

$$A = \frac{L^2e^3\ (2\rho_A)^{1/2}}{8\pi\ (\varepsilon RT)^{3/2}} \quad 和 \quad B = \frac{Le\ (2\rho_A)^{1/2}}{(\varepsilon RT)^{1/2}} \tag{33-6}$$

式中，e 为基本电荷；L 为 Avogadro 常量；ρ_A 为溶剂的密度；ε 为介电常数。25℃时，对于电解质水溶液，$A=1.171\ \text{mol}^{-1/2}\cdot\text{kg}^{1/2}$，$B=0.3282\times10^{10}\text{mol}^{-1/2}\cdot\text{kg}^{1/2}\cdot\text{m}^{-1}$。

33.2 离子互吸理论的改进

按照热力学观点，强电解质水溶液的形成可设想由如下两步完成：

水(1) $n_1, V_{m,1}$	+	电解质(2) $n_2, V_{m,2}$	$\xrightarrow{\text{I}}$	电解质与水混合物 $(n_1+n_2), x_1V_{m,1}+x_2V_{m,2}$	$\xrightarrow{\text{II}}$	电解质水溶液 $(n_1+n_2), V_m$

第Ⅰ步为水与电解质混合，变成体积可加的混合物，在这一步中设想电解质是以分子态存在于混合物中。第Ⅱ步为电解质分子在水中电离成正、负离子，从而变成摩尔体积为 V_m 的电解质水溶液。据此，不难看出，上述 Debye-Hückel 离子互吸理论仅仅适用于其中的第Ⅱ步。

于是，根据这个设想，可得强电解质水溶液的混合 Gibbs 自由能为

$$\Delta_{mix}G = \Delta G(\text{I}) + \Delta G(\text{II}) \tag{33-7}$$

将式(33-7)等号两边同时减去理想混合物的混合 Gibbs 自由能，可得

$$G^E = G^E(\text{I}) + \Delta G(\text{II}) \tag{33-8}$$

若在 T、p、n_1 保持不变的条件下，将式(33-8)对 n_2 求偏导，则由热力学关系 $(\partial G^E/\partial n_2)_{T,p,n_1} = RT\ln\gamma_2$ 和 $(\partial\Delta G/\partial n_2)_{T,p,n_1} = \Delta\mu_j$ 可得

$$RT\ln\gamma_2 = RT\ln\gamma_2(\text{I}) + \Delta\mu_j(\text{II}) \tag{33-9}$$

式中，γ_2 为水溶液中电解质的活度因子；γ_2(Ⅰ)为第Ⅰ步混合物中分子态电解质的活度因子；$\Delta\mu_j$(Ⅱ)为第Ⅱ步水溶液中电解质离子 j 的化学势与无限稀释时(理想稀溶液中)离子 j 的化学势之差。式(33-9)也可表示为

$$\ln\gamma_\pm = \ln\gamma_2(\text{I}) + \ln\gamma_\pm(\text{II}) \tag{33-10}$$

式中代入了式(33-2)，即 $\Delta\mu_j = RT\ln\gamma_j$。由于水溶液中强电解质离解成的正、负离子总是共存的，并且离子的活度因子可以正、负离子的平均活度因子表示，故式 (33-9)可表示成式(33-10)。再将式(33-4)代入式(33-10)，得

$$\ln\gamma_{\pm} = \ln\gamma_2(\text{Ⅰ}) + \frac{Az_+z_-\sqrt{I}}{1+Ba\sqrt{I}} \tag{33-11}$$

由此可见，只要得到第Ⅰ步混合物中分子态电解质的活度因子表示式，便可求得改进后的强电解质水溶液的离子平均活度因子。

33.3 $\ln\gamma_2$(Ⅰ)表示式

鉴于第Ⅰ步不涉及离子，$\ln\gamma_2$(Ⅰ)可由非电解质溶液理论来解决。用类似于专题 14 或文献(刘国杰等，2007)的方法，第Ⅰ步的超额焓可表示为

$$\begin{aligned} H^{\mathrm{E}}(\text{Ⅰ}) &\approx U^{\mathrm{E}}(\text{Ⅰ}) = (n_1+n_2)U_{\mathrm{m}} - n_1U_{\mathrm{m},1} - n_2U_{\mathrm{m},2} \\ &= \frac{n_1\lambda_1^2V_{\mathrm{m},1}}{m_1} + \frac{n_2\lambda_2^2V_{\mathrm{m},2}}{m_2} - \frac{(n_1+n_2)\lambda^2(x_1V_{\mathrm{m},1}+x_2V_{\mathrm{m},2})}{m} \end{aligned} \tag{33-12}$$

式中，$\lambda_1 = p_{\mathrm{i},1}^{1/2}$，为水的内压力平方根；$\lambda_2 = p_{\mathrm{i},2}^{1/2}$，为电解质的内压力平方根；$\lambda = p_{\mathrm{i}}^{1/2}$，为水与电解质混合物的内压力平方根；$m_1 = p_{\mathrm{i},1}/\delta_1^2$，$m_2 = p_{\mathrm{i},2}/\delta_2^2$，$m = p_{\mathrm{i}}/\delta^2$，其中 δ_1、δ_2 和 δ 分别为水、电解质和它们的混合物的溶解度参数。

这里需要假定混合物的内压力与组分的内压力间存在如下关系：

$$p_{\mathrm{i}} = \Phi_1^2 p_{\mathrm{i},1} + 2\Phi_1\Phi_2 p_{\mathrm{i},12} + \Phi_2^2 p_{\mathrm{i},2} \tag{33-13}$$

并令

$$p_{\mathrm{i},12} = \sqrt{p_{\mathrm{i},1}\times p_{\mathrm{i},2}}(1-l_{12}) \tag{33-14}$$

式中，l_{12}为一个修正几何平均假设的参数，引入这个参数是基于水与电解质的混合物是一个有缔合组分的系统，专题 14 所得的修正 Scatchard-Hildebrand 正规溶液理论是不适用的。将式(33-14)代入式(33-13)，则得

$$\lambda^2 = (\Phi_1\lambda_1 + \Phi_2\lambda_2)^2 - 2\Phi_1\Phi_2\lambda_1\lambda_2 l_{12} \tag{33-15}$$

式中，$\Phi_1 = x_1V_{\mathrm{m},1}/(x_1V_{\mathrm{m},1}+x_2V_{\mathrm{m},2})$，$\Phi_2 = x_2V_{\mathrm{m},2}/(x_1V_{\mathrm{m},1}+x_2V_{\mathrm{m},2})$，分别为混合物中水和电解质的体积分数。

同样，混合物的 m 与组分的 m_1 和 m_2 间也需引入一个假定。为了简单起见，保留专题 14 中假定的形式，即

$$m = \Phi_1 m_1 + \Phi_2 m_2 \tag{33-16}$$

不过，应该指出，式中 m_1 和 m_2 已非它们纯态时的值，由于混合时水会解缔和电解质会水化，m_1 和 m_2 都只能说是两个表观值。

将式(33-15)和式(33-16)代入式(33-12)，经整理，不难得到

$$H^{\mathrm{E}}(\text{Ⅰ}) = \frac{n_1\alpha x_2}{1-\beta x_2} \tag{33-17}$$

式中，$\alpha = V_{\mathrm{m},2}[(m_2\lambda_1 - m_1\lambda_2)^2 + 2m_1m_2\lambda_1\lambda_2 l_{12}]/(m_1^2m_2)$，$\beta = 1 - m_2V_{\mathrm{m},2}/(m_1V_{\mathrm{m},1})$，为两

个可调参数。

第Ⅰ步的超额熵可由专题 15 或文献(黑恩成等,2008)得到的修正的无热溶液理论表示:

$$S^{E}(\mathrm{I})=nR\ln(1-\Lambda x_1)-n_1R\ln(1-\Lambda) \tag{33-18}$$

式中,Λ 为一个可调参数。因此,第Ⅰ步的超额 Gibbs 自由能为

$$\begin{aligned}G^{E}(\mathrm{I})&=H^{E}(\mathrm{I})-TS^{E}(\mathrm{I})\\&=\frac{n_1\alpha x_2}{1-\beta x_2}-nRT\ln(1-\Lambda x_1)+n_1RT\ln(1-\Lambda)\end{aligned} \tag{33-19}$$

于是,由热力学关系 $RT\ln\gamma_i=(\partial G^{E}/\partial n_i)_{T,p,n_{j\neq i}}$,不难得到,第Ⅰ步电解质的活度因子为

$$\ln\gamma_2(\mathrm{I})=\frac{\alpha x_1^2}{RT\,(1-\beta x_2)^2}-\ln(1-\Lambda x_1)-\frac{\Lambda x_1}{1-\Lambda x_1} \tag{33-20}$$

将式(33-20)代入式(33-11),得

$$\ln\gamma_{\pm}=\frac{\alpha x_1^2}{RT\,(1-\beta x_2)^2}-\ln(1-\Lambda x_1)-\frac{\Lambda x_1}{1-\Lambda x_1}+\frac{Az_+z_-\sqrt{I}}{1+Ba\sqrt{I}} \tag{33-21}$$

这就是本专题得到的强电解质水溶液的离子平均活度因子方程。式中有 3 个参数,即 α、β 和 Λ,它们是方程的 3 个可调参数。不难看到,当这些参数都等于零时,式(33-21)变成式(33-4)。

33.4 公式(33-21)的检验

图 33-1～图 33-3 是对不同价型的若干强电解质水溶液的离子平均活度因子关联结果,实验值均取自文献(Robinson R A et al,1959),它们的最高浓度达 6mol·kg^{-1}。

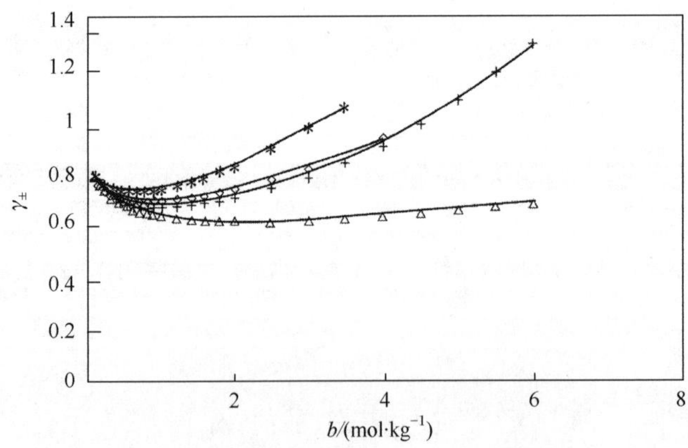

图 33-1 1-1 价型电解质溶液的离子平均活度因子与浓度的关系(298.15K)

◇NaBr 实验值; △Na(ClO_4)实验值; +NaOH 实验值; * NaI 实验值;—式(33-21)计算值

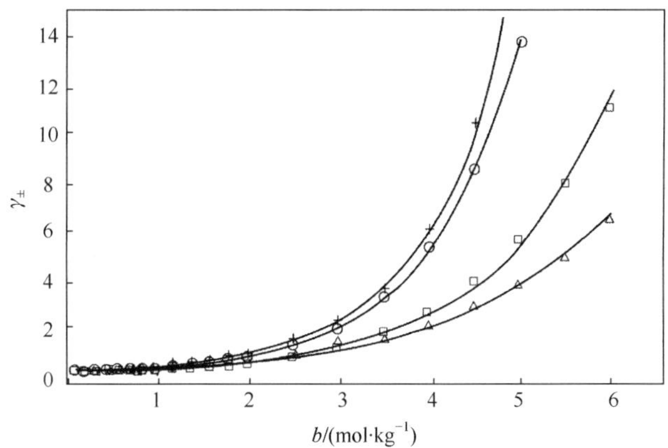

图 33-2　2-1 价型电解质溶液的离子平均活度因子与浓度的关系(298.15K)
□$CaCl_2$ 实验值;○$MgCl_2$ 实验值;△$Pb(ClO_4)_2$ 实验值;+$CaBr_2$ 实验值;—式(33-21)计算值

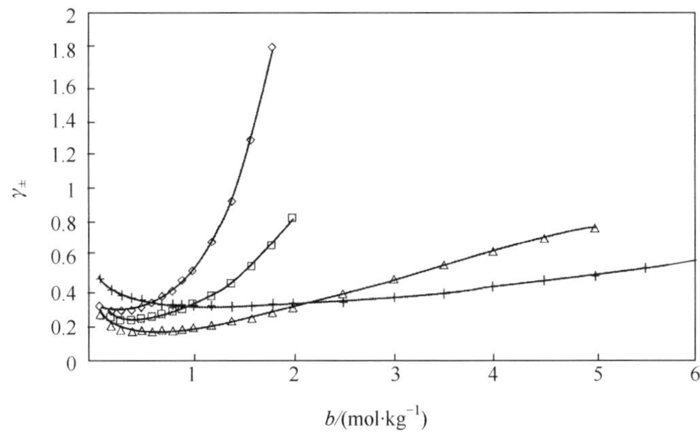

图 33-3　其他价型电解质溶液的离子平均活度因子与浓度的关系(298.15K)
□$CeCl_3$ 实验值;△$Th(NO_3)_4$ 实验值;◇$AlCl_3$ 实验值;+$Ca(NO_3)_2$ 实验值;—式(33-21)计算值

由图可见,对各种价型的强电解质水溶液,$\gamma_{\pm}$ 计算值与实验值间的一致性是很满意的。表 33-1 列出了关联所得的 α、β 和 Λ 参数值,以及 $\ln\gamma_{\pm}$ 计算的标准偏差 σ,它的定义为

$$\sigma = \sqrt{\sum (\ln\gamma_{\pm,\mathrm{exp}} - \ln\gamma_{\pm,\mathrm{cal}})^2 / N} \tag{33-22}$$

式中,N 为实验点数目。表中的 a 为正、负离子的半径之和,由于离子的水化,其值是不确定的,本工作没有考虑水化层厚度,就取正离子和负离子的晶体半径之和,其值取自文献(Marcus Y,1977)。

表 33-1　298.15K 时若干强电解质水溶液的离子平均活度因子计算结果及参数值

电解质溶液	N	a/nm	α/J	β	Λ	σ
NaBr	20	0.290	3513.2	2.2451	0.7289	0.004
NaI	18	0.311	4196.2	2.2722	0.7540	0.005
NaOH	23	0.325	3335.9	2.7444	0.7193	0.012

续表

电解质溶液	N	a/nm	α/J	β	Λ	σ
$NaClO_4$	23	0.331	1601.9	1.9900	0.6086	0.003
$CaCl_2$	23	0.280	8638.9	3.3198	0.8377	0.213
$CaBr_2$	23	0.294	8847.9	3.9768	0.8402	0.823
$Ca(NO_3)_2$	23	0.288	5422.6	1.7705	0.7793	0.009
$MgCl_2$	21	0.246	9665.8	3.7264	0.8476	0.081
$Pb(ClO_4)_2$	23	0.368	8234.4	2.8862	0.8359	0.102
$AlCl_3$	14	0.231	16354	4.2757	0.8928	0.023
$CeCl_3$	15	0.192	19033	2.1823	0.9034	0.011
$Th(NO_3)_4$	21	0.288	19144	0.4913	0.8994	0.006

表中$CaBr_2$的标准偏差σ较大些，这是因为它的$\gamma_\pm$值随浓度增高而迅速增大，浓度较高时，$\gamma_\pm$值远比其他强电解质水溶液的大，在6mol·kg^{-1}时，它的$\gamma_\pm$值高达55.7(图33-2中没有画出)，这使标准偏差σ要比其他强电解质水溶液大，为0.823。其实，如果用平均相对误差来表示，仅为2.2%。

由此可见，本工作得到的三参数关联式中，三个参数虽为半经验的可调参数，但它能满意地关联浓度小于6mol·kg^{-1}的各种强电解质水溶液的离子平均活度因子，相比于原始的Debye-Hückel离子互吸理论，适用的浓度范围有了很大的扩展。

参考文献

黑恩成，刘国杰. 2008. 大学化学，23(1)：67.

黄子卿. 1983. 电解质溶液理论导论(修订版). 北京：科学出版社.

刘国杰，黑恩成. 2007. 大学化学，22(5)：59.

Marcus Y. 1977. Introduction to Liquid State Chemistry. London：John Wiley&Sons.

Pitzer K S. 1973. J Phys Chem. 77：268.

Robinson R A，Stokes R H. 1959. Electrolyte Solutions. 2nd ed. London：Butterworths Scientific Publications.

34 为什么要引入溶剂的渗透因子

在溶剂 A 中加入溶质 B 而变成二元溶液时，由于组分分子间作用强弱的不同，系统会偏离理想状态。然而，组分的化学势改变，却严格地遵守 Gibbs-Duhem 方程

$$x_A d\mu_A + x_B d\mu_B = 0 \tag{34-1}$$

式中，$\mu_i = \mu_i^* + RT\ln\gamma_i x_i$，$d\mu_i = RT d\ln\gamma_i + RT d\ln x_i$。式(34-1)也可表示为

$$x_A d\ln\gamma_A + x_A d\ln x_A + x_B d\ln\gamma_B + x_B d\ln x_B = 0 \tag{34-2}$$

由于 $x_A d\ln x_A + x_B d\ln x_B = dx_A + dx_B = 0$，故式(34-2)即

$$x_A d\ln\gamma_A + x_B d\ln\gamma_B = 0 \tag{34-3}$$

或者

$$d\ln\gamma_A = -\frac{x_B}{x_A} d\ln\gamma_B \tag{34-4}$$

倘若形成的是 B 在 A 中的稀溶液，则因 $x_B \ll x_A$，$|d\ln\gamma_B| \gg |d\ln\gamma_A|$。由于 $d\ln\gamma_i = d\gamma_i/\gamma_i$，是 γ_i 的相对误差，它的大小可视为 γ_i 改变的灵敏度。故由式(34-4)可见，在稀溶液中溶剂活度因子的灵敏度远低于溶质活度因子的灵敏度(刘光等，1987)。这在电解质溶液中尤其明显，下面是一个例子：25℃时，质量摩尔浓度 $b=2\text{mol}\cdot\text{kg}^{-1}$ 的 KCl 水溶液中，溶质的摩尔分数 $x_B=0.0672$，溶剂水的摩尔分数 $x_A=0.9328$，实验测得 KCl 的平均离子活度因子 $\gamma_{\pm}=0.614$，水的活度因子 $\gamma_A=1.004$。可见，溶质的 $\gamma_{\pm}$ 变得明显小于 1，而溶剂活度因子几乎没有改变。

由热力学可知，活度因子 γ_i 是作为组分 i 偏离理想状态的程度而引入的。上述例子表明了，对于电解质稀溶液中的溶剂，γ_A 并不是一个表征其非理想性的满意指标。Bjerrum 为此引入了一个溶剂的渗透因子，以增加稀溶液中溶剂非理想性的灵敏度。

34.1 渗透压与渗透因子

何谓渗透因子？这个问题可从溶液的渗透压(刘国杰等，2008)谈起。

有一容器，如图 34-1 所示，其中虚线 AB 为半透膜，只允许溶剂分子通过，而不允许溶质分子通过。开始时，若膜的两侧都是纯溶剂，温度为 T，压力为 p_0，则平衡时 α 侧和 β 侧的液面高度相同。

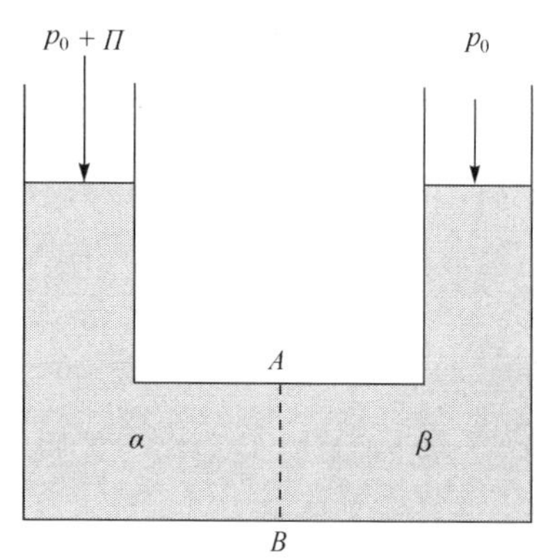

图 34-1 渗透压示意

现若在 α 侧加入溶质，则因半透膜不允许溶质分子通过，β 侧始终是纯溶剂，且温度和压力依然是 T 和 p_0，因此，β 侧溶剂的化学势保持不变。但 α 侧因加入了溶质，溶剂的化学势就会降低。这使溶剂从 β 侧通过半透膜渗入 α 侧，为了防止渗透，必须提高 α 侧的压力，来补偿加入溶质所引起的溶剂化学势降低。这增

加的压力 Π 为相应浓度下的渗透压，因此，α 侧溶剂化学势的微变为

$$d\mu_A^\alpha=\left(\frac{\partial \mu_A^\alpha}{\partial x_A}\right)_{T,p}dx_A+\left(\frac{\partial \mu_A^\alpha}{\partial p}\right)_{T,x_A}dp=0 \tag{34-5}$$

或者

$$\left(\frac{\partial \mu_A^\alpha}{\partial x_A}\right)_{T,p}dx_A=-\left(\frac{\partial \mu_A^\alpha}{\partial p}\right)_{T,x_A}dp \tag{34-6}$$

将等式两边积分，则

$$\int_1^{x_A}\left(\frac{\partial \mu_A^\alpha}{\partial x_A}\right)_{T,p}dx_A=-\int_{p_0}^{p_0+\Pi}V_A dp \tag{34-7}$$

因 α 侧为纯溶剂($x_A=1$)时，压力为 p_0，加入溶质变为浓度 x_A 的溶液时，压力增至 $p_0+\Pi$，这决定了式(34-7)的积分上下限。式中，V_A 为指定温度、压力和浓度下溶剂的偏摩尔体积。

由于溶剂的化学势 $\mu_A=\mu_A^*+RT\ln a_A$，式(34-7)等号左边积分为

$$\int_1^{x_A}\left(\frac{\partial \mu_A^\alpha}{\partial x_A}\right)_{T,p}dx_A=RT\int_1^{x_A}\left(\frac{\partial \ln a_A}{\partial x_A}\right)_{T,p}dx_A=RT\ln a_A \tag{34-8}$$

式(34-8)注意到 $x_A=1$ 时，$a_A=1$，$\ln a_A=0$。且严格地说，式中的 a_A 是指压力为 p_0 时的值。式(34-7)等号右边积分为

$$\int_{p_0}^{p_0+\Pi}V_A dp\approx V_A\Pi \tag{34-9}$$

这里，假定渗透压 Π 不大，以致溶剂在指定温度和浓度下的偏摩尔体积可视为常数。将式(34-8)和式(34-9)代入式(34-7)，得

$$\Pi=-\frac{RT}{V_A}\ln a_A \tag{34-10}$$

式(34-10)就是渗透压与溶剂活度的关系式。

如果将式(34-10)中的 $\ln a_A$ 表示成如下形式

$$\ln a_A=\ln(\gamma_A x_A)=g\ln x_A \tag{34-11}$$

则式(34-10)变为

$$\Pi=-\frac{RT}{V_A}g\ln x_A \tag{34-12}$$

此时 g 成了渗透压公式中的一个因子，故称为合理渗透因子。

34.2 合理渗透因子

在溶液很稀时，因

$$\ln x_A=\ln(1-x_B)=-x_B-\frac{1}{2}x_B^2-\frac{1}{3}x_B^3-\cdots\approx -x_B \tag{34-13}$$

将它代入式(34-12)，可得

$$\Pi=g\left(\frac{RTx_B}{V_A}\right)\approx g\left(\frac{n_B RT}{n_A V_A}\right)\approx gc_B RT \tag{34-14}$$

式中，$n_A V_A \approx V$，$c_B = n_B/V$。由于理想稀溶液的渗透压 $\Pi^{id} = c_B RT$，故合理渗透因子为

$$g \approx \frac{\Pi}{\Pi^{id}} \tag{34-15}$$

即其值等于电解质溶液的实际渗透压与理想稀溶液的渗透压之比(傅鹰，1963)，这就是合理渗透因子的物理意义。

由式(34-11)可见，合理渗透因子是较为严格的，只要渗透压不是很大，它可适用于各种浓度的溶剂。若将式(34-11)与 $\mu_A = \mu_A^* + RT\ln a_A$ 相结合，可得

$$g \overset{\text{def}}{=} \frac{\mu_A - \mu_A^*}{RT\ln x_A} \tag{34-16}$$

式(34-16)是合理渗透因子的定义式。

由式(34-11)还能得到

$$g = \frac{\ln(\gamma_A x_A)}{\ln x_A} = 1 + \frac{\ln\gamma_A}{\ln x_A} \tag{34-17}$$

式(34-17)则是溶剂的合理渗透因子与活度因子的关系式。

按照式(34-17)，可以算得上述 KCl 水溶液中水的合理渗透因子为

$$g = 1 + \frac{\ln 1.004}{\ln 0.9328} = 0.943$$

其值显著地比 1 小。

不难证明，如果用 g 来取代 γ_A，其灵敏度将显著地提高。因为由式(34-17)可得

$$\ln\gamma_A = (g-1)\ln x_A \tag{34-18}$$

$$\mathrm{d}\ln\gamma_A = \ln x_A \cdot \mathrm{d}g \tag{34-19}$$

将式(34-19)代入 Gibbs-Duhem 方程式(34-3)，则得

$$x_A \ln x_A \cdot \mathrm{d}g + x_B \mathrm{d}\ln\gamma_B = 0 \tag{34-20}$$

$$\mathrm{d}g = -\frac{x_B}{x_A} \cdot \frac{\mathrm{d}\ln\gamma_B}{\ln x_A} \tag{34-21}$$

当溶液很稀时，由式(34-13)知 $\ln x_A \approx -x_B$，且将式(34-22)中的 x_A 视为 1，故

$$\mathrm{d}g = \frac{\mathrm{d}\ln\gamma_A}{x_A} \approx \mathrm{d}\ln\gamma_B \tag{34-22}$$

式(34-22)也可表示为

$$g \cdot \frac{\mathrm{d}g}{g} = \frac{\mathrm{d}\gamma_B}{\gamma_B} \tag{34-23}$$

由于此时 g 的值小于 1，故它的灵敏度 $\mathrm{d}g/g$ 不比 γ_B 的灵敏度小。

34.3 实用渗透因子

Bjerrum 引入渗透因子的目的是要在稀溶液时增加溶剂非理想性的灵敏度，故若从稀溶液的角度来定义渗透因子，也许会更加灵敏，这便出现了另一种渗透因子。

已知在电解质稀溶液中，x_A 与质量摩尔浓度 b 间有如下关系

$$x_A = \frac{M_A^{-1}}{M_A^{-1} + \nu b} = \frac{1}{1 + \nu b M_A} \approx 1 - \nu b M_A \tag{34-24}$$

式中,M_A 为溶剂的摩尔质量;$\nu = \nu_+ + \nu_-$,为一个电解质分子解离生成的正、负离子总数。故在无限稀释时

$$\ln x_A \approx \ln(1 - \nu b M_A) \approx -\nu b M_A \tag{34-25}$$

此时,理想稀溶液中溶剂的化学势为

$$\mu_A = \mu_A^* + RT \ln x_A = \mu_A^* - RT \nu b M_A \tag{34-26}$$

据此,可以定义一个新的渗透因子(黄子卿,1983)

$$\phi \overset{\text{def}}{=} -\frac{\mu_A - \mu_A^*}{RT \nu b M_A} \tag{34-27}$$

这个渗透因子 ϕ 称为实用渗透因子。

将式(34-27)与 $\mu_A = \mu_A^* + RT \ln a_A$ 相结合,可得

$$\phi = \frac{\ln \gamma_A + \ln x_A}{-\nu b M_A} \tag{34-28}$$

式(34-28)是实用渗透因子与活度因子的关系式。不难看出,仅当电解质溶液无限稀释时,式(34-28)才变成式(34-17),此时,两种渗透因子的数值相等。

按照式(34-28),可以算得上述 KCl 水溶液中水的实用渗透因子为

$$\phi = \frac{\ln 1.004 + \ln 0.9328}{-2 \times 2 \times 10^{-3} \times 18.02} = 0.910$$

可见,ϕ 比 g 更小。这就是实用上更多采用 ϕ 的原因。

不难证明,若采用实用渗透因子,则由式(34-28)可得

$$-\nu b M_A \phi = \ln \gamma_A + \ln x_A \tag{34-29}$$

$$-\nu b M_A \mathrm{d}\phi = \mathrm{d} \ln \gamma_A \tag{34-30}$$

将式(34-30)代入式(34-3),则

$$-x_A \nu b M_A \mathrm{d}\phi + x_B \mathrm{d} \ln \gamma_B = 0 \tag{34-31}$$

$$\mathrm{d}\phi = \frac{x_B}{x_A} \cdot \frac{\mathrm{d} \ln \gamma_B}{\nu b M_A} = \frac{\mathrm{d} \ln \gamma_B}{x_A} \tag{34-32}$$

式中代入了式(34-24)。

当溶液很稀时,$x_B \ll x_A$,此时将 x_A 视为 1,故式(34-32)也可表示为

$$\phi \frac{\mathrm{d}\phi}{\phi} = \frac{\mathrm{d}\gamma_B}{\gamma_B} \tag{34-33}$$

由于 ϕ 的值小于 1,它的灵敏度 $\mathrm{d}\phi/\phi$ 显著地高于 γ_B 的灵敏度。

应该指出,有的教材将 g 表示为 ϕ_x,而将 ϕ 表示为 ϕ_b,似乎它们间的区别仅在于所取溶剂浓度的单位不同,这是误解,其实它们是两种不同的定义方法。一种较为合理,另一种则只求实用。

34.4 两种渗透因子的换算

两种渗透因子间的关系可由它们的定义式得到。由式(34-16)和式(34-27)可得

$$g\ln x_A = -\phi\nu bM_A \tag{34-34}$$

$$\phi = -\frac{g\ln x_A}{\nu bM_A} \tag{34-35}$$

由于按照式(34-24)，$-\ln x_A$ 可级数展开成

$$-\ln x_A = \ln(1+\nu bM_A) = \nu bM_A - \frac{1}{2}(\nu bM_A)^2 + \frac{1}{3}(\nu bM_A)^3 - \cdots \tag{34-36}$$

将它代入式(34-35)，得

$$\phi = g\left[1 - \frac{1}{2}(\nu bM_A) + \frac{1}{3}(\nu bM_A)^2 - \cdots\right] \tag{34-37}$$

式(34-37)是两种渗透因子间的换算式(黄子卿，1983)。

参考文献

傅鹰. 1963. 化学热力学导论. 北京：科学出版社.

黄子卿. 1983. 电解质溶液理论导论(修订版). 北京：科学出版社.

刘光，邱贞花. 1987. 离子溶液物理化学. 福州：福建科学技术出版社.

刘国杰，黑恩成. 2008. 物理化学导读. 北京：科学出版社.

35 电化学教学中的两个问题

在原电池热力学计算中，有两个看似十分简单的问题，但仔细追究起来，其实并不简单，只是在电化学教学中没有引起大家的关注，致使对第一个问题不知其所以然，第二个问题则错在大多数物理化学教材中的表示。

35.1 公式 $\Delta_r S_m = zF\left(\frac{\partial E}{\partial T}\right)_p$ 是怎样导得的

一般教材都是按照这样的思路推导的：已知 $\Delta_r G_m = -zFE$，又因 $\left(\frac{\partial \Delta_r G_m}{\partial T}\right)_p = -\Delta_r S_m$，两式结合得 $\Delta_r S_m = zF\left(\frac{\partial E}{\partial T}\right)_p$。但是，为什么系统做非体积功时，下式也成立呢？

$$\left(\frac{\partial \Delta_r G_m}{\partial T}\right)_p = -\Delta_r S_m \tag{35-1}$$

关于这个问题，并不是大家都知道其所以然。在《大学化学》杂志 2011 年第 3 期上，有人提出了这个问题，我们觉得是很有意义的。但是，我们并不完全同意他们的观点，认为文中有些看法是值得商榷的。下面，谈谈我们对这个问题的理解，以供大家进一步讨论。

推导①：若有一发生化学变化的封闭系统，由 K 个组分和 π 个相构成，则系统的热力学能微变可由如下热力学基本方程描述：

$$\mathrm{d}U = T\mathrm{d}S - p\mathrm{d}V + \sum_{\alpha=1}^{\pi}\sum_{i=1}^{K}\mu_i^{(\alpha)}\mathrm{d}n_i^{(\alpha)} \tag{35-2}$$

式中，$\mu_i^{(\alpha)}$ 为 α 相中组分 i 的化学势；$\mathrm{d}n_i^{(\alpha)}$ 为 α 相中组分 i 物质的量的微变。

在恒温、恒压的条件下，将热力学第一定律

$$\mathrm{d}U = \text{đ}Q - p\mathrm{d}V + \text{đ}W' \tag{35-3}$$

代入式(35-2)，可得

$$\text{đ}W' = T\mathrm{d}S - \text{đ}Q + \sum_{\alpha=1}^{\pi}\sum_{i=1}^{K}\mu_i^{(\alpha)}\mathrm{d}n_i^{(\alpha)} \tag{35-4}$$

或

$$\text{đ}W' - \sum_{\alpha=1}^{\pi}\sum_{i=1}^{K}\mu_i^{(\alpha)}\mathrm{d}n_i^{(\alpha)} = T\mathrm{d}S - \text{đ}Q \geqslant 0 \tag{35-5}$$

式中，W'为非体积功，等号代表可逆，不等号代表不可逆。式(35-5)也可表示成

$$\text{đ}W' \geqslant \sum_{\alpha=1}^{\pi}\sum_{i=1}^{K}\mu_i^{(\alpha)}\mathrm{d}n_i^{(\alpha)} \tag{35-6}$$

假如将化学变化设计成原电池，并使它可逆地放电做电功，则由式(35-6)可得

$$\text{đ}W'_R = \sum_{\alpha=1}^{\pi}\sum_{i=1}^{K}\mu_i^{(\alpha)}\mathrm{d}n_i^{(\alpha)} = \sum_{i=1}^{K}\mu_i^{(1)}\mathrm{d}n_i^{(1)} + \sum_{i=1}^{K}\mu_i^{(2)}\mathrm{d}n_i^{(2)} + \cdots + \sum_{i=1}^{K}\mu_i^{(\pi)}\mathrm{d}n_i^{(\pi)} \tag{35-7}$$

若系统已达相平衡，则因各相中组分 i 的化学势相等，$\mu_i^{(1)}=\mu_i^{(2)}=\cdots=\mu_i^{(\pi)}=\mu_i$，式(35-7)可以简化为

$$đW'_{\mathrm{R}}=\sum_{i=1}^{K}\mu_i\mathrm{d}n_i \tag{35-8}$$

式中，$\mathrm{d}n_i=\mathrm{d}n_i^{(1)}+\mathrm{d}n_i^{(2)}+\cdots+\mathrm{d}n_i^{(\pi)}$，为系统中组分 i 物质的量的微变。对于指定的电池反应$0=\sum_{\mathrm{B}}\nu_{\mathrm{B}}\mathrm{B}$，则可表示为

$$đW'_{\mathrm{R}}=\sum_{\mathrm{B}}\mu_{\mathrm{B}}\mathrm{d}n_{\mathrm{B}}=\sum_{\mathrm{B}}\nu_{\mathrm{B}}\mu_{\mathrm{B}}\mathrm{d}\xi \tag{35-9}$$

式中代入了反应进度的定义式 $\mathrm{d}\xi\overset{\mathrm{def}}{=\!=}\mathrm{d}n_{\mathrm{B}}/\nu_{\mathrm{B}}$。

由于原电池可逆做电功时，

$$đW'_{\mathrm{R}}=-zFE\mathrm{d}\xi \tag{35-10}$$

式中，z 为反应电荷数；F 为 Faraday 常量；E 为原电池的电动势。故代入式(35-9)，可得

$$-zFE=\sum_{\mathrm{B}}\nu_{\mathrm{B}}\mu_{\mathrm{B}} \tag{35-11}$$

由于在恒温、恒压下，系统所做的可逆电功为 Gibbs 自由能增量，所以式(35-10)也可以表示为

$$\mathrm{d}G=-zFE\mathrm{d}\xi \tag{35-12}$$

故摩尔反应 Gibbs 自由能

$$\Delta_{\mathrm{r}}G_{\mathrm{m}}=\left(\frac{\partial G}{\partial \xi}\right)_{T,p}=-zFE=\sum_{\mathrm{B}}\nu_{\mathrm{B}}\mu_{\mathrm{B}} \tag{35-13}$$

于是，根据热力学关系

$$\left(\frac{\partial \mu_{\mathrm{B}}}{\partial T}\right)_{p,x_{\mathrm{ini}}\text{或}x_{\mathrm{fin}}}=-S_{\mathrm{B}} \tag{35-14}$$

式中，下标 x_{ini}和 x_{fin}分别为初态和终态中各相组分的摩尔分数保持不变；S_{B} 为组分 B 的偏摩尔熵。将式(35-13)对温度求偏导，并代入式(35-14)，得

$$\left(\frac{\partial \Delta_{\mathrm{r}}G_{\mathrm{m}}}{\partial T}\right)_{p}=-\sum_{\mathrm{B}}\nu_{\mathrm{B}}S_{\mathrm{B}}=-\Delta_{\mathrm{r}}S_{\mathrm{m}}$$

此式即式(35-1)。

推导②：一个更为简单的推导方法是从下列电化学系统的热力学基本方程(胡英等，2007)出发：

$$\mathrm{d}G=-S\mathrm{d}T+V\mathrm{d}p+\sum_{\alpha=1}^{\pi}\sum_{i=1}^{K}\tilde{\mu}_i^{(\alpha)}\mathrm{d}n_i^{(\alpha)} \tag{35-15}$$

式中，$\tilde{\mu}_i^{(\alpha)}=\mu_i^{(\alpha)}+z_iF\phi^{(\alpha)}$，为 α 相中组分 i 的电化学势，其中 z_i 为组分 i 的电荷数，F 为 Faraday常量，$\phi^{(\alpha)}$ 为 α 相的内电势，$\mu_i^{(\alpha)}$ 为 α 相中组分 i 的化学势。

由于电池反应初态时，系统可视为各相组成 x_{ini}指定的多组分封闭系统，$\mathrm{d}n_i^{(\alpha)}=0$，故

$$\left(\frac{\partial G_1}{\partial T}\right)_{p,n_i^{(\alpha)}}=-S_1 \tag{35-16}$$

式中，下标 1 为初态。同理，电池反应终态时，系统也可视为各相组成 x_{fin}指定的多组分封闭系统，故 $\mathrm{d}n_i^{(\alpha)}=0$，则

$$\left(\frac{\partial G_2}{\partial T}\right)_{p,n_i^{(\alpha)}}=-S_2 \tag{35-17}$$

式中，下标2为终态。因此

$$\left(\frac{\partial G_2}{\partial T}\right)_{p,n_i^{(\alpha)}}-\left(\frac{\partial G_1}{\partial T}\right)_{p,n_i^{(\alpha)}}=-(S_2-S_1) \tag{35-18}$$

若电池反应是从 $\xi=0$ 的初态进行到 $\xi=1\text{mol}$ 的终态，则式(35-18)可表示为

$$\left(\frac{\partial \Delta_r G_m}{\partial T}\right)_p=-\Delta_r S_m$$

此式即式(35-1)。

综上所述，两种推导的关键在于电化学反应系统的初态和终态都应视为组成不变的多相封闭系统。反应就在这样的两态间进行，且反应进度 $\xi=1\text{mol}$。

35.2 原电池可逆做电功时吸收的热 Q_R 应该怎样表示

由于 $\Delta_r G_m=-zFE$，将它代入式(35-1)，可得

$$\Delta_r S_m=zF\left(\frac{\partial E}{\partial T}\right)_p \tag{35-19}$$

因此，一般物理化学教材几乎无例外地有以下表示：

$$Q_R=T\Delta_r S_m=zFT\left(\frac{\partial E}{\partial T}\right)_p \tag{35-20}$$

但是，这个公式是不恰当的，这可从式(35-20)中 Q_R 的单位看出。因为按照这个公式，Q_R 的单位应为 $C\cdot mol^{-1}\cdot V$，即 $J\cdot mol^{-1}$。而SI制规定，热量的单位只能是焦耳(J)(理科化学教材编审委员会物理化学编审组，1986)。尽管式(35-20)的意思是反应进度 $\xi=1\text{mol}$ 时，原电池可逆做电功时吸收的热量，但是将热量的单位与摩尔热力学能一样表示为 $J\cdot mol^{-1}$，这将使系统与环境传递的热量与物质的热力学能混为一谈，从而促使人们联想起早已被推翻的“热质论”，这样的表示显然是不可接受的。

我们认为，正确的表示是将式(35-19)改写成

$$\Delta_r S_m=\left(\frac{\partial S}{\partial \xi}\right)_{T,p}=zF\left(\frac{\partial E}{\partial T}\right)_p$$

因此

$$dS=zF\left(\frac{\partial E}{\partial T}\right)_p d\xi \tag{35-21}$$

积分后，得

$$S=zF\left(\frac{\partial E}{\partial T}\right)_p \xi+S_0 \tag{35-22}$$

式中，S_0 为积分常数。

已知，$\xi=0$ 时 $S=S_0$，所以有

$$\Delta S=S-S_0=zF\left(\frac{\partial E}{\partial T}\right)_p \xi \tag{35-23}$$

故原电池可逆做电功时吸收的热量为

$$Q_R = T\Delta S = zFT\left(\frac{\partial E}{\partial T}\right)_p \xi \tag{35-24}$$

由于 ξ 的单位为 mol，Q_R 的单位就不再是 $J \cdot mol^{-1}$，而是 J，符合 SI 制的规定。因此，式(35-24)才是 Q_R 的正确表示式。

参 考 文 献

胡英，吕瑞东，刘国杰，等. 2007. 物理化学. 5 版. 北京：高等教育出版社.

理科化学教材编审委员会物理化学编审组. 1986. 物理化学教学文集. 北京：高等教育出版社.

杨喜平，刘建平，杨新丽，等. 2011. 大学化学，26(3)：38.

36 膜电势及其测定

已知人体中的每一个细胞都被一层薄膜——细胞膜所包围，细胞膜是个半透膜，它只允许某种或某些离子通过，而其他离子则难通过。离子的迁移使细胞膜具有双电层结构，它对生物体的细胞代谢和信息传递起着至关重要的作用。它能传递神经脉冲，与人体的视觉、听觉、触觉乃至思维都有密切的关系。本专题试图通过离子的迁移和聚电解质溶液的渗透平衡来研究膜电势，并表明可用电化学方法来测定这种电势。

36.1 电化学势

热力学证明，当两相(α 相和 β 相)达到平衡时，任一组分 i 在两相中的化学势应该相等，即

$$\mu_i^{(\alpha)}=\mu_i^{(\beta)} \tag{36-1}$$

但这个规律仅适用于组分是由电中性的分子组成和没有电场作用的情况。此时，化学势 μ_i 可理解为在恒温恒压的条件下，于无限大的系统中加入 1mol 组分 i 所引起的 Gibbs 函数的增量。换句话说，μ_i 是在恒温恒压下，将 1mol 组分 i 移入一个无限大的系统内需做的非体积功。现在，如果物质 i 是由带电的微粒组成，如正、负离子或电子，并将 1mol 这样的物质移入电势为 ϕ 的系统，情况就不同了。此时，还必须计入需做的电功 $z_iF\phi$。为此，Guggenheim(1929)提出了一个新的概念，称为电化学势，它被定义为

$$\tilde{\mu}_i=\mu_i+z_iF\phi \tag{36-2}$$

式中，z_i 为微粒的电荷数；F 为 Faraday 常量。对于不带电的物质，$z_i=0$，电化学势 $\tilde{\mu}_i$ 即化学势 μ_i。对于带电的物质，则电化学势可视为由化学的部分 μ_i 和电的部分 $z_iF\phi$ 组成。但这样划分有些武断，因为将电荷与物质截然分开是没有物理意义的。

于是，当带电的微粒在接触的两相间传递并建立平衡时，其平衡条件不再是式(36-1)，而是遵守

$$\tilde{\mu}_i^{(\alpha)}=\tilde{\mu}_i^{(\beta)} \tag{36-3}$$

类似地，对由离子和电子参与的电化学反应，其平衡条件应为

$$\sum_{\mathrm{B}}\nu_{\mathrm{B}}\tilde{\mu}_{\mathrm{B}}=0 \tag{36-4}$$

式中，ν_{B} 为化学反应的计量数。

36.2 膜电势

设有一细胞膜，用符号 ⦚ 表示，膜内电解质 $M_{\nu_+}X_{\nu_-}$ 水溶液的浓度为 c_2，膜外其浓度为 c_1，$c_2>c_1$。电解质在水中完全解离成 ν_+ 个正离子 M^{z+} 和 ν_- 个负离子 X^{z-}。现若正离子能顺利地通过细胞膜，而负离子不能通过，如图 36-1 所示，那么膜的外侧会因正离子过剩

而带正电，膜的内侧则因负离子过剩而带负电。因此膜的两侧就产生了电势差。这个电势差将阻止正离子的进一步迁移。当正离子通过膜的迁移速率等于零时，电势差就因此而稳定，此时的电势差即细胞膜的膜电势。由于平衡时，任一离子在膜的两侧电化学势相等，

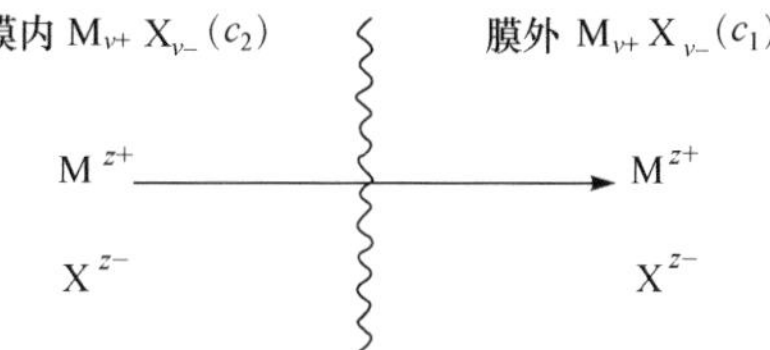

图 36-1　膜电势产生示意

$$\tilde{\mu}_{M^{z+}}(\text{膜内})=\tilde{\mu}_{M^{z+}}(\text{膜外}) \tag{36-5}$$

故由式(36-2)可得

$$\mu_{M^{z+}}(\text{膜内})+z_+F\phi(\text{膜内})=\mu_{M^{z+}}(\text{膜外})+z_+F\phi(\text{膜外}) \tag{36-6}$$

代入 $\mu_{M^{z+}}(\text{膜内})=\mu^*_{M^{z+}}+RT\text{In}a_{M^{z+}}(\text{膜内})$和 $\mu_{M^{z+}}(\text{膜外})=\mu^*_{M^{z+}}+RT\text{In}a_{M^{z+}}(\text{膜外})$，则

$$\Delta\phi=\phi(\text{膜内})-\phi(\text{膜外})=-\frac{RT}{z_+F}\text{In}\frac{a_{M^{z+}}(\text{膜内})}{a_{M^{z+}}(\text{膜外})} \tag{36-7}$$

如果膜内和膜外的电解质水溶液都是稀溶液，则

$$\Delta\phi\approx-\frac{RT}{z_+F}\text{In}\frac{c_{M^{z+}}(\text{膜内})}{c_{M^{z+}}(\text{膜外})} \tag{36-8}$$

式中，$\Delta\phi$ 为膜电势。由此可见，膜电势的产生是由正、负离子通过细胞膜的迁移速率不同所致。例如，哺乳动物的细胞膜只允许 K^+ 通过，而Na^+和Cl^-则难通过，致使 25℃达平衡时细胞内 K^+ 的浓度比细胞外高出约 20 倍，于是，由式(36-8)可以算得膜电势 $\Delta\phi$ 约为 -77mV。

36.3　Donnan 平衡

膜电势也可由聚电解质引起。若有一半透膜，膜内是聚电解质溶液，如蛋白质钠盐 Na_zP 的水溶液，膜外是小分子的电解质溶液，如 NaCl 的水溶液，半透膜只允许小离子Na^+和Cl^-通过，而不允许蛋白质离子 P^{z-} 通过。于是，当系统达渗透平衡时，如图 36-2 所示。

若此时膜内钠离子和氯离子的浓度分别为 c_{Na^+} 和 c_{Cl^-}，膜外钠离子和氯离子的浓度分别为 c'_{Na^+} 和 c'_{Cl^-}，蛋白质钠盐的浓度为 c_M。则因平衡时

$$\tilde{\mu}_{Na^+}(\text{膜内})=\tilde{\mu}_{Na^+}(\text{膜外}) \tag{36-9}$$

可得

$$\mu_{Na^+}(\text{膜内})+F\phi(\text{膜内})=\mu_{Na^+}(\text{膜外})+F\phi(\text{膜外}) \tag{36-10}$$

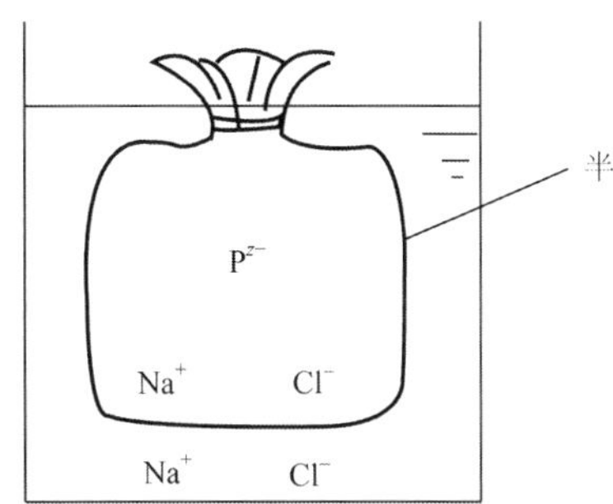

图 36-2　渗透平衡示意图

因为Na^+的 $z_+=1$。

同理，由于Cl^-也可通过半透膜，平衡时

$$\tilde{\mu}_{Cl^-}(\text{膜内})=\tilde{\mu}_{Cl^-}(\text{膜外}) \tag{36-11}$$

因此

$$\mu_{Cl^-}(\text{膜内})-F\phi(\text{膜内})=\mu_{Cl^-}(\text{膜外})-F\phi(\text{膜外}) \tag{36-12}$$

因Cl^-的 $z_-=-1$，故将式(36-10)和式(36-12)相加，可得

$$\mu_{Na^+}(\text{膜内})+\mu_{Cl^-}(\text{膜内})=\mu_{Na^+}(\text{膜外})+\mu_{Cl^-}(\text{膜外}) \tag{36-13}$$

由于 $\mu_{NaCl}=\mu_{Na^+}+\mu_{Cl^-}$，故式(36-13)也可表示为

$$\mu_{NaCl}(\text{膜内})=\mu_{NaCl}(\text{膜外}) \tag{36-14}$$

或

$$RT\ln a_{Na^+}\cdot a_{Cl^-}(\text{膜内})=RT\ln a_{Na^+}\cdot a_{Cl^-}(\text{膜外}) \tag{36-15}$$

若膜的两侧都是稀溶液，则

$$c_{Na^+}\cdot c_{Cl^-}=c'_{Na^+}\cdot c'_{Cl^-} \tag{36-16}$$

然而，两侧溶液都必须保持电中性，即它们应分别遵守如下两个条件

$$c_{Na^+}=zc_M+c_{Cl^-} \tag{36-17}$$

$$c'_{Na^+}=c'_{Cl^-} \tag{36-18}$$

式中，zc_M 为 P^{z-} 的电荷浓度。

若令 $c'_{Na^+}=c'_{Cl^-}=c$，则式(36-16)可表示为

$$c_{Cl^-}=\frac{c^2}{c_{Na^+}} \tag{36-19}$$

将它代入式(36-17)，可得

$$\frac{c_{Na^+}^2-zc_Mc_{Na^+}-c^2}{c_{Na^+}}=0 \tag{36-20}$$

或者

$$c_{Na^+}^2-zc_Mc_{Na^+}-c^2=0 \tag{36-21}$$

这个二次代数方程的一个解为

$$c_{Na^+}=\frac{zc_M+\sqrt{(zc_M)^2+4c^2}}{2} \tag{36-22}$$

因此，膜的两侧Na^+的浓度之比为

$$\frac{c_{Na^+}}{c'_{Na^+}}=\frac{zc_M}{2c}+\sqrt{\left(\frac{zc_M}{2c}\right)^2+1} \tag{36-23}$$

不难发现，除非 $z=0$，这个浓度之比是不会等于 1 的。这就是说，聚电解质的存在，使小分子离子在膜的两侧呈不对称分布，这是 Donnan 平衡的特征(Tinoco I et al，1985)。

现将式(36-23)代入式(36-8)，可得膜电势为

$$\Delta\phi=-\frac{RT}{F}\ln\left[\frac{zc_M}{2c}+\sqrt{\left(\frac{zc_M}{2c}\right)^2+1}\right] \tag{36-24}$$

这个膜电势也称 Donnan 电势。所不同的是，Donnan 电势是由膜内存在聚电解质所引起的，而一般细胞膜的膜电势则是由正、负离子通过细胞膜的迁移速率不同所致，它们都是膜电势。

36.4 膜电势的测定

膜电势是可用电化学方法测定的。倘若在半透膜的两侧各放一个与阳离子或阴离子可逆的电极，如在图 36-2 的半透膜两侧各放一个与 Cl^- 可逆的 AgCl 电极，如下式所示：

$$-)\mathrm{Ag}|\mathrm{AgCl}|\mathrm{Cl}^-(\mathrm{aq},膜内)\wr\mathrm{Cl}^-(\mathrm{aq},膜外)|\mathrm{AgCl}|\mathrm{Ag}(+ \tag{36-25}$$

式中，$\wr$代表半透膜。则当渗透达平衡时，这个原电池的电动势等于零，这是因为其中的膜电势正好被下列浓差电池的电动势所抵消：

$$-)\mathrm{Ag}|\mathrm{AgCl}|\mathrm{Cl}^-(\mathrm{aq},膜内)⋮⋮\mathrm{Cl}^-(\mathrm{aq},膜外)|\mathrm{AgCl}|\mathrm{Ag}(+ \tag{36-26}$$

式中，⋮⋮代表盐桥。这个浓差电池的电极和电池反应为

负极：$\mathrm{Ag(s)}+\mathrm{Cl}^-(\mathrm{aq},膜内)\longrightarrow\mathrm{AgCl(s)}+\mathrm{e}^-$

正极：$\mathrm{AgCl(s)}+\mathrm{e}^-\longrightarrow\mathrm{Ag(s)}+\mathrm{Cl}^-(\mathrm{aq},膜外)$

电池反应：$\mathrm{Cl}^-(\mathrm{aq},膜内)\longrightarrow\mathrm{Cl}^-(\mathrm{aq},膜外)$

浓差电池的电动势为

$$E=-\frac{RT}{F}\ln\frac{a_{\mathrm{Cl}^-}(膜外)}{a_{\mathrm{Cl}^-}(膜内)} \tag{36-27}$$

根据式(36-15)

$$a_{\mathrm{Na}^+}(膜内)\cdot a_{\mathrm{Cl}^-}(膜内)=a_{\mathrm{Na}^+}(膜外)\cdot a_{\mathrm{Cl}^-}(膜外) \tag{36-28}$$

$$\frac{a_{\mathrm{Cl}^-}(膜外)}{a_{\mathrm{Cl}^-}(膜内)}=\frac{a_{\mathrm{Na}^+}(膜内)}{a_{\mathrm{Na}^+}(膜外)} \tag{36-29}$$

将它代入式(36-27)，并与式(36-7)相比，得

$$E=\Delta\phi \tag{36-30}$$

故膜电势等于上述浓差电池的电动势，但正好抵消。在实际测定时，只需在式(36-25)所示的半透膜的两侧，再各加一个甘汞参比电极，两个参比电极之间的平衡电势差即所测膜电势(Hiemenz P C，1986)。

参考文献

Guggenheim E A. 1929. J Phys Chem，33：842.

Hiemenz P C. 1986. 胶体与表面化学原理. 周祖康，等译. 北京：北京大学出版社.

Tinoco I，Saucer K，Wang J C. 1985. Physical Chemistry：Principles and Applications in Biological Sciences. 2nd ed. New Jersey：Prentice-Hall.

界面现象与胶体

37 液体的表面张力与内压力

在涉及液体的表面张力是怎样产生的问题时，有些专著和物理化学教材是将表面张力与液体的内压力相联系(胡英等，1988；章燕豪，1989)，阐明两者的区别以及它们之间的密切关系。这对理解液体表面张力的来源有着十分重要的作用。本专题试图进一步从定量的角度来阐明这个问题，并从中引出很有价值的信息。

37.1 表面张力与内压力

若有一纯物质液体与其气相共存，不难理解，液体体相中的分子与表面层分子的受力状况是不相同的。体相中的分子受周围分子的作用力是各向均等的，分子犹如在一个均匀的力场中自由地运动；而表面层中的分子受周围分子的作用则是各向不均等的。通常气相的密度远低于液相，致使表面层分子的受力是不对称的，它们会受到垂直于表面且方向指向液体体相的合力的作用，这个合力来自液体分子间的作用，单位面积的这个作用力称为内压力。

表面层中的分子正是由于受到内压力的作用，产生一种避离表面的倾向。于是，在可能的情况下，液体将尽可能地缩小其表面积。这种倾向犹如表面有一层绷紧的薄膜，使其受到一种收缩张力的作用，表面上单位长度的收缩张力称为表面张力或界面张力。

由此可见，表面张力与内压力是两个不同概念的力，前者作用于表面，力的作用方向与表面相切，其作用是使表面尽可能缩小；而后者则源于分子间作用力的合力，其作用方向垂直于表面且指向液体的体相。这两种力密切相关，实为因果关系。有些专著(章燕豪，1989；Adamson A W，1986)用图 37-1 所示的力学类比来形象地表示两者间的关系犹如用滑轮举起重物，举重所做的功即水平方向拉力所做的功，即扩大液体表面积所增大的表面自由能等于液体从体相反抗内压力移至表面需做的功。本专题试图更进一步在两者之间建立定量关系。

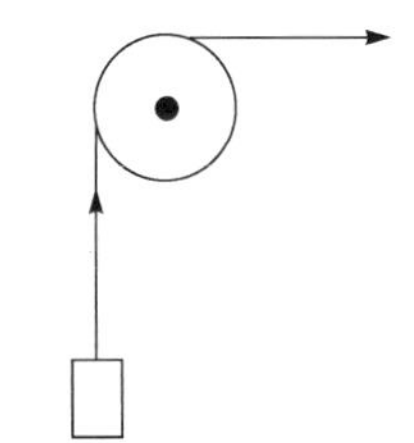

图 37-1 表面张力的力学类比

37.2 两种力间的定量关系

设想有一柱状液体，将它拉开分成两半，如图 37-2 所示。若液体的横截面积为 A，则不难得到拉开时需做功为

$$W_c = 2\sigma A \tag{37-1}$$

式中，σ 为液体的表面张力。等式右边乘 2 是因为拉开后形成了两个新的气/液表面。

式(37-1)意味着拉开液体所做的功被完全用来增加液体的表面自由能，此功也称内

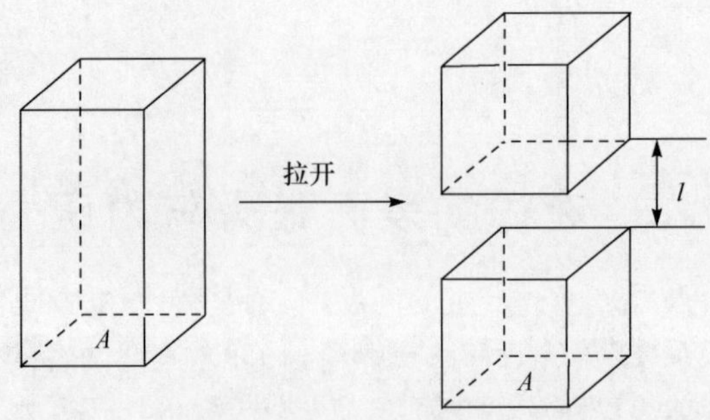

图 37-2　液体表面张力与内压力间关系的示意图

聚功,因为它是将原本内聚在一起的液体拉开分成两半需做的可逆功。显然,这个功是由反抗液体的内聚力即分子间的作用力所致。假定分子间的作用合力为 F,分子间的有效作用距离为 l,则内聚功也可表示为

$$W_c = Fl \tag{37-2}$$

因此,由式(37-1)和式(37-2)可得

$$\frac{F}{A}l = 2\sigma \tag{37-3}$$

按照热力学定义,柱状液体的内压力可表示为

$$\left(\frac{\partial U}{\partial V}\right)_T = \left(\frac{\partial U}{A\partial r}\right)_T = \frac{F}{A} \tag{37-4}$$

式中,$\left(\frac{\partial U}{A\partial r}\right)_T$ 为在恒温时,保持柱状液体的截面积 A 不变的条件下,膨胀 dr 距离所引起的热力学能的增量。已知热力学能随分子间距的变化率为液体分子间的作用合力 F,故将式(37-4)代入式(37-3)可得

$$p_i l = 2\sigma \tag{37-5}$$

式中,$p_i = (\partial U/\partial V)_T$,为内压力的热力学定义。式(37-5)是本专题所得结果。由此可见,表面张力与内压力的关系是很简单的,它不仅说明了纵向作用的内压力与表面上横向作用的表面张力成正比,而且还能说明图 37-1 所示的力学类比的正确性,图 37-3 是该说明的示意图。

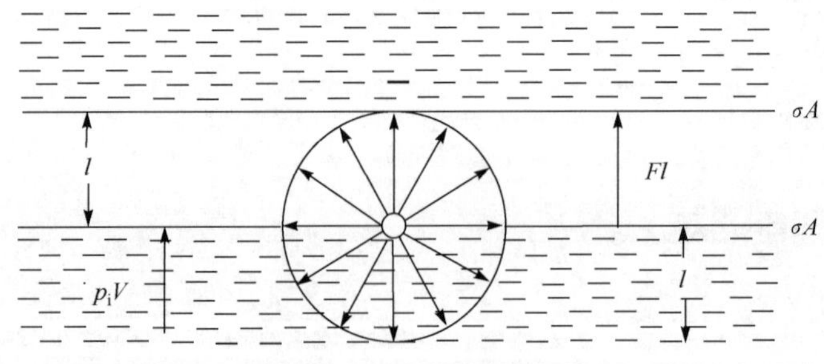

图 37-3　力学类比说明示意图

图 37-3 只表示了气/液表面上一个分子的有效作用范围,它是一个半径为 l 的圆球,图中 p_iV 是体积为 V 的液体从体相反抗内压力移至表面时需做的可逆功。Fl 是将液体

拉开而分成两半需做的可逆功，即内聚功 W_c。不难证明，这两个可逆功是等价的，因为如式(37-2)所示，$p_i=F/A$，而 $V=Al$，其中 V 为体相中高度为 l 的液柱体积，A 为液柱的横截面积，所以

$$p_iV=\frac{F}{A}\times Al=Fl \tag{37-6}$$

现将式(37-6)代入式(37-3)，可得

$$p_iV=2\sigma A \tag{37-7}$$

式(37-7)实际上就是式(37-5)。这就是说，将体积为 V 的液体从体相反抗内压力移至表面需做的可逆功与将液体分成两半需做的可逆功等价，都等于表面自由能 $2\sigma A$。

由此可见，图 37-1 的力学类比似应更恰当地表示成图 37-4。

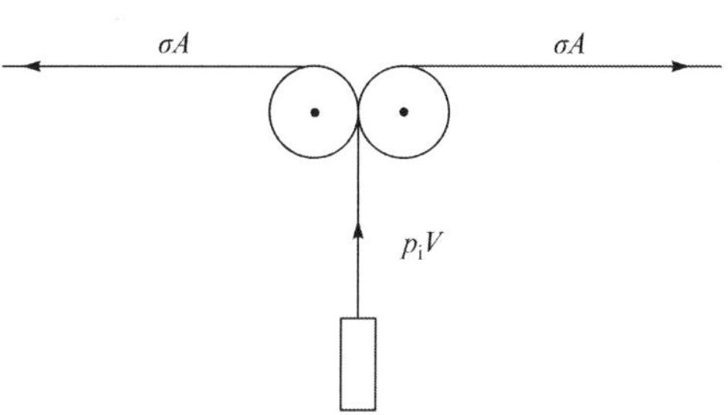

图 37-4　表面张力的力学类比

37.3　液体表面层厚度

表面层厚度是指液体中分子受力不对称区的厚度。这个厚度正好等于液体分子间的有效作用距离 l。因为任何与液面的距离小于 l 的液体分子都有可能与气相分子发生作用，从而使它失去作用力的对称性。若用 δ 表示液体表面层的厚度，则因 $\delta=l$，式(37-5)也可表示为

$$\delta=\frac{2\sigma}{p_i} \tag{37-8}$$

式(37-8)提供了一个估算难以测定的液体表面层厚度的简便方法，因为液体的表面张力和内压力都可用实验精确地测定。

表 37-1 是用此法算得的结果。表中列出了 293.15K 时若干非极性或弱极性液体的表面张力(Jasper J J，1972)和内压力实验值(Allen G et al，1960)，由式(37-8)算得的液体表面层厚度 δ 则列在表 37-1 的最后一列。

表 37-1　293.15K 若干液体的表面张力、内压力和表面层厚度

液体	$\sigma\times10^7/(\text{J}\cdot\text{cm}^{-2})$	$p_i/(\text{J}\cdot\text{cm}^{-3})$	$\delta\times10^7/\text{cm}$
正己烷	18.40	238.9	0.154
正庚烷	20.14	256.1	0.157
正辛烷	21.62	266.1	0.162
1-己烯	18.42	245.2	0.150
1-庚烯	20.30	253.1	0.160
环己烷	25.24	325.5	0.155
甲基环己烷	23.85	296.7	0.161
甲基环己烯	26.60	338.5	0.157
苯	28.88	378.7	0.153

续表

液体	$\sigma\times10^7/(\text{J}\cdot\text{cm}^{-2})$	$p_i/(\text{J}\cdot\text{cm}^{-3})$	$\delta\times10^7/\text{cm}$
甲苯	28.52	354.8	0.161
乙苯	29.29	352.3	0.166
间二甲苯	29.02	344.8	0.168
对二甲苯	28.55	344.8	0.166
正丙醚	20.51	286.6	0.143
二噁烷	32.67	499.2	0.131
四氯化碳	27.04	344.8	0.157
1,2-二氯乙烷	32.57	426.8	0.153
氯仿	27.32	369.5	0.148

由表 37-1 可见,这些液体的表面层厚度相差不大,约为 1.50×10^{-8} cm。这是由于这些液体的分子间作用力主要是 van der Waals 引力,这种力与分子间距的 7 次方成反比,故分子间的有效作用距离是很短的。这决定了液体表面层的厚度很小,在离开液面 1 个到几个分子直径距离后,分子的受力便各向均等而变为对称了。

37.4 讨论

应该指出,式(37-5)仅适用于非极性或弱极性液体。这是因为上述推导认为,液体的表面自由能是由反抗液体分子间的内聚力做功所致,如果将液体分成两半时,与环境没有热量交换,则液体的表面自由能完全是由内聚能转变而来,即

$$-U=2\sigma A \tag{37-9}$$

式中,$-U$ 为液体的内聚能。由于非极性或弱极性液体分子间的作用力主要是 van der Waals 引力,其内压力可由 a/V^2 表示,故

$$-U=\int_V^\infty\left(\frac{\partial U}{\partial V}\right)_T\mathrm{d}V=\int_V^\infty\frac{a}{V^2}\mathrm{d}V=\frac{a}{V}=p_iV \tag{37-10}$$

将式(37-10)代入式(37-9)即得式(37-5),其中 $V=Al$。这就是说,将图 37-2 所示柱状液体拉开至分子间的有效作用距离 l,就相当于将体积为 $A\times l$ 的柱状液体的内聚能转变成了液体的表面自由能,而这种液体则是非极性或弱极性的。

此外,式(37-5)的计算是在气相密度远低于液相密度,以致前者相比于后者可以忽略的情况下得到的,这就是说,表 37-1 计算结果仅适用于气液两相远离临界状态的情况。

参考文献

胡英,吕瑞东,刘国杰,等. 1988. 物理化学(上册). 3 版. 北京:高等教育出版社.

章燕豪. 1989. 吸附作用. 上海:上海科学技术文献出版社.

Adamson A W. 1986. 表面的物理化学(上册). 3 版. 顾惕人,译. 北京:科学出版社.

Allen G, Gee G, Wilson G J. 1960. Polymer, 1: 456.

Jasper J J. 1972. J Phys Chem Ref Data, 1: 841.

38 Kelvin 公式适用于微小气泡吗

对于 Kelvin 公式是否适用于微小气泡这个问题，目前除了个别物理化学教材(胡英等，2007)外，大部分教材和表面化学专著都给出了肯定的答案：认为微小气泡中的饱和蒸气压小于平面液体的饱和蒸气压，且气泡的半径越小，饱和蒸气压越低。本专题认为这是一个值得商榷的问题。

38.1 微小液滴的 Kelvin 公式推广

目前，大多数物理化学教材和表面化学专著在叙述这个问题时，几乎都是从微小液滴入手，建立起 Kelvin 公式

$$\ln\frac{p_r^*}{p^*}=\frac{2\sigma M}{RT\rho r} \tag{38-1}$$

式中，p_r^* 和 p^* 分别为曲面液体和平面液体的饱和蒸气压；σ 为液体的表面张力；M 和 ρ 分别为液体的摩尔质量和密度；r 为液滴的曲率半径。这个公式也适用于毛细管中的凸面液体，因为它类同于半径为 r 的微小液滴。

根据 Laplace 公式，液滴和毛细管中凸面液体的附加压力为

$$\Delta p=p_l-p_g=\frac{2\sigma}{r} \tag{38-2}$$

式中，p_l 和 p_g 分别为液相和气相的压力。将式(38-2)代入式(38-1)，可得

$$\ln\frac{p_r^*}{p^*}=\frac{M\Delta p}{RT\rho} \tag{38-3}$$

这些教材和专著推广了这个公式，认为只需作简单的修改，它也可应用于气泡和毛细管中的凹面液体，因为它们的 Laplace 公式为

$$p_g-p_l=\frac{2\sigma}{r} \tag{38-4}$$

如果将式(38-4)改写成

$$\Delta p=p_l-p_g=-\frac{2\sigma}{r} \tag{38-5}$$

并代入式(38-3)，得

$$\ln\frac{p_r^*}{p^*}=-\frac{2\sigma M}{RT\rho r} \tag{38-6}$$

这便是一般物理化学教材和专著推广所得的微小气泡和毛细管中凹面液体的 Kelvin 公式。

应该指出，这个推广对于毛细管中的凹面液体是顺理成章的，因为它与凸面液体的区别仅在于毛细管中液面的弯曲方向不同。但是，对于液体中的气泡，它还有一个稳定性的

问题。

须知一个气泡要在液体中稳定地存在，没有其他气体的帮助是不可能的，因为大的附加压力会使它迅速破灭。正是气泡的稳定条件会导致上述推广不再成立，换句话说，Kelvin 公式［式(38-6)］是不适用于微小气泡的。若要建立液体在气泡中的饱和蒸气压公式，必须采用另外的方法。

38.2 液体在气泡中的饱和蒸气压

已知平面液体在温度 T 下达气液平衡时，饱和蒸气的压力为 p^*［图 38-1(a)］。若将蒸气分散在液体中，形成半径为 r 的微小气泡，且气泡离液面不远［图 38-1(b)］，则有两点必须指出：① 液面上饱和蒸气的压力是不会因液面下存在微小气泡而改变的，其值仍然为 p^*，因为液面仍是平面；② 如果气泡中没有其他气体存在，气泡是不可能稳定的，故为使气泡稳定，其中必须充入其他气体。

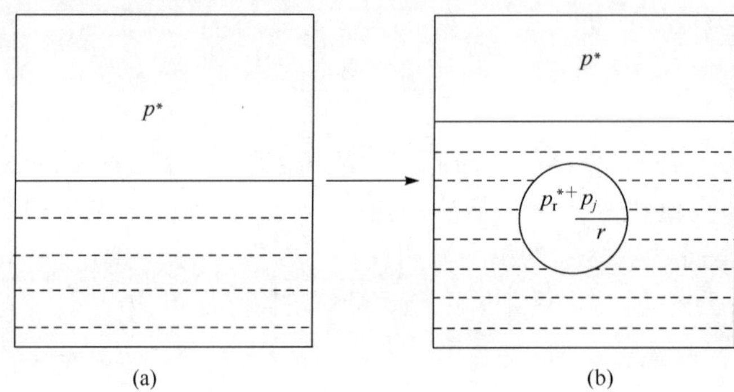

图 38-1 液体的饱和蒸气压

(a) 平面液体；(b) 微小气泡

倘若气泡内其他气体的分压为 p_j，则如图 38-1(b)所示，气泡内气体的压力为

$$p_g = p_r^* + p_j \tag{38-7}$$

式中，p_r^* 为液体在气泡中的饱和蒸气压。将式(38-7)代入式(38-4)，可得气泡周围液体的压力为

$$p_l = p_r^* + p_j - \frac{2\sigma}{r} \tag{38-8}$$

于是，由图 38-1 可建立如图 38-2 所示的循环，据此可求得 p_r^*。由图 38-1(b)不难看出，当气泡中充有分压为 p_j 的其他气体时，气泡的稳定条件为

$$p_r^* + p_j = p^* + \frac{2\sigma}{r} \tag{38-9}$$

这就是说，气泡周围液体的压力

$$p_l = p_r^* + p_j - \frac{2\sigma}{r} = p^* \tag{38-10}$$

即液面上饱和蒸气的压力，因此有

$$\Delta G_{m,3} = 0 \tag{38-11}$$

又因分散前[图 38-1(a)]和分散后[图 38-1(b)]系统分别处在平衡状态，故 $\Delta G_{m,1}$ 和 $\Delta G_{m,2}$ 也都等于零。所以，只要蒸气可视为理想气体，可得

$$\Delta G_{m,4}=\int_{p^*}^{p_r^*}\frac{RT}{p}\mathrm{d}p=RT\ln\frac{p_r^*}{p^*}=0 \tag{38-12}$$

积分上限与气泡内是否存在其他气体无关，这是因为本专题所选取的系统是液体及其蒸气，其他气体只是作为环境，系统状态函数的改变仅与系统的初、终状态有关。不难证明，对于液面上压力不是 p^* 而是 $p_{外}$，即液面上有其他气体存在时，式(38-12)也同样成立。

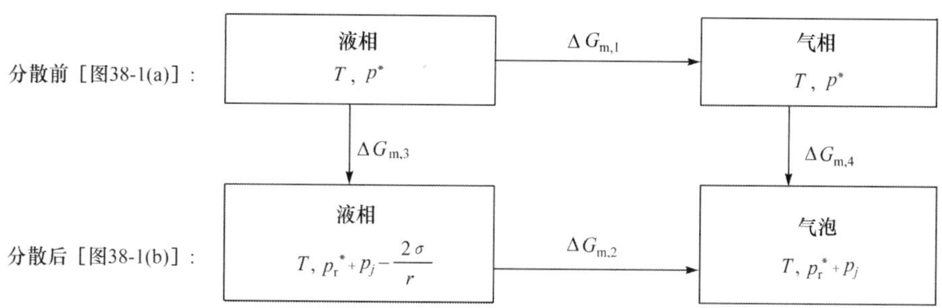

图 38-2　微小气泡中液体饱和蒸气压的计算示意

由此可见，液体在气泡中的饱和蒸气压与平面液体的饱和蒸气压相同，即

$$p_r^*=p^* \tag{38-13}$$

这就是本专题所得结果。它已不再遵守 Kelvin 公式[式(38-6)]，换句话说，液体在气泡中的饱和蒸气压仅是温度的函数，而与曲率半径无关。

同样的结论也可用下法导得：由于 $\Delta G_{m,2}=0$，这相当于平衡的气液两相化学势相等，即

$$\mu_g=\mu_l \tag{38-14}$$

因气泡内饱和蒸气的压力为 p_r^*，气相的化学势为

$$\mu_g=\mu^{\ominus}+RT\ln\frac{p_r^*}{p^{\ominus}} \tag{38-15}$$

液相的化学势因气泡周围液体的压力服从式(38-10)，其化学势应与平面液体相同，即

$$\mu_l=\mu^{\ominus}+RT\ln\frac{p^*}{p^{\ominus}} \tag{38-16}$$

将式(38-15)和式(38-16)代入式(38-14)，得

$$p_r^*=p^*$$

即式(38-13)。

38.3　毛细管中凹面液体的饱和蒸气压

类似的方法也可用来推导毛细管中凹面液体的饱和蒸气压。对于毛细管中的凹面液体，其 Laplace 公式也是式(38-4)，但不同的是，它能够稳定地存在，无须其他气体帮助，如图 38-3 所示。故不需要像式(38-9)那样的稳定条件。

在凹面液体的上方，气相的压力为

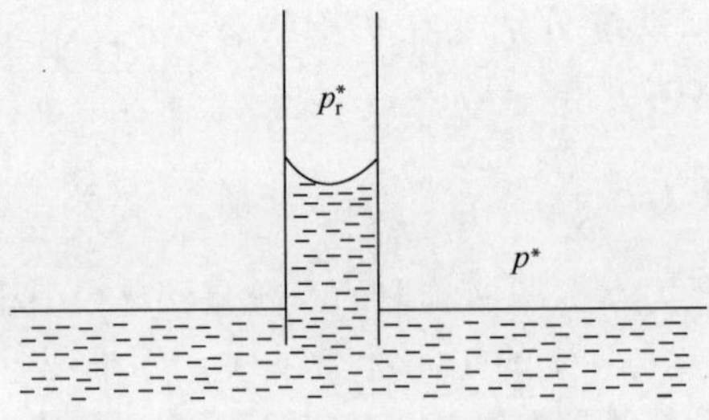

图 38-3　毛细管中凹面液体的饱和蒸气压

$$p_g = p_r^* \tag{38-17}$$

将式(38-17)代入 Laplace 公式[式(38-4)]，可得到凹面附近液相的压力为

$$p_l = p_r^* - \frac{2\sigma}{r} \tag{38-18}$$

于是，由图 38-4 所示循环也可求得 p_r^*。由此可得

$$\Delta G_{m,3} = \Delta G_{m,4} \tag{38-19}$$

其中

$$\Delta G_{m,3} = \int_{p^*}^{p_r^* - \frac{2\sigma}{r}} V_m \mathrm{d}p = V_m\left(p_r^* - \frac{2\sigma}{r} - p^*\right) = -V_m\left(\frac{2\sigma}{r} + p^* - p_r^*\right) \approx -\frac{2\sigma M}{\rho r} \tag{38-20}$$

式中，$V_m = M/\rho$，为液体的摩尔体积，假定它不随压力而变，且 $2\sigma/r \gg p^* - p_r^*$。

$$\Delta G_{m,4} = \int_{p^*}^{p_r^*} \frac{RT}{p} \mathrm{d}p = RT\ln\frac{p_r^*}{p^*} \tag{38-21}$$

式中假定蒸气可视为理想气体。

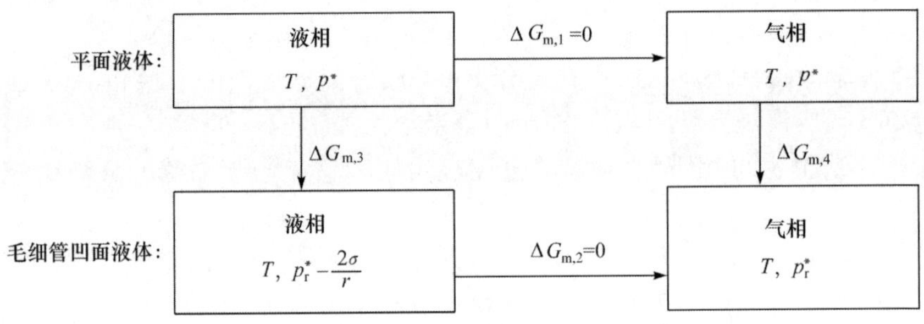

图 38-4　毛细管中凹面液体饱和蒸气压的计算示意

将式(38-20)和式(38-21)代入式(38-19)，得

$$\ln\frac{p_r^*}{p^*} = -\frac{2\sigma M}{RT\rho r}$$

这就是毛细管中凹面液体的饱和蒸气压公式，即式(38-6)。

由此可见，液体中气泡与毛细管中凹面液体的饱和蒸气压分别遵守两个不同的关系式。

38.4　讨论与结论

利用上面所述的循环法也可求得微小液滴和毛细管中凸面液体的饱和蒸气压(图 38-5)。

类似地，图 38-5 也可表示为图 38-6 所示的循环。据此，可得 $\Delta G_{m,3} = \Delta G_{m,4}$，即

$$\int_{p^*}^{p_l} V_m \mathrm{d}p = \int_{p^*}^{p_r^*} \frac{RT}{p} \mathrm{d}p \tag{38-22}$$

$$V_m(p_l-p^*)=RT\ln\frac{p_r^*}{p^*} \tag{38-23}$$

式中,液滴所承受的压力 p_l 可由 Laplace 方程得

$$p_l=p_g+\Delta p=p_r^*+\frac{2\sigma}{r} \tag{38-24}$$

将式(38-24)代入式(38-23),不难得到 Kelvin 公式[式(38-1)]

$$\ln\frac{p_r^*}{p^*}=\frac{2\sigma M}{RT\rho r}$$

式中,$M/\rho=V_m$,为液相的摩尔体积。假设它不随压力而变,$\frac{2\sigma}{r}\gg p_r^*-p^*$,气相可视为理想气体。

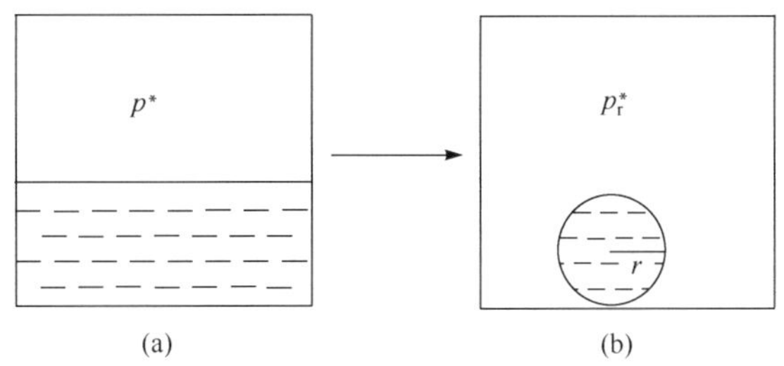

图 38-5　液体的饱和蒸气压

(a) 平面液体;(b) 微小液滴

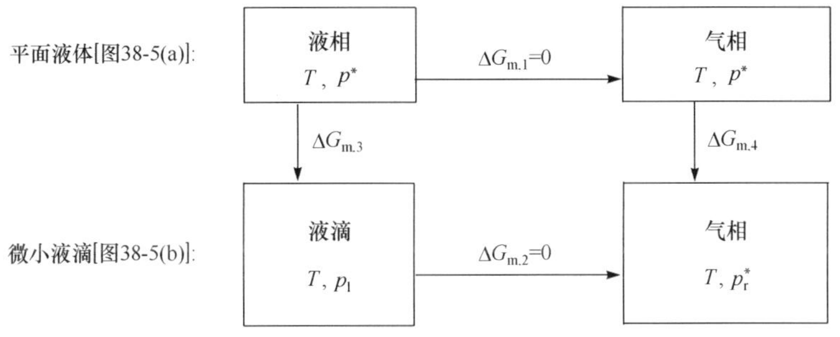

图 38-6　微小液滴饱和蒸气压的计算示意

这里要特别指出,式(38-23)具有通用性,即不仅适用于微小液滴和毛细管中的凸面液体,而且也适用于毛细管中的凹面液体以及微小气泡。如上所述,当液相承受的压力 p_l 如式(38-24)所示时,由式(38-23)可得 Kelvin 公式[式(38-1)];当液相承受的压力 p_l 如式(38-18)所示时,由式(38-23)可得 Kelvin 公式[式(38-6)];当液相承受的压力 p_l 如式(38-10)所示时,由式(38-23)则得 $p_r^*=p^*$,这种情况便是微小气泡,它已不再服从 Kelvin 公式。

由此可见,微小液滴、微小气泡、毛细管中凸面和凹面液体的饱和蒸气压是否服从 Kelvin 公式,其关键之处就在于液相所承受的压力 p_l。这是基于热力学关系 $(\partial\mu_l/\partial p)_T=V_m$,液相所受的压力越大,其化学势越大,作为物质传递的推动力,液体的逸出能力即

饱和蒸气压也越大，反之亦然。对于微小气泡，由于它要在液体中稳定地存在，必须在气泡中充入其他气体，这便要受稳定条件[式(38-9)]的制约，致使气泡周围的液相压力变为 p^*，即等同于平面液体所受的压力，这就是微小气泡中液体的饱和蒸气压不再服从 Kelvin 公式的原因，而非微小气泡不遵守 Laplace 方程所致。

下面用图 38-7 所示的水在 298.15K 时相对饱和蒸气压 p_r^*/p^* 与界面曲率半径 r 的 3 条关系曲线来进行总结。结论是，不同于液滴和毛细管中的凸面和凹面液体，Kelvin 公式是不适用于微小气泡的。在气泡中液体的饱和蒸气压仅是温度的函数，与界面曲率半径无关。

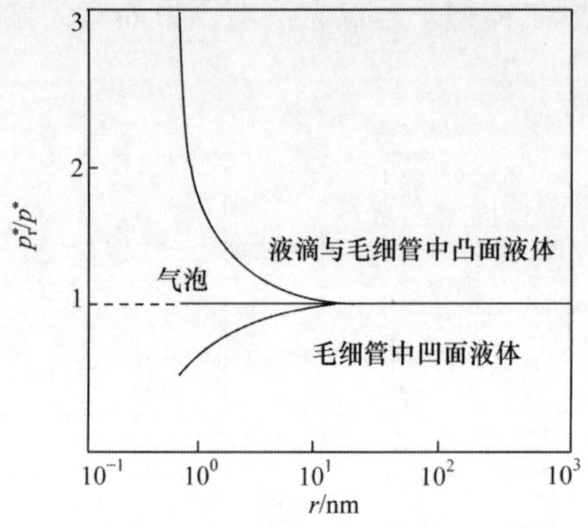

图 38-7　298.15K 时水的饱和蒸气压与界面曲率半径的关系

参 考 文 献

胡英，吕瑞东，刘国杰，等. 2007. 物理化学. 5 版. 北京：高等教育出版社.

39 评 Freundlich 吸附等温式的推导

Freundlich 吸附等温式

$$\Gamma = kp^{\frac{1}{l}} \tag{39-1}$$

是界面吸附的一个重要公式。它不仅适用于气体在固体表面上的吸附，而且也适用于溶液中溶质在固体表面上的吸附。它的广泛适用性和公式的简单形式，使它具有很高的实用价值。因此，在国内外物理化学教材中都无不提及。

然而，与其他吸附等温式不同，它最初是一个纯经验公式，出现于 1895 年，由 Boedecker 首先提出，后因 Freundlich 的大力推荐和推广使用而得名(章燕豪，1989)。一个经验规律获得了广泛的应用，其中必有科学的渊源，故引起了大家的关注。1930 年 Rideal 用热力学方法导得这个等温式。时隔四年，苏联学者 Zeldowitsch 也从不同的角度导出了这个等温式。1947 年，两位美国学者 Halsey 和 Taylor 在研究氢气在钨粉上的吸附时，才明确地提出了这个吸附等温式的理论模型。下面来讨论它的几种主要推导方法，以及推导所反映的物理模型，并对它们作出评价和推荐。

39.1 Rideal 推导

Rideal(1930)认为，这个吸附等温式可通过引入适当的界面状态方程，由 Gibbs 吸附等温式导得。众所周知，Gibbs 吸附等温式是由界面系统的热力学基本方程结合 Gibbs 界面相模型得到，它原则上可适用于任何界面吸附。对于气固吸附，若气相压力不高，该等温式可表示成

$$\Gamma = \frac{1}{A} = -\frac{p}{RT}\left(\frac{\partial \sigma}{\partial p}\right)_T \tag{39-2}$$

也称 Gibbs 吸附公式。式中，p 为吸附质的平衡压力；A 为 1mol 吸附质所占的界面面积，$1/A$ 为吸附量 Γ。

当吸附为单分子层时，已吸附的气体可用一个二维状态方程描述。若吸附气体可视为理想气体，则二维状态方程为

$$\pi A = RT \tag{39-3}$$

式中，$\pi = \sigma_0 - \sigma$，为表面压或铺展压，其值为吸附前后界面张力之差。

倘若被吸附的气体分子间是有相互作用的，则式(39-3)修正为

$$\pi A = lRT \tag{39-4}$$

若修正因子 $l<1$，表示吸附层中气体分子间为吸引力，若 $l>1$，则为排斥力。于是，将式(39-4)中的 π 对 A 求导，可得

$$\frac{\mathrm{d}\pi}{\mathrm{d}A} = -lRT/A^2 \tag{39-5}$$

由于 $\mathrm{d}\pi = -\mathrm{d}\sigma$，则

$$\left(\frac{\partial \sigma}{\partial p}\right)_T = \frac{lRT}{A^2} \cdot \frac{dA}{dp} \tag{39-6}$$

将式(39-6)代入式(39-2),可得

$$\frac{1}{l}\frac{dp}{p} = -\frac{dA}{A} = \frac{d\Gamma}{\Gamma} \tag{39-7}$$

这是因为 $\Gamma=1/A$, $d\Gamma=-dA/A^2$,积分式(39-7),则

$$\ln\Gamma = \frac{1}{l}\ln p + C \tag{39-8}$$

令积分常数 $C=\ln k$,得

$$\Gamma = kp^{\frac{1}{l}}$$

这就是式(39-1)。由于大量吸附实验表明,参数 $l>1$,故吸附层中分子间存在排斥力。

Rideal 的上述推导表明,Freundlich 吸附等温式是 Gibbs 吸附公式的一个特例。它将被吸附分子看成单分子层的二维离域气体,它们的分子间存在着排斥作用,这就是推导得到的结论。

39.2 Halsey-Taylor 推导

Halsey-Trapnell 推导(Halsey G,1947;Trapnell B M W,1955)是以 Langmuir 吸附模型为基础的。Langmuir 吸附等温式

$$\theta = \frac{bp}{1+bp} \tag{39-9}$$

是建立在如下吸附模型之上的:①固体表面的吸附活性是均一的;②每一个吸附中心只吸附一个气体分子;③被吸附的气体分子是定域的,且相互间没有作用力。可见,这是一个理想的吸附模型,实际上是难以满足的。

在 Langmuir 的推导中,吸附系数 b 被令为常数。专题 9 已得到

$$b = b_0 \exp(-\Delta_{\text{ads}} H_{\text{m}}/RT) \tag{39-10}$$

即吸附焓 $\Delta_{\text{ads}} H_{\text{m}}$ 不随覆盖度而改变,模型的第①点就体现于此。

Halsey 和 Taylor 试图修正这一点。他们认为,固体表面的吸附活性应是不均一的,不同吸附中心对气体的吸附强弱应不相同,吸附强者吸附热大,吸附弱者吸附热小,故 b 值不应是常数,应随 θ 而变。他们按 b 值的大小,将固体表面划分成许多区域,令每一个区域有相同的 b 值。于是,每个区域应服从 Langmuir 吸附等温式

$$\theta(q) = \frac{b(q)p}{1+b(q)p} \tag{39-11}$$

式中,$q=-\Delta_{\text{ads}} H_{\text{m}}$,为摩尔吸附焓的负值,称为吸附热。故总的表面覆盖度为

$$\theta = \int_0^\infty n(q)\theta(q)dq = \int_0^\infty \frac{n(q)b(q)p}{1+b(q)p}dq \tag{39-12}$$

式中,$n(q)$为吸附热在 $q \to q+dq$ 区间的吸附中心在总吸附中心中所占的分数。

Halsey 和 Taylor 的一个重要假设是,函数 $n(q)$是连续的,且可用下式描述

$$n(q) = n_0 \exp(-q/q_{\text{m}}) \tag{39-13}$$

式中，n_0 和 q_m 为两个特性常数。式(39-13)即固体表面上吸附中心的分布是按活性增高而呈指数减少。于是，将式(39-10)和式(39-13)代入式(39-12)，得

$$\theta=\int_0^{\infty}\frac{n_0\exp(-q/q_m)}{1+\exp(-q/RT)/b_0 p}\mathrm{d}q \tag{39-14}$$

式(39-14)在 $q\gg\pi RT$ 时是可积分的(Trapnell B M W，1955)，所得结果为

$$\theta=(b_0 p)^{RT/q_m}\cdot n_0 q_m \tag{39-15}$$

将式(39-15)等号两边取对数，可得

$$RT\ln(b_0 p)=q_m\ln\theta-q_m\ln(n_0 q_m) \tag{39-16}$$

然后，再在保持 θ 不变的条件下对温度求偏导，则

$$R\ln(b_0 p)+RT\left(\frac{\partial \ln p}{\partial T}\right)_\theta=0 \tag{39-17}$$

代入 Clapeyron-Clausius 方程 $q=RT^2\ (\partial\ln p/\partial T)_\theta$ 和式(39-16)，则得

$$q=-q_m\ln\theta+q_m\ln(n_0 q_m) \tag{39-18}$$

式(39-15)和式(39-18)即 Halsey 和 Taylor 所得结果。由这两个式子不难看出，当 $p=1/b_0$ 时，$\theta=n_0 q_m$，此时 $q=0$。而当 $p>1/b_0$ 时，$\theta>n_0 q_m$，此时 $q<0$。然而，热力学认为，吸附应当是放热的，故 $p>1/b_0$ 是不符合热力学要求的。这就意味着 $p=1/b_0$ 是饱和的平衡压力，相应的覆盖度应是 $n_0 q_m=1$。于是，由式(39-15)不难得到

$$\theta=(b_0 p)^{RT/q_m} \tag{39-19}$$

此式即 Freundlich 吸附等温式，因为它可以写成 $\Gamma=\Gamma_\infty b_0^{RT/q_m} p^{RT/q_m}=kp^{\frac{1}{l}}$。由此可见，这个等温式的覆盖度 θ 并非随压力 p 的升高而不断地增大，而是存在一个饱和的吸附量。

此外，因 $n_0 q_m=1$，由式(39-18)还可得到

$$q=-q_m\ln\theta \tag{39-20}$$

它意味着吸附热是随覆盖度的增大而呈指数减小。

上述推导说明了 Freundlich 吸附等温式对应了这样一个模型：①固体表面的吸附活性是不均一的；②吸附是单分子层的；③被吸附气体分子是定域的，且彼此之间没有作用力。显然，这与 Rideal 得到的结论大相径庭。因此，Adamson(1986)认为，即使实验数据与式(39-19)相符，也不能作为表面不均一的证明，而只能说表面像是不均一的。

其实，Rideal 的推导用的是一种宏观的热力学方法，他将 Gibbs 吸附公式与一个二维状态方程相结合，而这个状态方程是由二维理想气体状态方程乘上一个修正因子 l 构成。由于

$$l=\frac{\pi A}{RT}=\frac{A}{RT/\pi}=\frac{A_{实际}}{A_{理想}} \tag{39-21}$$

它可视为二维气体的压缩因子，倘若 $l>1$，气体分子间的作用力便是排斥力。这种热力学方法的实质是将固体表面对气体的吸附作用等效于二维气体分子间的排斥力，它并不涉及吸附的真实微观图像，故 Rideal 的推导结果是不能作为吸附模型依据的。

本专题认为，Halsey-Taylor 推导所建立的吸附模型是可信的，但推导过于复杂，不适合在普通物理化学教材中采用。因此，本专题推荐如下第三种方法，它实为 Halsey-Taylor 推导的简化。

39.3 第三种推导

由 Halsey-Taylor 建立的吸附模型可见，它与 Langmuir 吸附模型的区别仅在于固体表面是不均一的，即表面吸附中心的活性是有区别的。这种区别在于不同的吸附中心吸附放出的热是不相同的，因此，表征活性的吸附系数 b 应是吸附热 q 的函数，即

$$\theta=\frac{b(q)p}{1+b(q)p} \qquad 或 \qquad \frac{\theta}{1-\theta}=b(q)p \tag{39-22}$$

式中，$b(q)$如式(39-10)所示，为

$$b(q)=b_0\exp(q/RT)$$

将它代入式(39-22)，可得

$$\frac{\theta}{1-\theta}=b_0 p\exp(q/RT) \tag{39-23}$$

若假定 q 与 θ 的关系如式(39-20)所示，将它代入式(39-23)，并在等号两边取对数，则得

$$\ln\frac{\theta}{1-\theta}=\ln(b_0 p)-\frac{q_{\mathrm{m}}}{RT}\ln\theta \tag{39-24}$$

在 θ 接近 0.5 的中等覆盖度情况下，因为等号左边是个很小的值，式(39-24)可近似地表示为

$$\theta=(b_0 p)^{RT/q_{\mathrm{m}}}$$

这个式子即式(39-19)，即 Freundlich 吸附等温式。

这种推导方法实际上是将 Halsey-Taylor 推导所得的式(39-20)作为假定，从而使 Freundlich 吸附等温式的导出大为简化，它不仅物理意义清晰，而且还阐明了这个吸附等温式只能适用于中等吸附程度。同时，它也说明了在如此吸附程度下，被吸附分子间不太可能出现排斥力占据主导作用的情况。因此，这种推导方法很适合于普通物理化学教材。

参 考 文 献

章燕豪. 1989. 吸附作用. 上海：上海科学技术文献出版社.

Adamson A W. 1986. 表面的物理化学(下册). 3 版. 顾惕人，译. 北京：科学出版社.

Halsey G，Taylor H S. 1947. J Chem Phys，15：624.

Rideal E K. 1930. Surface Chemistry. Cambridge：Cambridge University Press.

Trapnell B M W. 1955. Chemisorption. London：Butterworths.

40 BET吸附等温式的另一种建立方法

Langmuir 吸附等温式是建立在下列三点假设的基础上:①吸附是单分子层的;②固体表面的吸附活性是均一的;③已吸附的气体分子间没有相互作用。推导的方法利用了平衡时吸附速率与脱附速率相等的原理。而 BET 吸附等温式(包括二参数和三参数)则是对Langmuir吸附等温式的一种修正,它保留了上述假设②和③不变,而将假设①改为多分子层吸附,并认为第一层吸附热与其他各层不同,后者为气体的凝聚热。推导的方法也是利用了平衡时吸附速率等于脱附速率的原理,不过是逐级平衡,即第 $i-1$ 层变成第 i 层的吸附速率等于第 i 层脱附变成第 $i-1$ 层的脱附速率(严继民等,1979),吸附速率和脱附速率的计算方法与 Langmuir 吸附完全相同。故 BET 多分子层吸附的分子模型(包括二参数和三参数)是上下层分子间存在 van der Waals 吸引力,而同一层分子间不存在作用力(周祖康等,1987)。这个模型实际上是将多分子层吸附视为链状分子的单分子层吸附,如图 40-1 所示,而这些链状分子间彼此互不相干,即与它们间的疏密程度无关。本专题将根据这一点,用另一种方法建立 BET 吸附等温式。

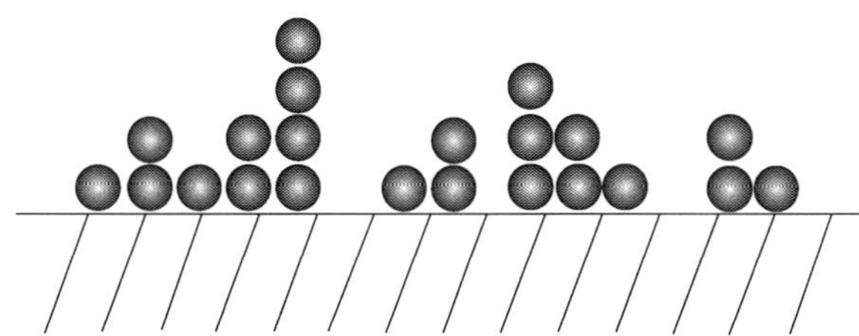

图 40-1 BET 多分子层吸附模型

40.1 Gibbs 吸附公式

在表面现象的研究中,Gibbs 吸附等温式

$$\Gamma_2^{(1)} = -\frac{a_2}{RT}\left(\frac{\partial \sigma}{\partial a_2}\right)_T \tag{40-1}$$

是一个基本公式,它不仅推导严格,而且可应用于任何界面,故为一切界面吸附的理论基础(朱步遥等,1996)。倘若吸附质为稀溶液中的溶质,则因 $a_2 \approx c_2/c^{\ominus}$,式(40-1)可表示为

$$\Gamma_2^{(1)} = -\frac{c_2}{RT}\left(\frac{\partial \sigma}{\partial c_2}\right)_T \tag{40-2}$$

倘若吸附质为压力不太高的气体,则因 $a_2 \approx p_2/p^{\ominus}$,式(40-1)可表示为

$$\Gamma_2^{(1)} = -\frac{p_2}{RT}\left(\frac{\partial \sigma}{\partial p_2}\right)_T \tag{40-3}$$

若气相中只有一个组分,则式(40-3)可表示为

$$\Gamma=-\frac{p}{RT}\left(\frac{\partial\sigma}{\partial p}\right)_T \tag{40-4}$$

此式为适用于气固吸附的 Gibbs 吸附公式。

40.2　气固吸附的 Szyszkowski 公式

已知单分子层吸附服从 Langmuir 吸附等温式

$$\Gamma=\Gamma_\infty\frac{bp}{1+bp} \tag{40-5}$$

式中，Γ_∞ 为单分子层饱和吸附量；b 为一个特性常数，称为吸附系数。将式(40-5)代入式(40-4)，并积分，可得

$$\sigma_0-\sigma=\Gamma_\infty RT\ln(1+bp) \tag{40-6}$$

式中，σ_0 和 σ 分别为吸附前后气固界面的界面张力。式(40-6)在形式上与 Szyszkowski 经验公式(von Szyszkowski B，1908)

$$\sigma_0-\sigma=A\ln(1+Bc_2) \tag{40-7}$$

十分相似，只不过式(40-7)适用于溶质在溶液表面上的吸附，其中 c_2 为溶质的浓度，A 和 B 为溶液的两个特性常数，σ_0 和 σ 分别为吸附前后溶液的表面张力。然而，不同于溶质在溶液表面上的吸附，气体在固体表面的吸附可呈多分子层，故式(40-6)应予以修正。

BET 吸附模型是将多分子层吸附视为链状分子的单分子层吸附，故只需在式(40-6)的基础上引入一个代表链状分子平均链长的因子就可以了。

鉴于式(40-6)中的 bp 也可表示为

$$bp=bp^*\times\frac{p}{p^*}=cx \tag{40-8}$$

式中，p^* 为吸附质在平衡温度下的饱和蒸气压；$c=bp^*$；$x=p/p^*$。故式(40-6)也可表示为

$$\sigma_0-\sigma=\Gamma_\infty RT\ln(1+cx) \tag{40-9}$$

若在式(40-9)中引入一个链长因子 β，以代表链状分子的平均链长，则多分子层气固吸附时应有

$$\sigma_0-\sigma=\Gamma_m RT\ln(1+\beta cx) \tag{40-10}$$

式中，将 Γ_∞ 改为 Γ_m 是为了避免混淆，Γ_m 为气体分子单层铺满气固界面的吸附量。

现在的问题是，如何表示链长因子 β。显然，它应是 x 或 p 的函数，当 x 或 p 很小时，吸附应是单分子层的，此时 $\beta=1$，即式(40-10)应与式(40-9)一致。随着 x 或 p 增大，由于吸附的层数增多，β 值应增大。当 x 增至 1 时，因此时 $p=p^*$，气体会凝聚在固体表面上，β 值应变成∞。β 与 x 符合这种特征的最简单函数为

$$\beta=\frac{1}{1-x} \tag{40-11}$$

这个函数可以级数展开如下：

$$\beta=\frac{1}{1-x}=1+x+x^2+\cdots+x^n+\cdots \tag{40-12}$$

且当$|x|<1$时，级数是收敛的。这表明，随着x的增大，由于吸附的分子层数目n不断地增多，β值以x的幂级数增大。

现将式(40-12)代入式(40-10)，则得

$$\sigma_0-\sigma=\Gamma_m RT\ln\left(1+\frac{cx}{1-x}\right)=\Gamma_m RT\ln(1+cx+cx^2+\cdots+cx^n+\cdots) \tag{40-13}$$

本专题称它为气固吸附的 Szyszkowski 公式。

40.3 BET 吸附等温式的建立

有了式(40-13)，只要将它与 Gibbs 吸附公式(40-4)相结合，便可方便地建立 BET 吸附等温式。

将式(40-13)在恒温的条件下对压力求偏导，可得

$$\begin{aligned}-\left(\frac{\partial\sigma}{\partial p}\right)_T&=-\frac{\partial\sigma}{\partial x}\cdot\frac{\partial x}{\partial p}\\&=\Gamma_m RT\frac{\partial}{\partial x}\left[\ln\left(1+\frac{cx}{1-x}\right)\right]\cdot\frac{1}{p^*}\\&=\frac{\Gamma_m RT\frac{\partial}{\partial x}\left(1+\frac{cx}{1-x}\right)}{1+\frac{cx}{1-x}}\cdot\frac{1}{p^*}\\&=\frac{\Gamma_m RTc/p^*}{(1-x)[1+(c-1)x]}\end{aligned} \tag{40-14}$$

然后，再将式(40-14)代入式(40-4)，得结果

$$\Gamma=\Gamma_m\frac{cx}{(1-x)[1+(c-1)x]} \tag{40-15}$$

这就是二参数 BET 吸附等温式。两个参数为Γ_m和c，Γ_m的物理意义前面已经给出。参数c的物理意义可由$c=bp^*$知道，由于 Langmuir 单分子层吸附中的b可由下式表示

$$b=b_0\exp(q_a/RT) \tag{40-16}$$

式中，$q_a=-\Delta_{ads}H_m$，为吸附热。而p^*根据 Clausius-Clapeyron 方程为

$$\begin{aligned}p^*&=p_0\exp(-\Delta_{vap}H_m/RT)\\&=p_0\exp(\Delta_{con}H_m/RT)\end{aligned} \tag{40-17}$$

因此

$$c=bp^*=c_0\exp[(q_1-q_c)/RT] \tag{40-18}$$

式中，$c_0=b_0p_0$，为一个常数；$q_1=q_a$，为第一层的吸附热；$q_c=-\Delta_{con}H_m$，为其他各层气体的凝聚热。参数c是一个表征多分子层吸附强弱的参数。

除此之外，公式(40-13)还可用来建立三参数 BET 吸附等温式。倘若将式(40-13)等号右边括号内的x多项式截尾，截去cx^n后面各项，式(40-13)变成

$$\begin{aligned}\sigma_0-\sigma&=\Gamma_m RT\ln(1+cx+cx^2+\cdots+cx^n)\\&=\Gamma_m RT\ln[1+cx(1+x+x^2+\cdots+x^{n-1})]\end{aligned} \tag{40-19}$$

由于$1+x+x^2+\cdots+x^{n-1}=\beta-x^n(1+x+x^2+\cdots)=\beta(1-x^n)$，故式(40-19)可表示成

$$\sigma_0-\sigma=\Gamma_m RT\ln[1+\beta cx(1-x^n)]$$
$$=\Gamma_m RT\ln\left[1+\frac{cx(1-x^n)}{1-x}\right] \tag{40-20}$$

据此,在恒温下对压力求偏导,可得

$$-\left(\frac{\partial\sigma}{\partial p}\right)_T=-\frac{\partial\sigma}{\partial x}\cdot\frac{\partial x}{\partial p}$$
$$=\Gamma_m RT\left\{\frac{c\left(\dfrac{1-x^n}{1-x}\right)+cx\left[\dfrac{1-x^n-nx^{n-1}(1-x)}{(1-x)^2}\right]}{1+cx\left(\dfrac{1-x^n}{1-x}\right)}\right\}\frac{1}{p^*}$$
$$=\frac{\Gamma_m cRT}{p^*}\cdot\frac{1-(n+1)x^n+nx^{n+1}}{(1-x)[1+(c-1)x-cx^{n+1}]} \tag{40-21}$$

然后,将式(40-21)代入式(40-4),则得

$$\Gamma=-\frac{p}{RT}\left(\frac{\partial\sigma}{\partial p}\right)_T=\Gamma_m\frac{cx[1-(n+1)x^n+nx^{n+1}]}{(1-x)[1+(c-1)x-cx^{n+1}]} \tag{40-22}$$

此式是三参数 BET 公式。式中,第三个参数 n 为气固吸附的分子层数目。

应该指出,式(40-22)才是多分子层气固物理吸附的最普遍吸附等温式。据此能够得到各种吸附分子层的气固吸附等温式。例如,当 $n=1$ 时,式(40-22)变成

$$\Gamma=\Gamma_m\frac{cx(1-2x+x^2)}{(1-x)[1+(c-1)x-cx^2]}$$
$$=\Gamma_m\frac{cx}{1+cx}$$
$$=\Gamma_m\frac{bp}{1+bp} \tag{40-23}$$

式中,$cx=(c/p^*)p=bp$。此式为单分子层的 Langmuir 吸附等温式。

又若吸附分子层数目没有限制,则在 x 的值明显小于 1 时,式(40-22)中的 x^n 和 x^{n+1} 将随 n 值的增大而快速地趋于零,以致式中的 $(n+1)x^n$、nx^{n+1} 和 cx^{n+1} 相比于 1 都可忽略不计,因此,式(40-22)变成式(40-15),即二参数 BET 公式。

40.4 讨论

综上所述,有两个问题必须予以指出:

(1) BET 多分子层吸附模型有待进一步改善。这个模型认为上下层分子间存在 van der Waals 吸引力,而同一层分子间没有作用力,这显然是不合情理的,以致本专题可将多分子层吸附视为链状分子的单分子层吸附,且这些链状分子间彼此互不相干。实际情况显然要复杂得多,尽管文献中已尝试改进这个模型,但从应用的角度看,BET 吸附理论现时仍不失是最成功的物理吸附理论(周祖康等,1987;章燕豪,1989)。

(2) 本专题提出的气固吸附 Szyszkowski 公式(40-13),虽不能像原始的 Szyszkowski 经验公式(40-7)可用实验来检验,但仍有它的价值。利用这个公式能够方便地建立各种

吸附分子层的气固物理吸附等温式，这就是它的用处和存在的价值。

参考文献

严继民，张启元. 1979. 吸附与凝聚. 北京:科学出版社.

章燕豪. 1989. 吸附作用. 上海:上海科学技术文献出版社.

周祖康，顾惕人，马季铭. 1987. 胶体化学基础. 北京:北京大学出版社.

朱步遥，赵振国. 1996. 界面化学基础. 北京:化学工业出版社.

von Szyszkowski B. 1908. Z Phys Chem，64:385.

41 附加压力与分散系统的稳定性

两相交界时，在交界处存在界面张力，这个力不同于两相分子间的作用力，而是存在于界面处，其作用的方向与界面相切。当界面弯曲时，它会对其中一相产生一种附加的压力 Δp，故称为附加压力，其作用的方向总是指向呈凸面的那个相。

正是附加压力的存在，致使弯曲界面存在许多特殊的界面现象，如改变物质的蒸气压、产生毛细管现象、引起物质的介稳现象等。本专题将要指出，它还与分散系统的稳定性密切相关，是决定乳状液和溶胶稳定性的重要因素。

41.1 附加压力与化学势

假定有一个半径为 r 的球状物质，分散在某介质中，则该物质所承受的附加压力为

$$\Delta p=\frac{2\sigma}{r} \tag{41-1}$$

式中，σ 为界面张力。热力学指出，当物质承受压力时，它的化学势 μ 会增大，其间的关系可由下式表示

$$\left(\frac{\partial \mu}{\partial p}\right)_T=V_{\mathrm{m}} \tag{41-2}$$

式中，V_{m} 为物质的摩尔体积，是一个正值。

由热力学得知，化学势是物质传递的推动力，故分散相(即球状物质)在承受附加压力后，其传递能力会随之增大。它们会因此而冲破介质的包围，使分散相间的碰撞加剧，换句话说，附加压力越大，分散相间越容易碰撞，从而使聚结容易发生。这种变化的结果与相变化和化学变化一样，是使系统的化学势减小。当达平衡时，化学势变得极小，此时，分散相与分散介质分层。r 变为∞，即附加压力随之消失。由此可见，附加压力与分散系统的稳定性密切相关，分散相的附加压力越大，分散系统的稳定性越差。

41.2 分散相的附加压力与界面内压力

当分散系统中加入表面活性剂时，分散相的附加压力不仅正比于界面张力，而且还与分散相表面上形成的吸附膜或保护膜的致密和牢固程度密切相关。

按照热力学原理

$$G=H-TS \tag{41-3}$$

界面在吸附了表面活性剂后，若将式(41-3)在保持 T、p 和 n_j 不变的条件下，对界面积 A_{s} 求偏导，可得界面张力

$$\sigma=H_{A_{\mathrm{s}}}-TS_{A_{\mathrm{s}}} \tag{41-4}$$

式中，$H_{A_{\mathrm{s}}}=(\partial H/\partial A_{\mathrm{s}})_{T,p,n_j}$，$S_{A_{\mathrm{s}}}=(\partial S/\partial A_{\mathrm{s}})_{T,p,n_j}$，分别为比表面焓和比表面熵，式(41-4)

可进一步写成

$$\sigma \approx U_{A_s} - TS_{A_s} = U_{A_s}\left(1 - T\frac{S_{A_s}}{U_{A_s}}\right) = \frac{\partial U}{\partial A_s}\left(1 - T\frac{S_{A_s}}{U_{A_s}}\right)$$

$$= \frac{\partial U^{(\sigma)}}{\partial V} \cdot \frac{\partial V}{\partial A_s}\left(\frac{U_{A_s} - TS_{A_s}}{U_{A_s}}\right) \tag{41-5}$$

式中，$U_{A_s} = (\partial U/\partial A_s)_{T,p,n_j}$，为比表面热力学能，推导中省略了下标，并将$\partial U$ 改写成$\partial U^{(\sigma)}$。这是因为分散相在吸附了表面活性剂后，它的热力学能的改变∂U 为界面热力学能的改变$\partial U^{(\sigma)}$。式中 V 为分散相的体积。

由于球状液体的$\partial V/\partial A_s = r/2$，所以式(41-5)也可表示为

$$\Delta p = 2\sigma/r = p_i^{(\sigma)}/\beta \tag{41-6}$$

式中，$p_i^{(\sigma)} = \partial U^{(\sigma)}/\partial V$，为分散相的界面内压力，$\beta = U_{A_s}/(U_{A_s} - TS_{A_s}) > 1$，这是因为界面张力 σ 总大于零，即 $\sigma \approx U_{A_s} - TS_{A_s} > 0$，且它随温度升高而减小，故 $S_{A_s} = -(\partial\sigma/\partial T) > 0$，所以 $U_{A_s} > TS_{A_s} > 0$，β 是一个大于 1 的因子。由此可见，随着分散相附加压力的降低，它的界面内压力会减少。

由热力学得知，内压力是物质分子间力大小的热力学量度，分子间吸引力越大，内压力越大，排斥力越大，则内压力越小(刘国杰等，2008)。当分散相的界面被表面活性剂占据时，界面内压力实际上为表面活性剂分子间作用力大小的热力学量度。故界面内压力的减小，意味着表面活性剂分子间的排斥力增大，显然，这只有在界面对表面活性剂吸附较强，以至界面上表面活性剂分子密集时才有可能出现，且 $p_i^{(\sigma)}$ 越小，表面活性剂分子越致密。此时，界面上形成了牢固的吸附膜或保护膜。由此可见，无论是界面张力降低还是保护膜的形成，都与分散相的附加压力密切相关。附加压力的降低，不仅使分散相粒子减少了相互碰撞的概率，更重要的是会在分散相的表面形成一层致密的吸附膜或保护膜，这层吸附膜越牢固，分散系统越稳定。这说明附加压力的降低是分散系统趋向稳定的根本原因。仅当附加压力趋近零时，分散系统才变成热力学上稳定的系统。

41.3 β 的作用

式(41-6)也可写成

$$\beta = \frac{p_i^{(\sigma)}}{\Delta p} > 1 \tag{41-7}$$

这表明，分散相在吸附了表面活性剂后，其 $p_i^{(\sigma)}$ 的降低要比 Δp 的降低更多。β 值越大，两者相差越多，因为 $\mathrm{d}p_i^{(\sigma)} = \beta\mathrm{d}(\Delta p)$，此时，仅需较少地降低 Δp 就能显著地减小 $p_i^{(\sigma)}$，从而使分散相表面形成牢固的保护膜，这个结论是很有实用价值的。鉴于

$$\beta = \frac{U_{A_s}}{U_{A_s} - TS_{A_s}} = \frac{1}{1 - T(S_{A_s}/U_{A_s})} \tag{41-8}$$

故增大 S_{A_s}/U_{A_s} 值，会使 β 值增大。因此吸附较强，且能有效地增大比表面熵的表面活性剂有较大的 β 值。这就要求表面活性剂分子不仅能牢固地被界面吸附，而且在界面上拥有较多的构型数，从而获得额外的比表面构型熵。

为此，下列两种办法是最为熟知的：一是使用混合的表面活性剂(郑忠等，1993)。它

们会在界面上出现各种排列方式，产生许多混合构型数，从而增大比表面熵。例如，油分散在水中的乳状液，若用水溶性的十六烷基磺酸钠与等量油溶性的异辛甾烯醇作为混合乳化剂，会增大比表面熵，并形成牢固的界面吸附膜，图 41-1 只是它们在界面上的一种排列方式或构型。

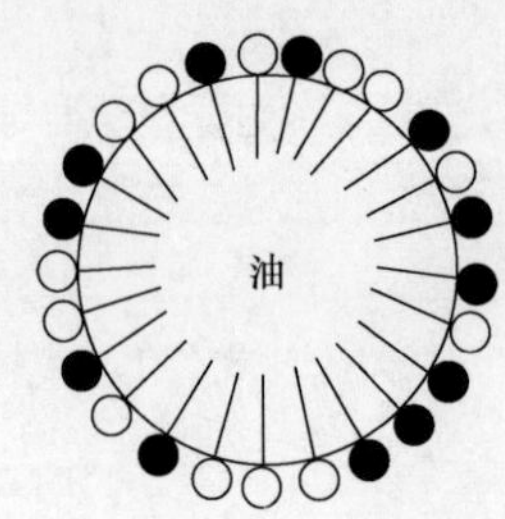

图 41-1　混合乳化剂吸附膜示意图

●异辛甾烯醇；○十六烷基磺酸钠

二是利用聚合物来保护分散相(佐藤 T 等，1988)。聚合物在固体表面的吸附同样能形成许多不同的构型，从而增大比表面熵。图 41-2 是聚合物分子吸附在固体表面所形成的若干构象。聚合物的链越长，可能产生的构型数就越多。应该指出，聚合物不仅适用于溶胶的保护，而且也可用于乳状液的形成，这就是一些天然的聚合物如蛋白质和明胶等都是有效的乳化剂的原因。

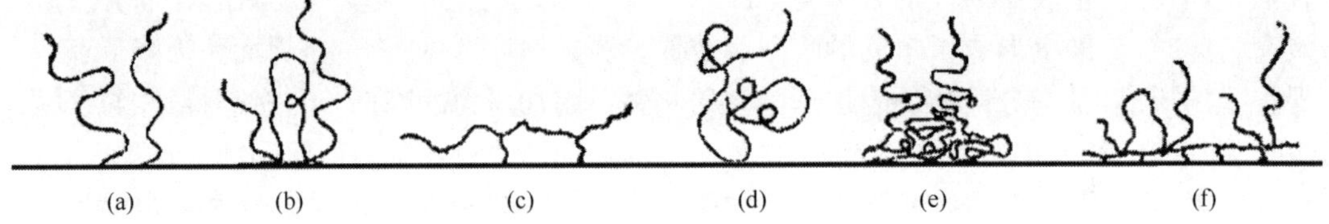

图 41-2　被吸附聚合物分子的构象

(a) 单点接触；(b) 圈吸附；(c) 平面多点接触；(d) 无规线圈；(e) 均一链段分布；(f) 多层吸附

41.4　微乳状液的形成

加入表面活性剂(也称乳化剂)后，虽然能够增加乳状液的稳定性，但这只是相对的，本质上，只要附加压力存在，久置后它依然会逐渐聚结，乃至破乳，所以乳状液是一个热力学上不稳定的系统。

那么，怎样才能使乳状液成为热力上稳定的系统呢？实验表明(陈宗淇等，1984；赵振国，2006)，可在加入较大量表面活性剂的同时，逐滴加入助表面活性剂，通常是 $C_4 \sim C_8$ 的醇类，当达到一定浓度后，就会得到透明的液体，此时变成了液滴大小一般为 8～80nm 的微乳状液，这才是热力学上稳定的分散系统。该过程是可用热力学描述的。

首先，在加入助表面活性剂后，乳状液为什么会分裂成微乳状液呢？这可能是因为 $C_4 \sim C_8$ 的醇类亲水性很好，同时又具有很强的缔合能力，它能在界面上与表面活性剂分子结合，形成 β 值很大和表面活性很强的物质，从而使界面张力或附加压力降得很低。液滴的界面张力如同界面上存在一层绷紧的薄膜，它不仅使界面积尽可能收缩，而且使液滴尽可能聚集在一起。当液滴的界面张力降到很低时，它便减弱乃至失去了这种作用，于是，液滴开始逐渐分裂，以致最终自发地变成微乳状液。

按照热力学，由界面相的热力学基本方程（胡英等，2007）

$$dU^{(\sigma)} = T^{(\sigma)}dS^{(\sigma)} - p^{(\sigma)}dV^{(\sigma)} + \sum_{i=1}^{K}\mu_i^{(\sigma)}dn_i^{(\sigma)} + \sigma dA_s \tag{41-9}$$

在强度性质 $T^{(\sigma)}$、$p^{(\sigma)}$、$\mu_i^{(\sigma)}$ 和 σ 保持不变的条件下积分，可得

$$U^{(\sigma)} = T^{(\sigma)}S^{(\sigma)} - p^{(\sigma)}V^{(\sigma)} + \sum_{i=1}^{K}\mu_i^{(\sigma)}n_i^{(\sigma)} + \sigma A_s \tag{41-10}$$

或者

$$G^{(\sigma)} = \sum_{i=1}^{K}\mu_i^{(\sigma)}n_i^{(\sigma)} + \sigma A_s \tag{41-11}$$

式(41-11)表明，界面相Gibbs自由能 $G^{(\sigma)}$ 是由两部分组成：其中 $\sum_{i=1}^{K}\mu_i^{(\sigma)}n_i^{(\sigma)}$ 是由构成界面相物质所致，它服从组分偏摩尔量的集合公式；另一部分 σA_s 是界面张力与界面积的乘积，即常称的界面 Gibbs 自由能，并用 G^s 表示。因此

$$G^s = G^{(\sigma)} - \sum_{i=1}^{K}\mu_i^{(\sigma)}n_i^{(\sigma)} = \sigma A_s \tag{41-12}$$

将式(41-12)微分，可得

$$dG^s = \sigma dA_s + A_s d\sigma \tag{41-13}$$

式(41-13)表明，在乳状液转变成微乳状液的过程中，系统的界面 Gibbs 自由能改变取决于两个因素：一是乳状液的分裂，它使界面积增大，从而使 G^s 增大；另一因素是由新增的界面不断地吸附表面活性剂和助表面活性剂所致，它要使界面张力减小，从而导致 G^s 减小。这两个因素是相互制约的。

由于乳状液转变成微乳状液的过程是在恒温、恒压和没有任何外力干预的情况下自发地进行，根据Gibbs 自由能减少原理，其变化的方向和限度应遵守 $\Delta G^s \leqslant 0$，故将式(41-13)积分，可得

$$\begin{aligned}\Delta G^s &= \int_{A_{s,0},\sigma_0}^{A_{s,e},\sigma_e}(\sigma dA_s + A_s d\sigma) \\ &= \int_{A_{s,0}}^{A_{s,e}}\sigma_0 dA_s + \int_{\sigma_0}^{\sigma_e}A_{s,e}d\sigma \\ &= \sigma_0(A_{s,e} - A_{s,0}) + A_{s,e}(\sigma_e - \sigma_0) \\ &= \sigma_e A_{s,e} - \sigma_0 A_{s,0} \leqslant 0\end{aligned} \tag{41-14}$$

式中，σ_0 和 $A_{s,0}$ 分别为分裂开始时乳状液的界面张力和界面积；σ_e 和 $A_{s,e}$ 分别为微乳状液的界面张力和界面积。式(41-14)的积分要做如下说明：由于式(41-13)是一个全微分，它的变化只取决于初、终状态，而与变化的途径无关，故可设计一条积分的路线：先在保持 σ_0 不变的条件下，将 σdA_s 从 $A_{s,0}$ 积分至 $A_{s,e}$；然后，再在保持 $A_{s,e}$ 不变的条件下，将 $A_s d\sigma$ 从 σ_0 积分至 σ_e。如图 41-3 所示，如果乳状液变成微乳状液的实际途径如图

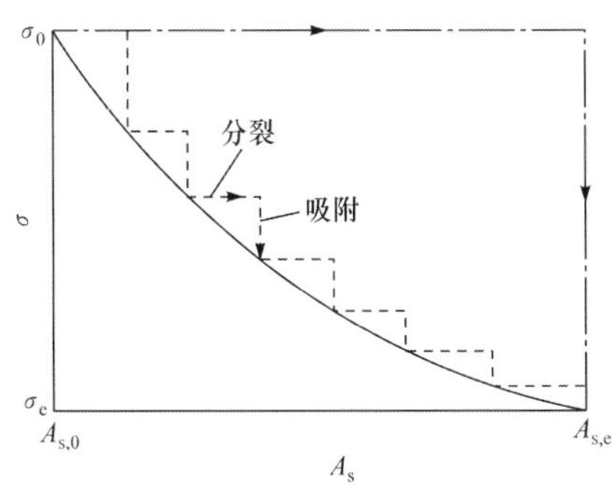

图 41-3　积分路线示意图

中实线所示，那么设计的积分路线就如破折线(—·—)所示，积分的结果是不会改变的，实际上，图 41-3 中的实线是由无数个虚线所示的阶梯组成，每一个阶梯的水平线代表分裂，垂直线代表吸附，不断地分裂和吸附便导致乳状液最终变成微乳状液。

分裂的最终结果如式(41-14)所示

$$\sigma_e A_{s,e}=\sigma_0 A_{s,0} \tag{41-15}$$

即微乳状液的界面张力

$$\sigma_e=\frac{A_{s,0}}{A_{s,e}}\times\sigma_0 \tag{41-16}$$

已知微乳状液的颗粒半径比乳状液的颗粒半径小得多，即 $A_{s,e}\gg A_{s,0}$，故

$$\sigma_e\ll\sigma_0 \tag{41-17}$$

由于乳状液开始分裂时的界面张力 σ_0 已经很小，故可认为微乳状液的界面张力 σ_e 趋近于零，或它的附加压力

$$\Delta p=\frac{2\sigma_e}{r_e}\to 0 \tag{41-18}$$

尽管微乳状液的颗粒半径 r_e 也很小，但仍是有限值。所以，微乳状液是一个热力学上的稳定系统。

参 考 文 献

陈宗淇，戴闽光. 1984. 胶体化学. 北京：高等教育出版社.

刘国杰，黑恩成. 2008. 物理化学导读. 北京：科学出版社.

赵振国. 2006. 胶束催化与微乳催化. 北京：化学工业出版社.

郑忠，胡纪华. 1993. 胶体稳定性. 广州：广东科技出版社.

佐藤 T，鲁赫 R J. 1988. 聚合物吸附对胶态分散体稳定性的影响. 江龙，等译. 北京：科学出版社.

42 聚合物溶液的渗透压

1884 年，荷兰物理化学家 van't Hoff 发表了题为《化学动力学研究》的著名论文，该论文内容丰富，提出了富有开创性的见解，使他成为第一位获得诺贝尔化学奖的化学家。

在这篇论文中，他建立了一个渗透压公式

$$\Pi = c_B RT = RT\frac{\rho_B}{M_B} \tag{42-1}$$

为溶液理论的进一步研究提供了重要的基础。式中，c_B 为溶质的浓度；ρ_B 和 M_B 分别为溶质的质量浓度和摩尔质量。但是，式(42-1)只适用于理想稀溶液。对于聚合物溶液仅在无限稀释时才适用，随着溶液浓度的增加，只能经验地将它展开成如下多项式（何曼君等，1990）：

$$\frac{\Pi}{\rho_B} = RT\left(\frac{1}{\langle M_B\rangle} + A\rho_B + B\rho_B^2 + \cdots\right) \tag{42-2}$$

式中，$\langle M_B\rangle$ 为聚合物的数均摩尔质量；A 和 B 为两个经验系数，分别称为第二和第三 Virial 系数。

本专题通过专题 14 修正的正规溶液理论和修正的 Flory-Huggins 聚合物溶液理论，为聚合物溶液建立一个能够适用于广阔浓度范围的渗透压公式。

42.1 聚合物溶液的渗透压公式建立

在专题 34 中，已用热力学方法导得溶液的渗透压与溶剂的活度间服从如下关系式

$$\Pi = -\frac{RT}{V_A}\ln a_A \tag{42-3}$$

式中，a_A 为溶剂的活度；V_A 为溶剂的偏摩尔体积。因此，原则上只要得到溶剂活度的表示式，渗透压公式就能建立，但是，这必须依赖于可靠的聚合物溶液理论。

在专题 14 中，已由实际液体的内压力出发，修正了 Flory-Huggins 聚合物溶液理论。由式(14-18)可得修正后聚合物溶液的混合 Gibbs 自由能表示式

$$\Delta_{mix}G = \frac{n_A V_{m,A}\Phi_B A_{12}}{\Phi_A + \Phi_B\xi_{12}} + RT(n_A\ln\Phi_A + n_B\ln\Phi_B) \tag{42-4}$$

式中，n_A 和 n_B 分别为溶液中溶剂和聚合物物质的量；Φ_A 和 Φ_B 为它们的体积分数；$V_{m,A}$ 为溶剂的摩尔体积；A_{12} 和 ξ_{12} 为两个可调参数，它们都有明确的物理意义。

将式(42-4)对 n_A 求偏导，可得聚合物溶液中溶剂相对其参考状态的化学势

$$\mu_A - \mu_A^* = \left(\frac{\partial\Delta_{mix}G}{\partial n_A}\right)_{T,p,n_B} = RT\left\{\ln(1-\Phi_B) + \left(1-\frac{1}{r}\right)\Phi_B + \frac{\xi_{12}V_{m,A}A_{12}\Phi_B^2}{RT[1-(1-\xi_{12})\Phi_B]^2}\right\} \tag{42-5}$$

式中，$r=V_{m,B}/V_{m,A}$，为聚合物分子的平均链节数。由于 $\mu_A=\mu_A^*+RT\ln a_A$，故式(42-5)也可表示为

$$\ln a_A=\ln(1-\Phi_B)+\left(1-\frac{1}{r}\right)\Phi_B+\frac{\xi_{12}V_{m,A}A_{12}\Phi_B^2}{RT\left[1-(1-\xi_{12})\Phi_B\right]^2} \tag{42-6}$$

这就是聚合物溶液中溶剂活度的表示式。现将式(42-6)代入式(42-3)，便得聚合物溶液的渗透压

$$\Pi=-\frac{RT}{V_A}\left\{\ln(1-\Phi_B)+\left(1-\frac{1}{r}\right)\Phi_B+\frac{\xi_{12}V_{m,A}A_{12}\Phi_B^2}{RT\left[1-(1-\xi_{12})\Phi_B\right]^2}\right\} \tag{42-7}$$

42.2 第二和第三维里系数

将式(42-7)级数展开，因

$$\ln(1-\Phi_B)=-\Phi_B-\frac{1}{2}\Phi_B^2-\frac{1}{3}\Phi_B^3-\cdots$$

$$\frac{1}{\left[1-(1-\xi_{12})\Phi_B\right]^2}=1+2(1-\xi_{12})\Phi_B+3\,(1-\xi_{12})^2\Phi_B^2+\cdots$$

可得

$$\Pi=\frac{RT}{V_{m,A}}\left\{\frac{\Phi_B}{r}+\left(\frac{1}{2}-\beta\xi_{12}\right)\Phi_B^2+\left[\frac{1}{3}-2\beta\xi_{12}(1-\xi_{12})\right]\Phi_B^3+\cdots\right\} \tag{42-8}$$

式中，$\beta=V_{m,A}A_{12}/RT$。且因修正的 Flory-Huggins 聚合物溶液理论依然是建立在紧密堆积的晶格模型基础上，式中溶剂的偏摩尔体积 V_A 为溶剂的摩尔体积 $V_{m,A}$。

由于 $\Phi_B=\rho_B V_{m,B}/\langle M_B\rangle=\rho_B v_B$ 和 $\langle M_B\rangle=rV_{m,A}/v_B$，其中 v_B 为聚合物的比体积，即聚合物密度的倒数，式(42-8)可进一步表示为

$$\frac{\Pi}{\rho_B}=RT\left\{\frac{1}{\langle M_B\rangle}+\left(\frac{1}{2}-\beta\xi_{12}\right)\frac{v_B^2\rho_B}{V_{m,A}}+\left[\frac{1}{3}-2\beta\xi_{12}(1-\xi_{12})\right]\frac{v_B^3\rho_B^2}{V_{m,A}}+\cdots\right\} \tag{42-9}$$

将式(42-9)与式(42-2)相比较，不难看出，两式有相同的形式，其中第二 Virial 系数

$$A=\left(\frac{1}{2}-\beta\xi_{12}\right)\frac{v_B^2}{V_{m,A}} \tag{42-10}$$

第三 Virial 系数

$$B=\left[\frac{1}{3}-2\beta\xi_{12}(1-\xi_{12})\right]\frac{v_B^3}{V_{m,A}} \tag{42-11}$$

它们都与 $\beta\xi_{12}$ 有关，而 β 正比于参数 A_{12}。在专题 14 中已得参数 A_{12} 可由下式表示

$$A_{12}=m_2\,(\Delta_A-\Delta_B)^2 \tag{42-12}$$

式中，Δ_A 和 Δ_B 分别为溶剂和聚合物修正后的溶解度参数，两者的值越接近，即 A_{12} 值越小，它们间越相溶，反之，则越不相溶。因此，$\beta\xi_{12}$ 是一个重要的参数。

由式(42-10)可见，当 $\beta\xi_{12}<1/2$ 时，第二 Virial 系数 $A>0$，此时的溶剂称为该聚合物的良溶剂，这是因为在 Φ_B 较小的稀溶液中，由式(42-8)与式(42-3)比较，可得

$$\mu_A-\mu_A^*=\Delta\mu_A\approx RT\left[-\frac{\Phi_B}{r}+\left(\beta\xi_{12}-\frac{1}{2}\right)\Phi_B^2\right] \tag{42-13}$$

式中代入了 $\mu_A=\mu_A^*+RT\ln a_A$，并略去了 Φ_B 及后面的高次项。

鉴于理想混合物的混合 Gibbs 自由能为

$$\Delta_{mix}G^{id}=RT(n_A\ln x_A+n_B\ln x_B) \tag{42-14}$$

在很稀的情况下

$$\Delta\mu_A^{id}=\left(\frac{\partial\Delta_{mix}G^{id}}{\partial n_A}\right)_{T,p,n_B}=RT\ln x_A\approx-RTx_B\approx-RT\frac{\Phi_B}{r} \tag{42-15}$$

故将式(42-13)减去式(42-15)，可得溶剂的超额化学势为

$$\Delta\mu_A^E=\Delta\mu_A-\Delta\mu_A^{id}=RT\left(\beta\xi_{12}-\frac{1}{2}\right)\Phi_B^2 \tag{42-16}$$

由式(42-16)可见，即使在浓度很稀的情况下，聚合物溶液也不能视为理想混合物。仅当 $\beta\xi_{12}=1/2$ 时，因 $\Delta\mu_A^E=0$，才符合理想混合物的条件。故当 $\beta\xi_{12}<\frac{1}{2}$ 时，因 $\Delta\mu_A<\Delta\mu_A^{id}$，溶液中溶剂的化学势比理想混合物中的更小，这使聚合物在溶剂中有更大的溶解趋势，故相对于理想混合物，该溶剂为良溶剂。反之，在 $\beta\xi_{12}>\frac{1}{2}$ 时，$\Delta\mu_A>\Delta\mu_A^{id}$，即溶液中溶剂的化学势比理想混合物中溶剂的化学势大，因此，相对于理想混合物，削弱了聚合物在溶剂中的溶解趋势，故此时的溶剂为不良溶剂或非溶剂。而 $\beta\xi_{12}=1/2$ 的溶剂称为 θ 溶剂，相应的温度称为 θ 温度。

那么，参数 $\beta\xi_{12}$ 的物理意义是什么呢？由专题 14 得到的修正后的 Huggins 参数

$$\chi=\frac{\xi_{12}V_{m,A}A_{12}}{RT[1-(1-\xi_{12})\Phi_B]^2}=\frac{\beta\xi_{12}}{[1-(1-\xi_{12})\Phi_B]^2} \tag{42-17}$$

不难看出，$\beta\xi_{12}$ 实为无限稀释(即 $\Phi_B\to0$)时的 Huggins 参数。

42.3 检验与讨论

由于一般聚合物的链很长，平均链节数 r 很大，式(42-7)中的 $1/r$ 相比于 1 可略去。又因 $\Phi_B=\rho_Bv_B$，故式(42-7)也可表示为

$$\Pi=-\frac{RT}{V_{m,A}}\left\{\ln(1-\rho_Bv_B)+\rho_Bv_B+\frac{\xi_{12}V_{m,A}A_{12}(\rho_Bv_B)^2}{RT[1-(1-\xi_{12})\rho_Bv_B]^2}\right\} \tag{42-18}$$

对于指定的聚合物溶液，$V_{m,A}$ 和 v_B 是已知的，故式(42-18)可用来关联 T 温度时实验得到的 Π/ρ_B 随质量浓度 ρ_B 的变化数据，式中有两个可调参数 A_{12} 和 ξ_{12}，关联结果可检验本工作的可靠性。

图 42-1～图 42-4 分别表示了式(42-18)对聚异丁烯(B)/环己烷(A)、聚异丁烯(B)/苯(A)、聚二甲基硅氧烷 $\langle M_W\rangle=122000$(B)/环己烷(A)和聚二甲基硅氧烷 $\langle M_W\rangle=483000$(B)/环己烷(A)四个聚合物溶液在指定温度下的渗透压随溶液浓度变化实验数据的关联结果。图中数据为实验值(Flory P J et al，1957；Nobuhiro K et al，1968)，曲线为式(42-18)计算值，温度、$\langle M_B\rangle$ 或重均摩尔质量 $\langle M_W\rangle$ 以及参数 A_{12} 和 ξ_{12} 的值列在图标中。

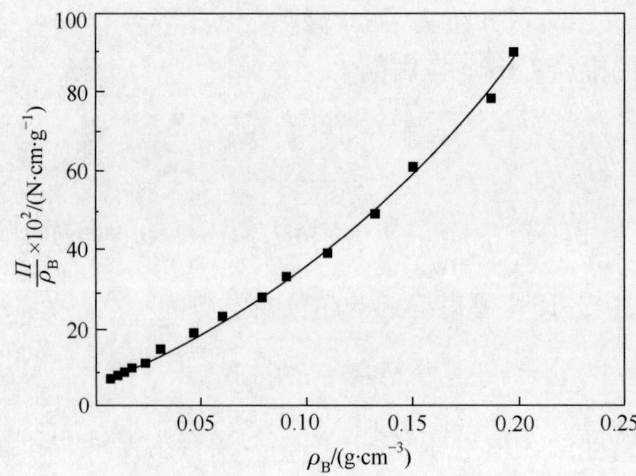

图 42-1 303.15K 聚异丁烯$\langle M_B \rangle$＝90000(B)/环己烷(A)溶液的渗透压与质量浓度间的关系

A_{12}＝10.0712；ξ_{12}＝0.9598；■ 实验值；——式(42-18)计算值

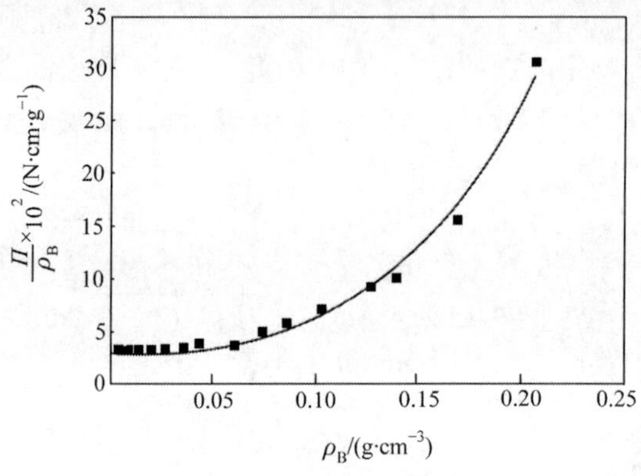

图 42-2 297.65K 聚异丁烯$\langle M_B \rangle$＝90000(B)/苯(A)溶液的渗透压与质量浓度间的关系

A_{12}＝19.8675；ξ_{12}＝0.7019；■ 实验值；——式(42-18)计算值

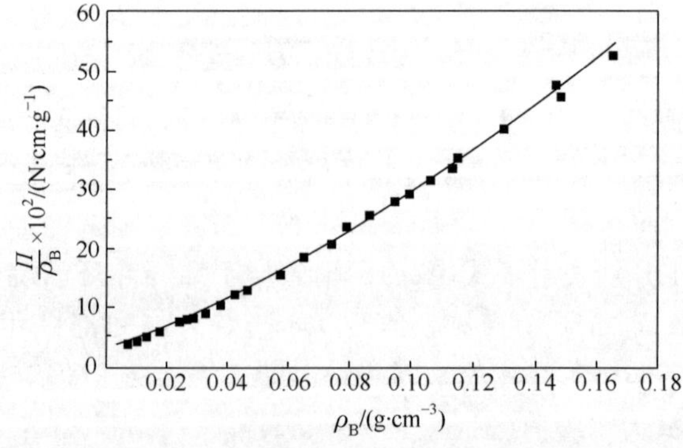

图 42-3 293.15K 聚二甲基硅氧烷$\langle M_W \rangle$＝122000(B)/环己烷(A)溶液的渗透压与质量浓度间的关系

A_{12}＝10.645 2；ξ_{12}＝0.871 3；■ 实验值；——式(42-18)计算值

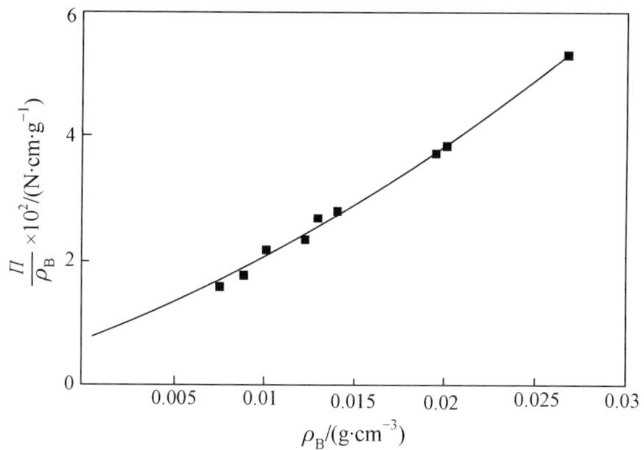

图 42-4　293.15K 聚二甲基硅氧烷$\langle M_W\rangle$=483000(B)/环己烷(A)溶液的渗透压与质量浓度间的关系

A_{12}=6.604 2;ξ_{12}=1.4987;■ 实验值;——式(42-18)计算值

由这些图可见,它们的Π/ρ_B随ρ_B的变化曲线都可用式(42-18)满意地关联。特别是图 42-2所示的聚异丁烯(B)/苯(A)溶液,质量浓度ρ_B较大,曲线随ρ_B的增大而快速上升,但也并不例外,这说明式(42-18)有广泛的适用性,只需两个参数A_{12}和ξ_{12}便足以描述聚合物溶液的渗透压随浓度的变化规律。

参考文献

何曼君,陈维孝,董西侠. 1990. 高分子物理(修订版). 上海:复旦大学出版社.

Flory P J, Daoust H. 1957. Journal of Polymer Science, 438:443.

Nobuhiro K, Tadahiro O, Motozo K. 1968. Journal of Polymer Science, 543:553.